“十四五”职业教育计算机类专业新形态一体化系列教材

# Linux 操作系统项目化教程

主　编◎周秀丽　张徐超　周　密
副主编◎史红杰　史润润　罗　进　刘　磊

中国铁道出版社有限公司
CHINA RAILWAY PUBLISHING HOUSE CO., LTD.

## 内 容 简 介

本书全面介绍了 Linux 网络操作系统的基础知识与基本操作，以六个实际工作情境导入，分解教学任务，组织学习内容，采用“项目引领、任务驱动、教学做一体”的教学模式。全书包括安装与启动 Linux 系统、Linux 基本配置、使用 vi/vim 编辑文件、Linux 网络与安全、Linux 服务器配置、Linux 系统中搭建 Java Web 开发环境等内容。

与本书配套的数字课程在“智慧树”网站上线，读者可登录网站学习，也可通过扫描书中二维码观看教学视频。

本书适合作为高职高专计算机类专业的操作系统教材，也可作为 Linux 操作系统自学教材。

**图书在版编目（CIP）数据**

Linux 操作系统项目化教程 / 周秀丽，张徐超，周密主编．—北京：中国铁道出版社有限公司，2023.7（2024.12 重印）
“十四五”职业教育计算机类专业新形态一体化系列教材
ISBN 978-7-113-30209-2

Ⅰ．① L… Ⅱ．①周… ②张… ③周… Ⅲ．① Linux 操作系统－职业教育－教材 Ⅳ．① TP316.89

中国国家版本馆 CIP 数据核字（2023）第 079464 号

**书　　名：** Linux 操作系统项目化教程
**作　　者：** 周秀丽　张徐超　周　密

**策　　划：** 徐海英　王春霞　　　**电话：**（010）63551006
**责任编辑：** 王春霞　李学敏
**封面设计：** 尚明龙
**责任校对：** 苗　丹
**责任印制：** 樊启鹏

**出版发行：** 中国铁道出版社有限公司（100054，北京市西城区右安门西街 8 号）
**网　　址：** https://www.tdpress.com/51eds/
**印　　刷：** 河北宝昌佳彩印刷有限公司
**版　　次：** 2023 年 7 月第 1 版　2024 年 12 月第 2 次印刷
**开　　本：** 850 mm × 1 168 mm 1/16　**印张：** 12.75　**字数：** 323 千
**书　　号：** ISBN 978-7-113-30209-2
**定　　价：** 39.80 元

# 前 言

党的二十大报告指出，“统筹职业教育、高等教育、继续教育协同创新，推进职普融通、产教融合、科教融汇，优化职业教育类型定位”，再次明确了职业教育的发展方向。产教融合、校企合作是职业教育的基本办学模式，是办好职业教育的关键所在。校企双方应“根据就业市场需求，合作设置专业、研发专业标准，开发课程体系、教学标准以及教材、教学辅助产品，开展专业建设”。从“双元制”的教育模式出发，力求优化学生“能力”，从课程设置出发，力求拓展培养学生能力的教学途径；从课程教学出发，力求让学生通过动手实践达到学习知识、掌握技能的目的，激发学生学习的兴趣和主动性，掌握发现问题、解决问题的能力。

**一、编写背景**

随着互联网行业的发展，其产业规模不断扩大、技术领域逐步拓展，云计算、大数据、人工智能以及物联网相关行业的发展也日新月异。Linux 已经成为云计算的主流操作系统，在人工智能及大数据等行业中 Linux 扮演着重要的角色。为了进一步发挥 Linux 在服务器领域的优势，结合云计算、大数据、人工智能等行业特点，经过多次修改，最终推出了本书。

**二、教材内容**

1. 本书对接行业企业需求，结合大数据、云计算专业技能大赛需求，以 CentOS 为载体讲解 Linux 操作系统相关知识和实践操作。书中引入企业案例，包含 5 个教学项目和 1 个实战项目，教学项目包括安装与启动服务器系统、Linux 基本配置、vi/vim 编辑工具、Linux 网络与安全、Linux 服务器配置，实战项目是 Linux 环境下搭建 Java Web 开发环境及发布 Web 项目。本书以职业素养和职业能力培养为重点，按照企业岗位能力从易到难，按从简单到复杂、从局部到整体的原则安排教学内容。

2. 每个项目学习目标中精心设计了思政目标，设置了拓展阅读，融入计算机领域发展的重要事件与前沿技术，潜移默化地引导学生提升民族自豪感和社会责任意识，为培养能够担当中华民族伟大复兴这一历史重任的青年而服务。

**三、教材特点**

1. 内容方面坚持“产教融合”，实现课程内容与企业需求无缝对接

本教材由襄阳职业技术学院与武汉美和易思数字科技有限公司共同研发，在研发初期，编者详细调研了大量企业和院校。在企业方面，通过问卷调查和走访明确了企业用人需求和关注点；在大数据分析方面，深入分析了诸多招聘网站数万条招聘信息；在院校方面，收集了各院系及专

业群数百名教师调查问卷、4 000余份在校学生问卷。最终，根据调研结果确定课程标准定位和目标，实现以企业需求为导向的逆向式研发思路，确保课程内容与企业需求无缝对接。

2. 课程设计方面体现了“项目引领＋课程思政”思路，践行教书育人

本教材体现了“以学生为中心”的教学理念、“项目引领＋思政元素”的课程设计思路，各项目设置思政目标，挖掘思政点，将职业素养、行业法规、人文精神等课程思政内容通过相关案例、图例等巧妙穿插、有机渗透，强化学生职业素养的培养，将专业精神、职业精神和工匠精神融入教材中，较好体现了教书育人，践行了“三教改革”。

3. 采用了“纸质教材＋MOOC资源”的形式，以促进学生自学

本教材配套“智慧树”MOOC资源，匹配了微课视频、习题、案例、PPT、项目设计等，面向全国师生开放，有效帮助了教师开展混合教学，帮助学生获取资源与自我训练，实现了纸质教材的信息化和立体化，为数字化混合式教学提供资源支持和方法支持。

**四、其他**

本书由周秀丽、张徐超、周密任主编，史红杰、史润润、罗进、刘磊任副主编，武汉美和易思数字科技有限公司（项目研发部）全程参与教材的设计和审核工作，提供了丰富的企业应用案例和行业调研数据。书中涉及素材可通过作者E-mail：zhxlivy14@163.com进行索取，或者登录中国铁道出版社教育资源数字化平台www.tdpress.com/51eds/下载。

由于编者水平有限，书中难免存在疏漏和不妥之处，恳请读者批评指正，不吝赐教。

编　者

2023年4月

# 目 录

# 项目 1

# 安装与启动 Linux 系统

## 1.1 项目导入

小李任职于某公司网络中心，该公司计划引进 OA 平台管理办公事务和业务信息，需升级公司局域网。公司内部会议上，网络中心推荐使用 Linux 作为公司服务器的操作系统，并陈述 Linux 的稳定性、安全性和可靠性等特点，以及服务器的运行效率和建设成本等因素，老板决定采纳此意见，网络中心主管将此任务交给小李来完成。于是，小李从安装 Linux 操作系统开始，开启网络操作系统的学习与实践之旅。

## 1.2 学习目标

- 了解计算机操作系统。
- 理解 Linux 操作系统发展及特点。
- 掌握 CentOS 7.4 的安装方法及安装步骤。
- 掌握系统登录、关机与重启的方法。
- 理解 CentOS 7.4 信息查询的方法。
- 树立国家软件自主可控的信心，增强学习核心技术的责任感。

## 1.3 相关知识

Linux 是一套开源的类 UNIX 操作系统。1991 年 10 月 5 日正式向外发布了第一个版本。随后不断产生各种不同的 Linux 版本，但它们都使用了 Linux 内核。Linux 可安装在各种计算机硬件设备中，比如智能手机、平板电脑以及台式计算机等。

严格来讲，Linux 这个词本身只表示 Linux 内核，但我们经常用 Linux 来表示所有基于 Linux 内核的操作系统。

### 1.3.1 计算机

像智能手机、平板电脑和台式计算机等能够按照程序运行，自动且高速处理海量数据的现代化智能电子设备都可以算是计算机。

计算机由软件系统和硬件系统组成，没有安装任何软件的计算机称为裸机。有了软件，用户才可以使用计算机听音乐、阅读或者搜索 Internet，可以做许多有意思的事情。

计算机软件从功能性质来划分，大致可以分为两类，即系统软件与应用软件。系统软件负责管理计算机，比如操作系统（Operating System，OS）；应用软件完成用户所需要的各种功能，比如 Office 办公软件，制造企业生产过程执行管理系统以及仓储管理系统等。

按层次来看，计算机的最底层是硬件系统。许多硬件本身又可以分为很多层，最低层是物理设备，在这之上则是控制这些物理设备的一系列功能单元，硬件通常提供一组指令来执行一个或多个功能单元。在硬件系统之上则是系统软件。一般系统软件也分为两层，底层是操作系统，其上是其他系统软件。在系统软件之上则是应用软件。

**注意：**

应用软件的大多数功能都是直接与操作系统交互。

### 1.3.2 操作系统

在没有操作系统之前，要操作计算机时，就需要使用这些硬件的指令，一般来说，这些指令的功能和用法是公开的，也可以称它们为机器语言。

一般来说，特定的汇编语言和特定的机器语言指令集之间是一一对应的，不同的硬件系统，汇编语言也不同。

操作系统的一个主要功能就是将硬件系统的这些复杂指令封装起来，给程序员提供一个更方便的编程接口。

在常见的一些操作系统中还会包含一些特定功能的系统软件，它们独立于应用软件，但又不是操作系统的必要组成，比如窗口系统和命令解释器等，但通常它们都与操作系统一起安装。

一般来说，操作系统是不能被用户修改的。而有些系统软件可供用户替换。

除了上面所描述的功能，程序员还会面临这样一个问题，当有两个任务都需要使用到打印机时，可能会出现以下情况：

（1）A 任务打印了一半。

（2）随后 B 任务打印了一半。

（3）接着 A 任务打印了剩余的部分。

（4）最后 B 任务完成剩余的部分。

而操作系统则可能提供以下功能：

（1）将 A 任务保存到缓冲区中。

（2）执行 A 任务的打印。

（3）将 B 任务保存到缓冲区中。

（4）等待 A 任务打印完成。

（5）执行 B 任务的打印。

从这里可以看到，操作系统在对指令进行封装时，还可以根据各种硬件系统的特点，管理它们的使用，以便最大限度地满足应用软件对它们的请求，提高硬件系统的利用率，并且协调多个请求之间的冲突。

**注意：**

操作系统对硬件资源的管理方式并不是相同的，根据硬件资源的特点会有不同的管理方式，甚至同一种硬件资源在不同操作系统中的管理方式也可能不一样。

### 1.3.3　操作系统发展史

（1）1946 年第一台计算机诞生于 20 世纪 50 年代中期，还未出现操作系统，计算机工作采用手工操作方式。程序员使用的还是插接板和穿孔卡片，程序员需要按照以下程序依次运行来完成一个任务：

- 将对应于程序和数据的穿孔卡片装入输入机，输入到计算机内存。
- 计算机计算完毕后打印机输出计算结果。
- 程序员取走结果并卸下穿孔卡片。

这种操作方式的劣势是速度慢，只有摆脱手工操作，才能充分利用计算机的高性能，从而发展出批处理系统。

（2）批处理系统是加载在计算机上的一个系统软件，在它的控制下，计算机能够自动地、成批地处理一个或多个任务。

最先出现的批处理系统是联机批处理系统，由 CPU 控制完成从输入数据到输出结果的整个任务。这种处理方式避免了手工操作时整个计算机处于等待的空闲状态。但依然存在一个问题，在任务输入和结果输出时，由于外设的性能远低于 CPU 的性能，导致高速 CPU 仍处于空闲状态。从而引入了缓冲机制，也就是脱机批处理系统。

脱机批处理系统在输入 / 输出设备与 CPU 之间增加一个速度相对更快的磁带机，输入 / 输出都先在磁带机中缓冲，这样外设可以与 CPU 并行工作，极大地提高了计算机的利用率。在 20 世纪 60 年代被广泛应用。

即使引入了缓冲机制，当处理的任务进行输入 / 输出时，CPU 依然会处于空闲状态，根本原因是计算机中每次只有一个任务在执行，所有硬件资源都是串行工作。为了提高 CPU 的利用率，从而发展出多道批处理系统。

（3）多道批处理系统允许多个任务同时运行在计算机中，当其中一个任务放弃 CPU 去使用外设时，另一个任务可以继续使用 CPU。可以说这种轮流利用硬件系统资源的方式提高了整个硬件系统资源的利用率，最终提高了整个计算机的利用率。

在多道批处理系统中，当多个任务同时运行时，如果它们都需要用户在任务运行过程中参与交互，多道批处理系统不方便处理这种情况。

（4）随着 CPU 的性能不断提升，一台计算机可以同时连接多个用户终端，每个用户可以在独立的终端上提交各自的任务并与计算机进行交互。同时，将 CPU 的运行时间分成很短的时间片，按时间片轮流给各个运行的任务使用。这种计算机系统称为分时系统。多用户分时系统是当今计算机操作系统中最普遍使用的一类操作系统。UNIX 就是在此基础上发展起来且应用最广泛的操作系统之一。

（5）多道批处理系统与分时系统依然不能满足某些特殊领域对计算机的要求。比如火箭发射的自动控制过程中，要求计算机尽快处理测量到的各项数据，及时对火箭进行控制。这时，要求计算机能及时响应并具有高可靠性，从而产生了实时系统。

随着计算机硬件性能的飞速提升，操作系统更多地兼有多道批处理、分时及实时处理的功能，这种操作系统被称为通用操作系统。

到了 20 世纪 80 年代中期，随着大规模集成电路、微处理器的出现，操作系统又有了进一步的发展，出现个人计算机操作系统、网络操作系统及分布式操作系统等。

伴随个人计算机（PC）时代的来临，DOS 系统出现，改进后的系统被命名为 MS-DOS，它很快就“统治”了 IBM PC 市场，并随后提供了可运行在 MS-DOS 之上的图形化界面，命名为 Windows 系统。

**注意:**

操作系统的发展虽然多种多样，但它们的本质依然是对机器语言指令进行封装，并对硬件系统进行管理，同时，操作系统会提供给我们一套系统调用的接口。

### 1.3.4 Linux 系统

提到 Linux，我们需要先了解一个人，他就是荷兰阿姆斯特丹的 Vrije 大学计算机科学系的 Andrew S. Tanenbaum（安德鲁 • 斯图尔特 • 塔能鲍姆）教授。

随着操作系统的商业化与私有化，在大学，不能再使用 UNIX 源代码进行授课。为了让学生更容易了解操作系统的运行机制，塔能鲍姆教授开发了一个迷你的与 UNIX 兼容的操作系统，全部程序代码共约 12 000 行，并取名为 MINIX。

视 频

Linux前世今生

塔能鲍姆教授编写的操作系统设计与实现的教材就是以 MINIX 为范例，并提供了全部的源码和注释。程序员都能读懂它，并且 MINIX 对硬件系统的性能要求非常低，方便程序员进行修改和测试。

无数的读者给 MINIX 提出了非常好的建议，甚至是代码方面的建议，希望能使 MINIX 变得更加强大，但塔能鲍姆教授认为，作为学习使用的 MINIX 应该足够小巧与简洁。

在这些提建议的人里，有一个芬兰的学生 Linus Torvalds，他学习并安装了 MINIX。后来，Torvalds 将 MINIX 作为平台和指导开发了 MINIX 的克隆版本——Linux，并且在 1991 年发布。

Linux 完全免费，用户可以任意修改其源代码。随后大量的程序员参与了 Linux 内核的开发与扩展，以及源代码开放的程序模块的开发。从此，Linux 产生了众多版本，但它们都基于 Linux 内核，并遵循 GPL 协议。

1995 年 1 月，RedHat（小红帽）诞生，它以 GNU/Linux 为核心，集成了 400 多个源代码开放的程序模块，遵循 GPL 协议，在市场上出售。小红帽虽然是收费产品，但它也是开源的。

严格来讲，Linux 这个词本身只表示 Linux 内核，但经常用 Linux 来表示所有基于 Linux 内核的操作系统。

**注意:**

GPL：GNU 通用公共许可证（General Public License，GPL），即“反版权”概念。

### 1.3.5 CentOS

在小红帽的产品中，有一个针对企业发行的版本 Red Hat Enterprise Linux（RHEL）被很多企业所选择。很多使用者都希望免费使用 RHEL，RHEL 遵循 GPL 协议，所以它也是开源的。

于是出现了 CentOS（Community Enterprise Operating System，社区企业操作系统），是一个稳定的、可预测的、可管理的和可复现的平台，源于 Red Hat Enterprise Linux（RHEL）依照开放源代码规定释出的源码所编译而成。

在 2014 初，CentOS 宣布加入小红帽，它依然免费，并使得 yum 免费升级。由于 CentOS 免费，并且被很多企业所使用，所以在众多的 Linux 系统中，本书选用了 CentOS 7.4 介绍 Linux 的常见操作，并且在虚拟机中安装 CentOS 7.4 作为服务器。

## 1.4 项目准备

### 1.4.1　需求说明

在 VMware Workstation 14 Pro 虚拟机中安装 Linux 系统，并安装 Linux 的文本模式，网络适配器设置成"NAT"模式，设置固定 IP 地址，配置完成后启动虚拟机安装系统，设置用户名和密码，待系统安装完成后，使用用户名和密码登录到系统，使用命令查看系统版本信息、核数、运行模式、内存、磁盘和分区。

### 1.4.2　实现思路

（1）安装和配置 VMware Workstation 14 Pro 虚拟机。

（2）在虚拟机中安装 CentOS 7.4 系统。

（3）在安装完成的系统中输入用户名和密码进行登录，使用命令查看系统版本信息、核数、运行模式、内存、磁盘和分区。

## 1.5 项目实施

### 1.5.1　Linux 虚拟机的安装与启动

对于初学者来说，在虚拟机中学习 CentOS 7.4 要比在真机学习更方便，也更简单。这样可以避免在真机上安装 CentOS 7.4 时可能遇到的一系列问题，比如启动 U 盘的制作、引导分区的设置、驱动的安装或是双系统的一些问题。

视 频

安装启动系统

1. 准备环境

虚拟机工具很多，选择合适的虚拟机工具能够提高虚拟环境的稳定性，避免虚拟环境宕机。本书选择 VMware Workstation 14 Pro 来作为虚拟机的虚拟工具，Linux 系统选用 CentOS 7.4。

**注意：**

由于 Linux 的不同版本之间的命令略有差别，并且会在新的版本中不断改进，本书在讲解命令时，会使用各版本中相对通用的语法，以便于大家理解。

2. 安装 VMware Workstation 14 Pro

VMware Workstation 14 Pro 的安装步骤如下：

（1）双击运行 VMware Workstation 14 Pro 安装文件。

（2）在“欢迎使用 VMware Workstation Pro 安装向导”界面单击“下一步”按钮，如图 1-1 所示。

（3）在“最终用户许可协议”界面勾选“我接受许可协议中的条款”复选框，单击“下一步”按钮，如图 1-2 所示。

（4）在“自定义安装”界面，选择安装目录，并单击“下一步”按钮，如图 1-3 所示。

（5）在“用户体验设置”界面，单击“下一步”按钮，如图 1-4 所示。

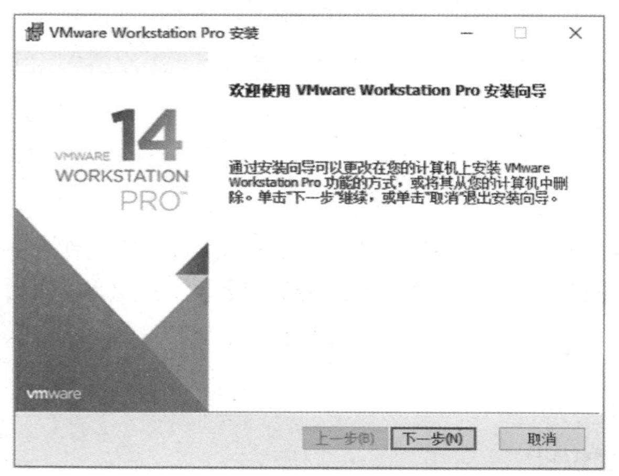


图 1-1　“欢迎使用 VMware Workstation Pro 安装向导”界面

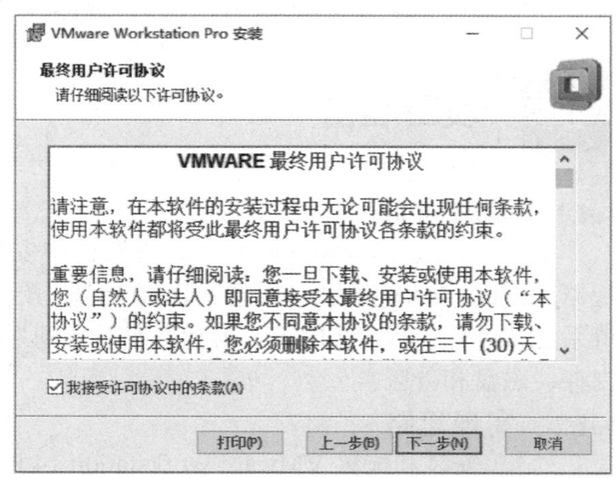


图 1-2　“最终用户许可协议”界面

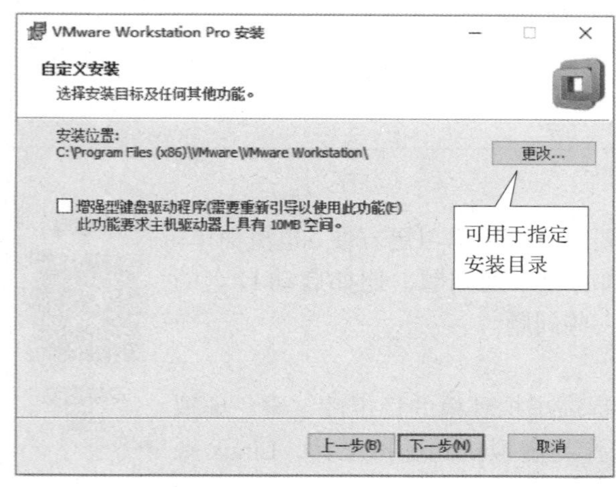


图 1-3　“自定义安装”界面

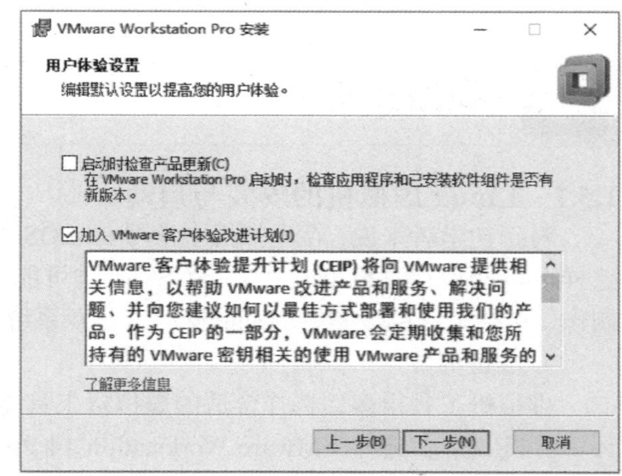


图 1-4　“用户体验设置”界面

（6）在“快捷方式”界面单击“下一步”按钮，如图 1-5 所示。

（7）在“已准备好安装 VMware Workstation Pro”界面单击“安装”按钮，如图 1-6 所示。

（8）在“安装完成”界面单击“许可证”按钮，进入“输入许可证密钥”界面，完成许可证密钥输入，单击“输入”按钮，如图 1-7 所示。

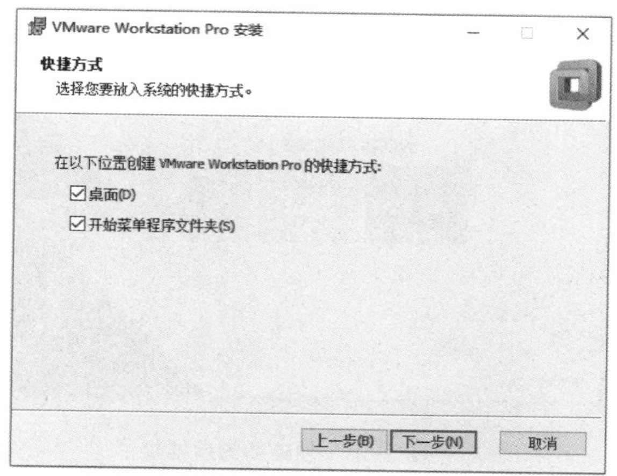


图 1-5　“快捷方式”界面

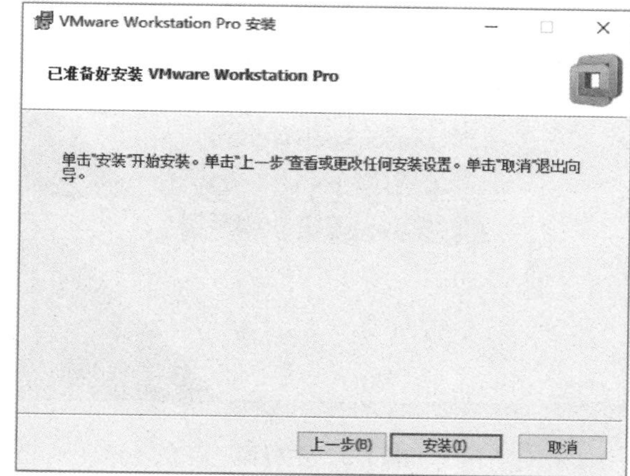


图 1-6　“已准备好安装 VMware Workstation Pro”界面

（9）单击“完成”按钮退出安装向导，如图 1-8 所示。

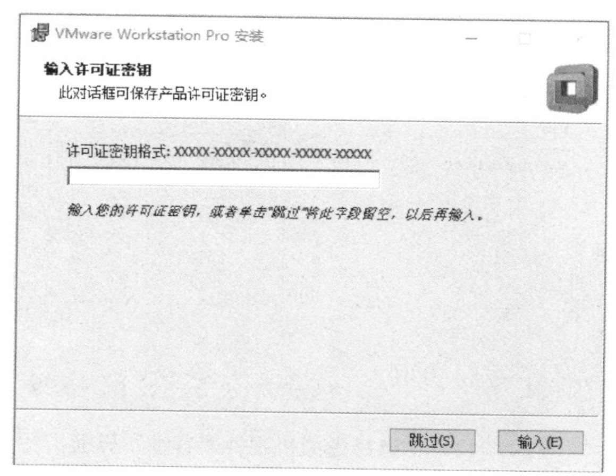


图 1-7　“输入许可证密钥”界面

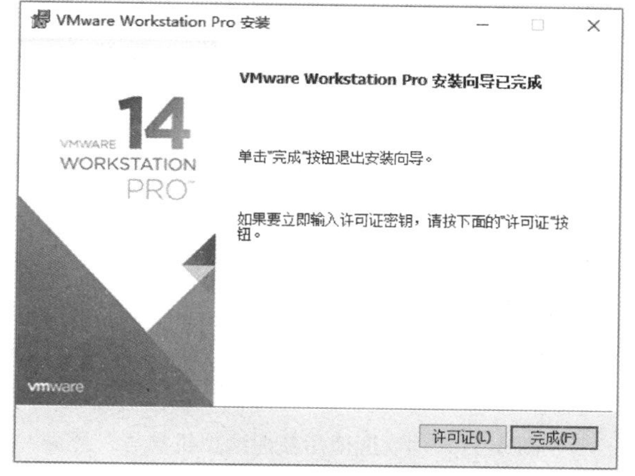


图 1-8　“安装完成”界面

### 3. 安装 CentOS 7.4

在 VMware Workstation 14 Pro 中安装 CentOS 7.4 的操作步骤如下：

（1）运行 VMware Workstation 14 Pro，进入主界面，如图 1-9 所示。

（2）在主界面单击“创建新的虚拟机”选项，如图 1-10 所示。

（3）在“欢迎使用新建虚拟机向导”界面，选择“自定义”单选按钮，单击“下一步”按钮，如图 1-11 所示。

（4）在“选择虚拟机硬件兼容性”界面选择兼容性，然后单击“下一步”按钮，如图 1-12 所示。

（5）在“安装客户机操作系统”界面，选择“稍后安装操作系统”单选按钮，然后单击“下一步”按钮，如图 1-13 所示。

（6）在“选择客户机操作系统”界面，选择“Linux”单选按钮，版本选择“CentOS 7 64 位”，然后单击“下一步”按钮，如图 1-14 所示。

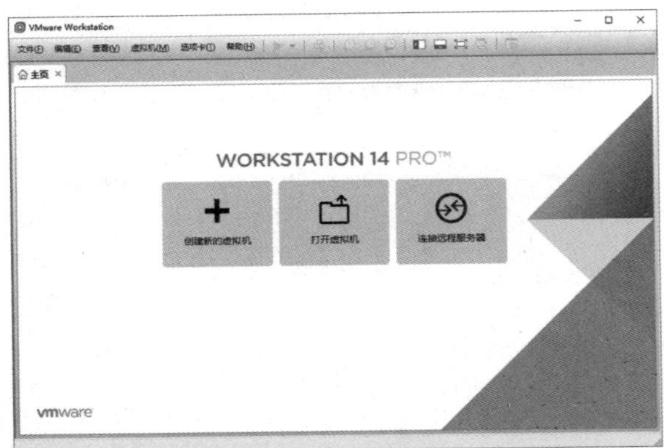


图 1-9　主界面

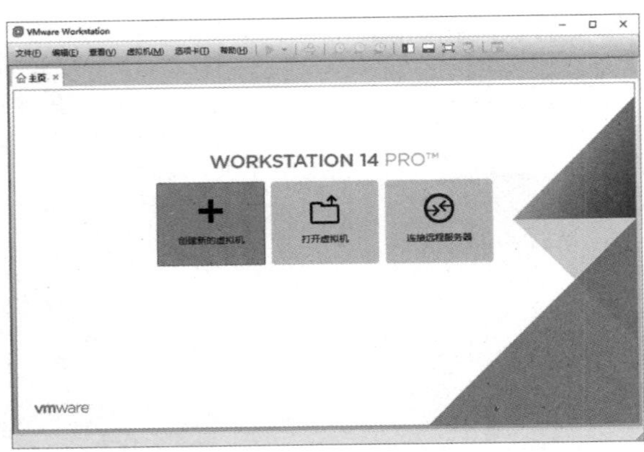


图 1-10　创建新的虚拟机

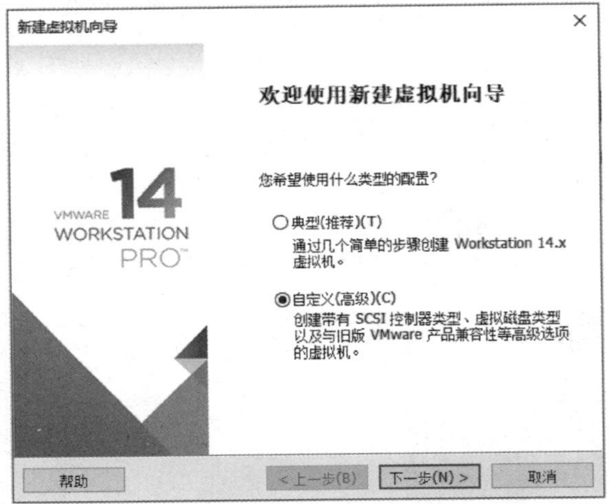


图 1-11　“欢迎使用新建虚拟机向导”界面

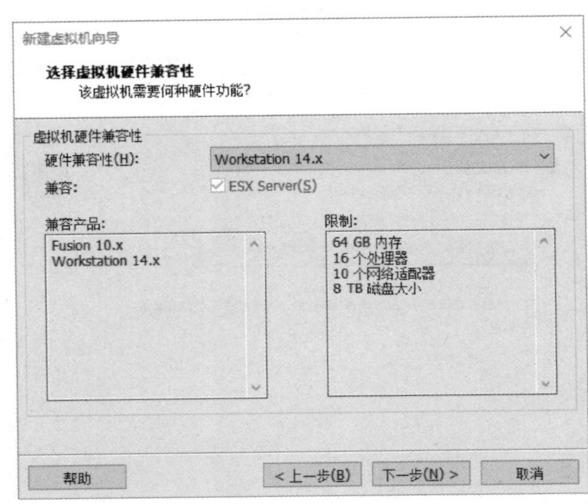


图 1-12　“选择虚拟机硬件兼容性”界面

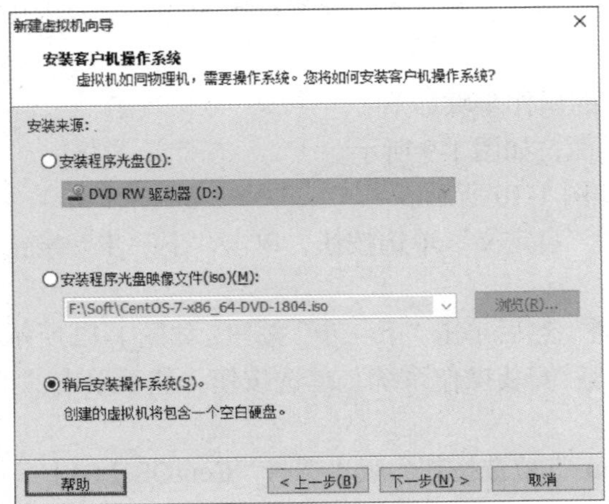


图 1-13　“安装客户机操作系统”界面

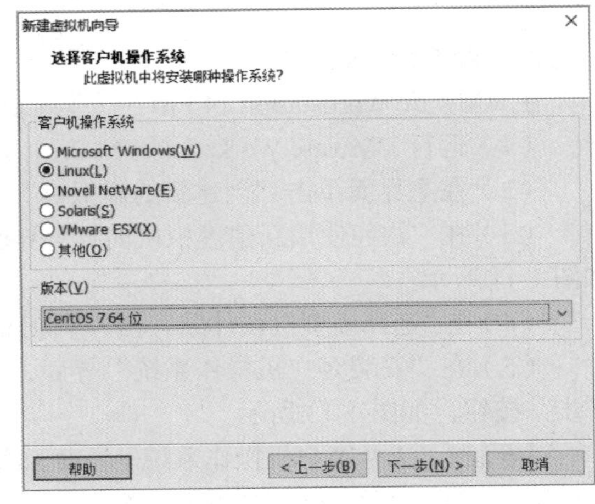


图 1-14　“选择客户机操作系统”界面

（7）在“命名虚拟机”界面，填写虚拟机名称，并选择虚拟机保存位置，然后单击“下一步”按钮，如图 1-15 所示。

（8）在“处理器配置”界面，选择需要的配置，然后单击“下一步”按钮，如图 1-16 所示。

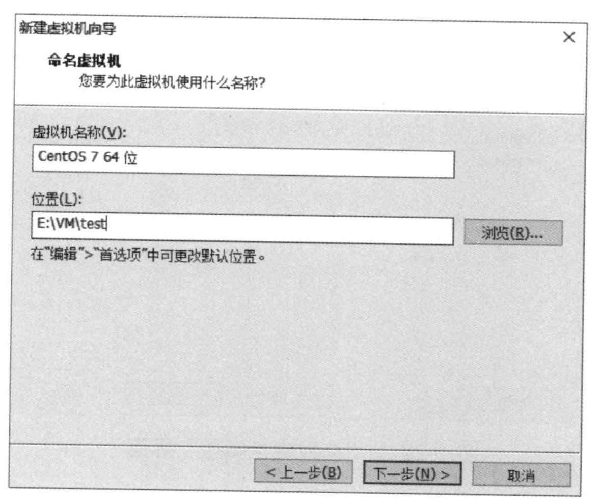


图 1-15　“命名虚拟机”界面

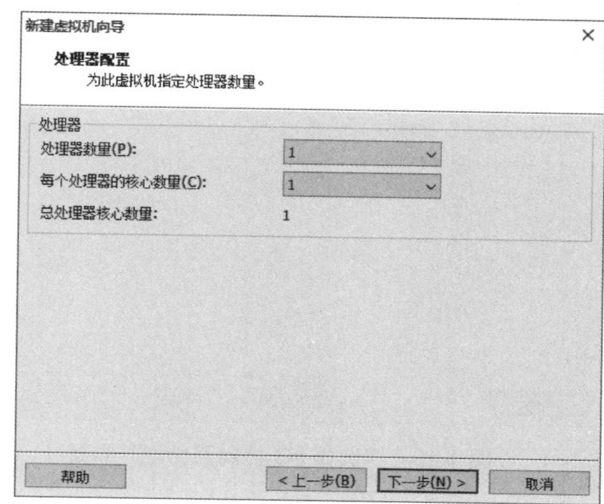


图 1-16　“处理器配置”界面

（9）在“此虚拟机的内存”界面，选择需要的内存大小，然后单击“下一步”按钮，如图 1-17 所示。

（10）在“网络类型”界面，选择需要的网络类型，这里使用 NAT 模式，然后单击“下一步”按钮，如图 1-18 所示。

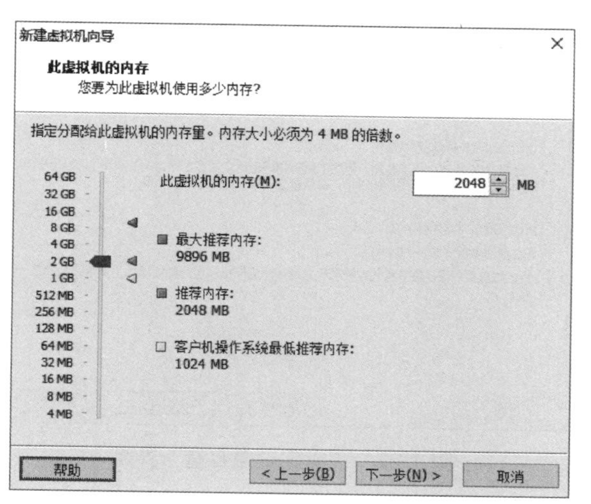


图 1-17　“此虚拟机的内存”界面

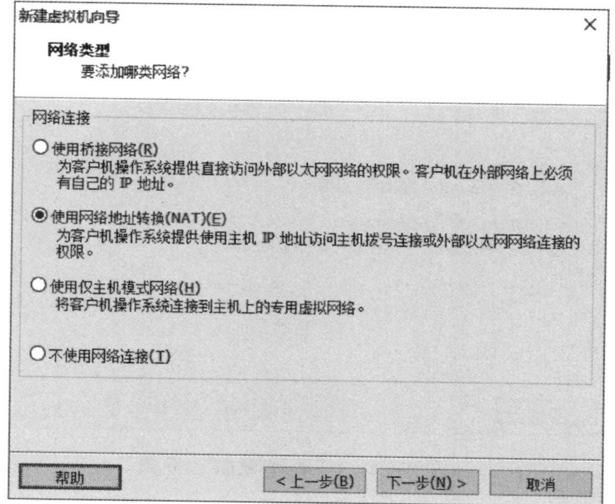


图 1-18　“网络类型”界面

（11）在“选择 I/O 控制器类型”界面中，选择“LSI Logic（推荐）”类型，然后单击“下一步”按钮，如图 1-19 所示。

（12）在“选择磁盘类型”界面中，选择“SCSI（推荐）”类型，然后单击“下一步”按钮，如图 1-20 所示。

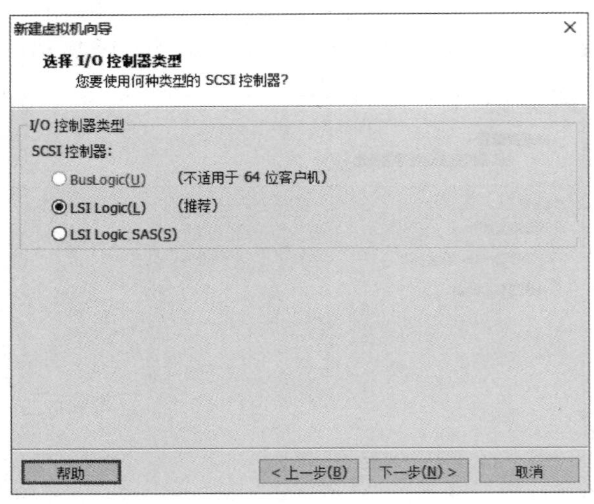


图 1-19　“选择 I/O 控制器类型”界面

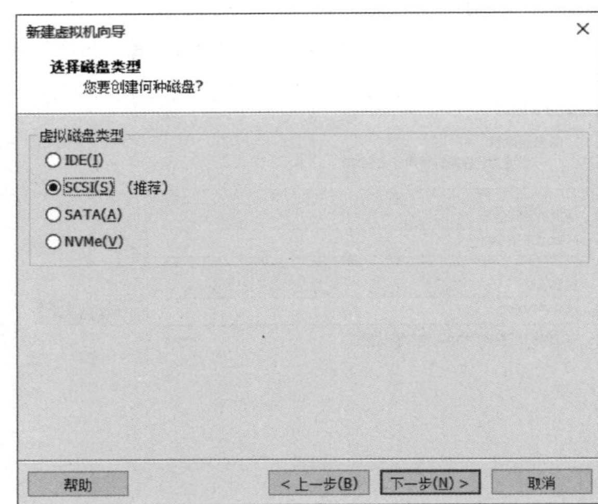


图 1-20　“选择磁盘类型”界面

（13）在“选择磁盘”界面中，选择“创建新虚拟磁盘”单选按钮，然后单击“下一步”按钮，如图 1-21 所示。

（14）在“指定磁盘容量”界面中，输入最大磁盘大小，然后单击“下一步”按钮，如图 1-22 所示。

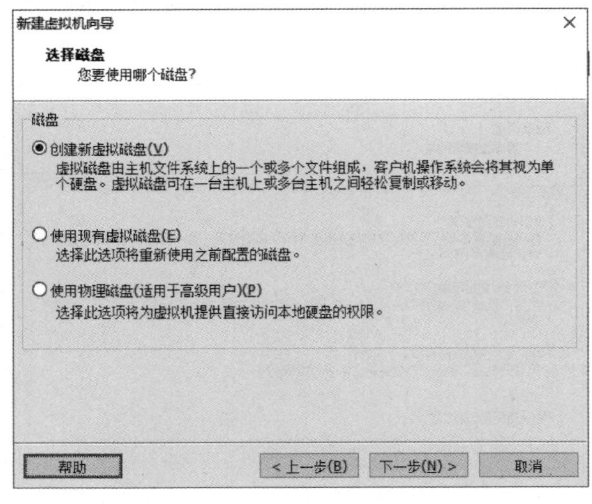


图 1-21　“选择磁盘”界面

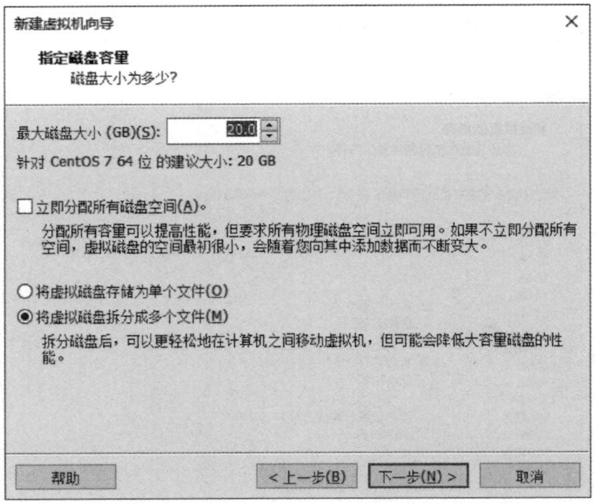

图 1-22　“指定磁盘容量”界面

（15）在“指定磁盘文件”界面中，输入磁盘文件名称，然后单击“下一步”按钮，如图 1-23 所示。

（16）在“已准备好创建虚拟机”界面中，单击“完成”按钮，如图 1-24 所示。

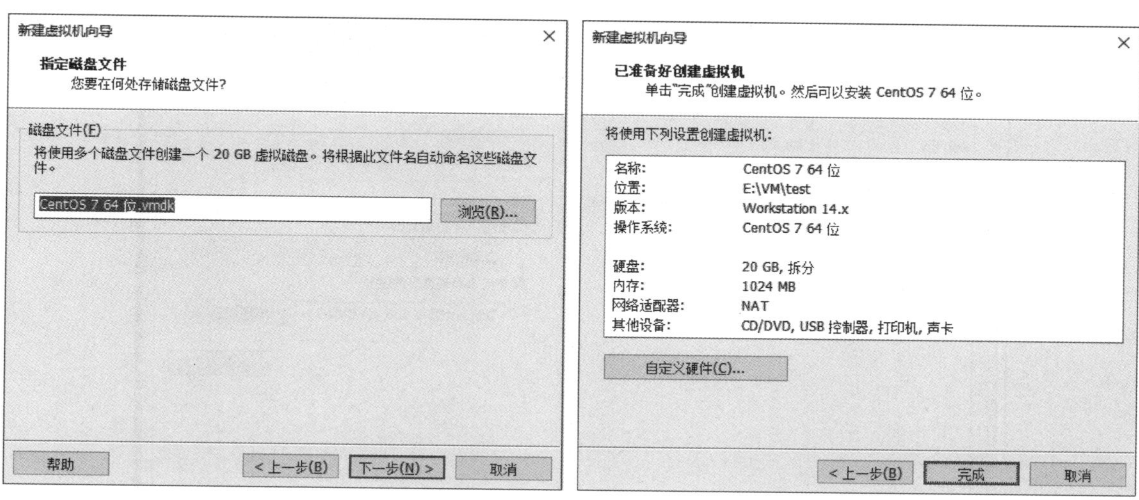


图 1-23　“指定磁盘文件”界面　　　图 1-24　“已准备好创建虚拟机”界面

（17）在主界面中选择刚创建的虚拟机，单击“编辑虚拟机设置”按钮，在弹出的“虚拟机设置”对话框中，单击“CD/DVD（IDE）”选项，在右侧“连接”下选择“使用 ISO 映像文件”单选按钮，选择使用 ISO 映像文件，单击“确定”按钮，如图 1-25 和图 1-26 所示。

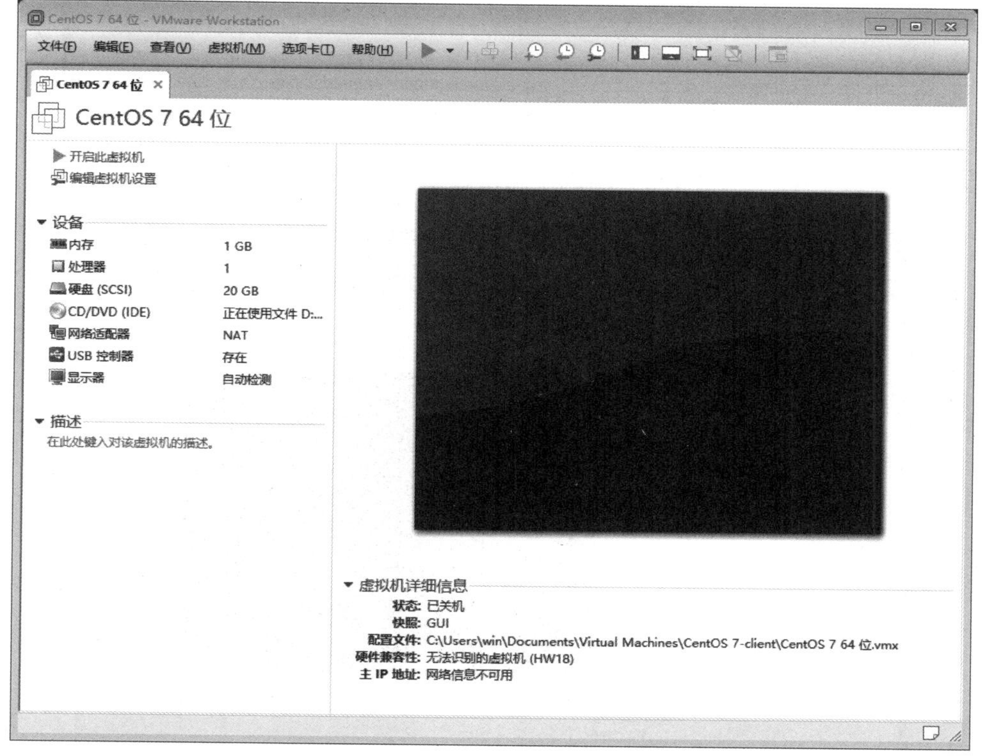


图 1-25　主界面

图 1-26 “虚拟机设置”对话框

（18）在主界面中单击“开启此虚拟机”按钮，如图 1-27 所示。

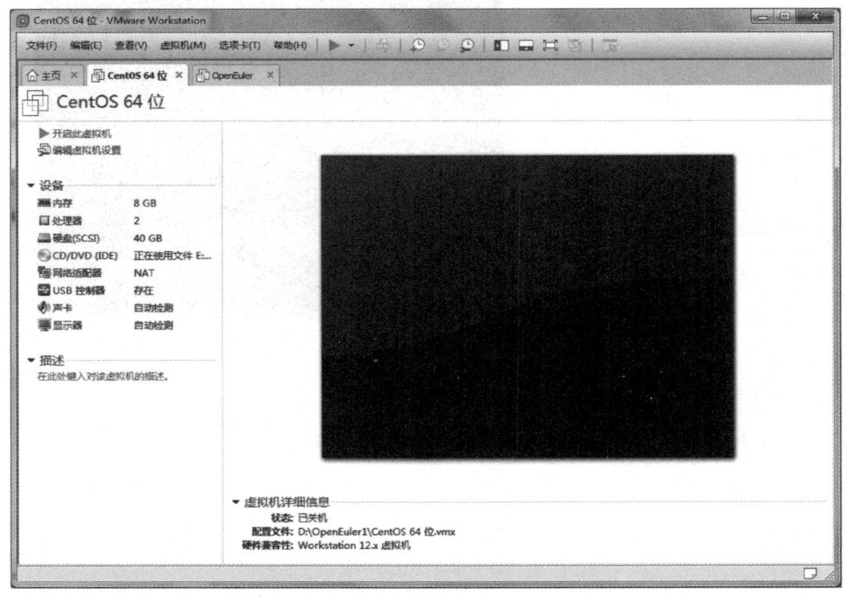


图 1-27 开启此虚拟机

（19）在“选择安装方式”界面中，通过键盘方向键选中“Install CentOS 7”选项，按【Enter】键，如图 1-28 所示。

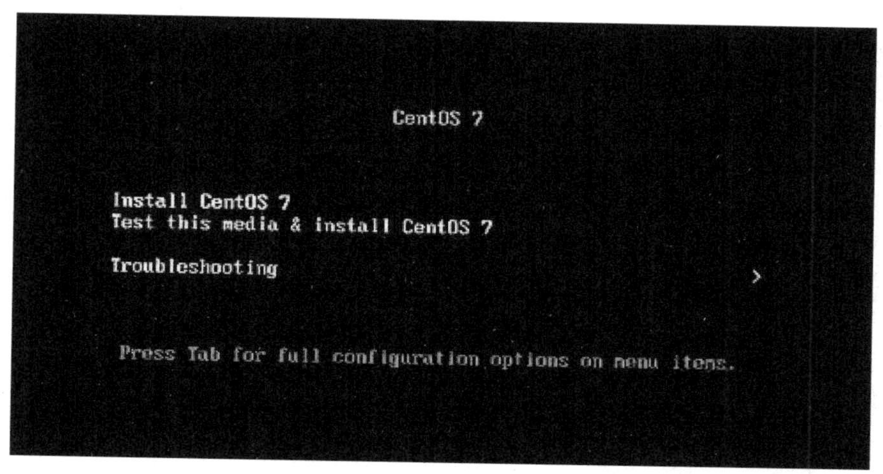


图 1-28　“选择安装方式”界面

（20）在“选择安装语言”界面中单击“继续”按钮，这里默认选择中文，如图 1-29 所示。

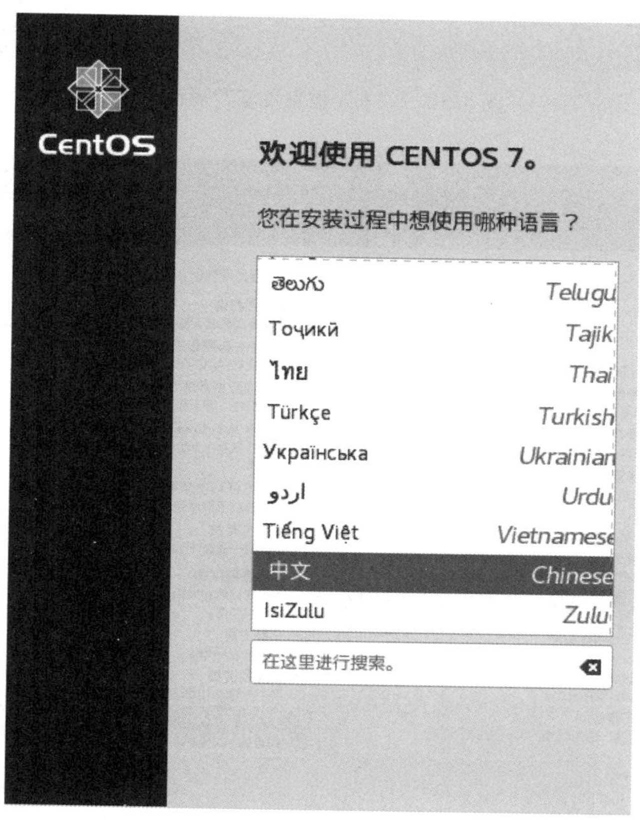


图 1-29　“选择安装语言”界面

（21）在“安装信息摘要”界面中单击“软件选择”图标，然后在“软件选择”界面，选择“GNOME 桌面”的所有选项，最后单击“完成”按钮，如图 1-30 和图 1-31 所示。

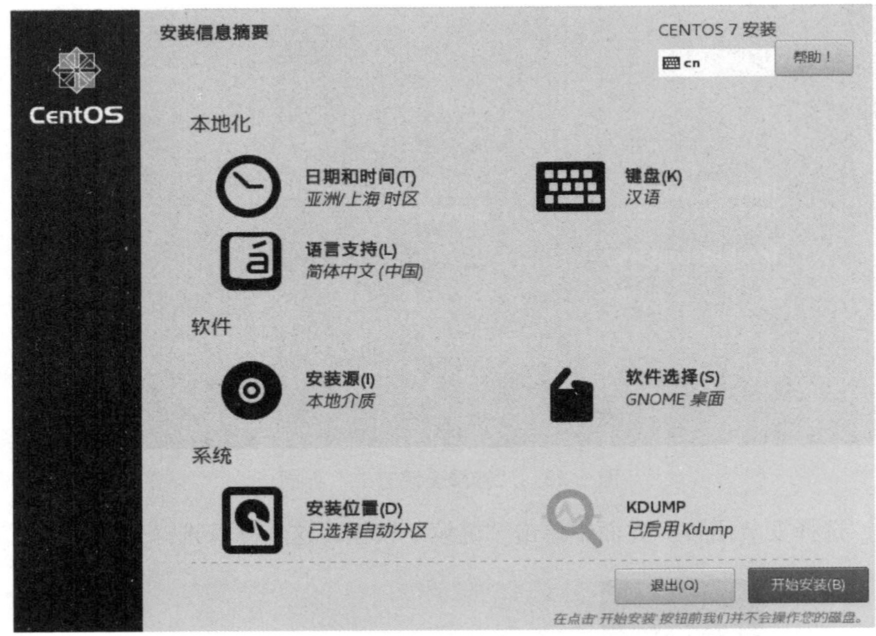


图 1-30　“安装信息摘要”界面

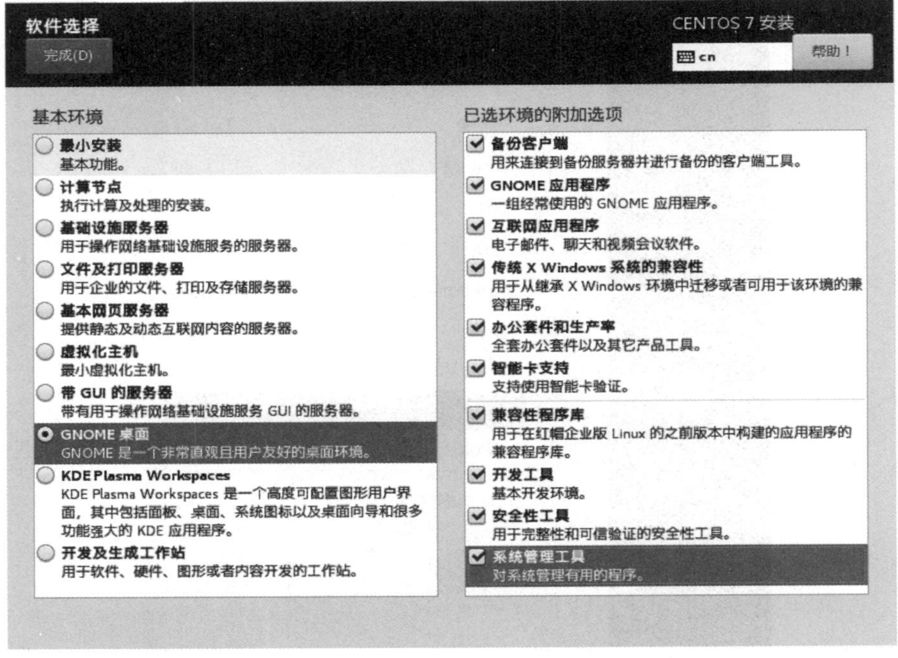


图 1-31　“软件选择”界面

（22）在“安装信息摘要”界面，单击“安装位置”图标，打开“安装目标位置”界面，单击“完成”按钮，如图 1-32 所示。

图 1-32　“安装目标位置”界面

（23）在“安装信息摘要”界面，单击“开始安装”按钮，进行系统安装，如图 1-33 所示。

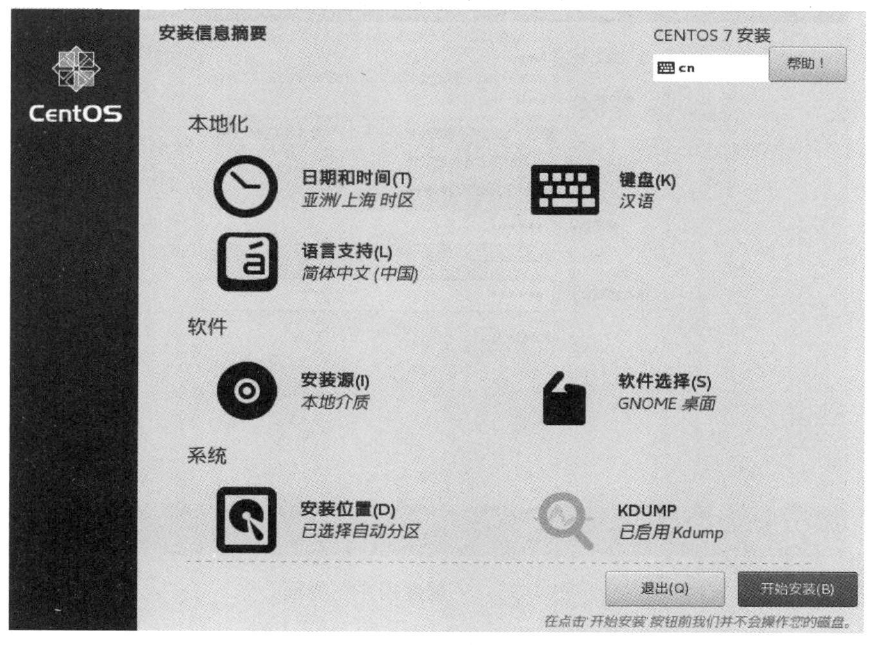


图 1-33　“安装信息摘要”界面

（24）在“配置”界面，单击“ROOT 密码的设置”和“创建用户”，分别打开“ROOT 密码”和“创建用户”界面，如图 1-34 和图 1-35 所示。

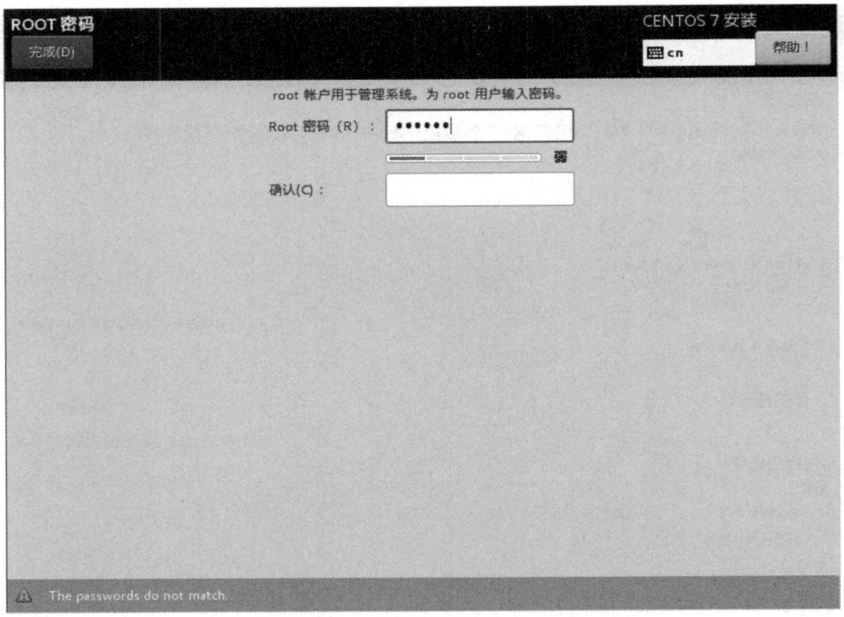

图 1-34　“ROOT 密码”界面

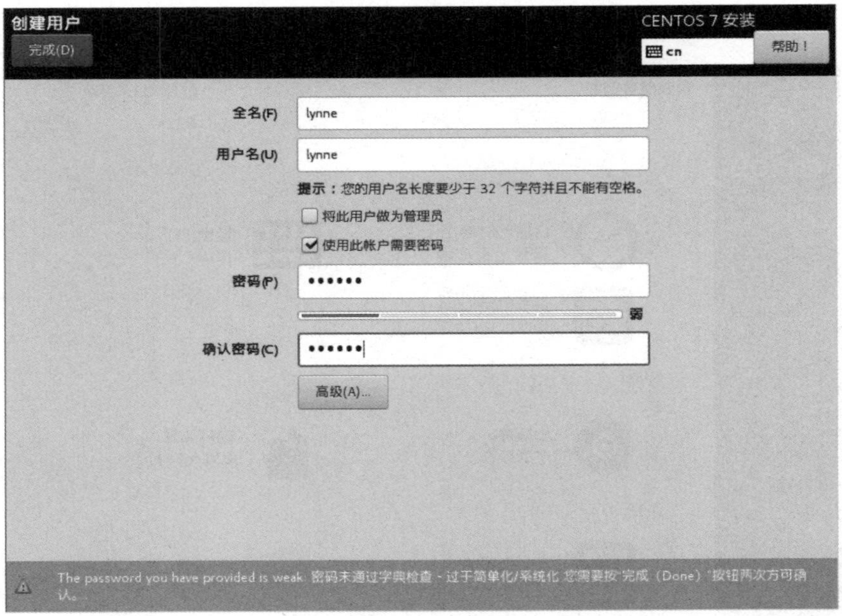

图 1-35　“创建用户”界面

（25）待系统安装完毕后重启，如图 1-36 所示。

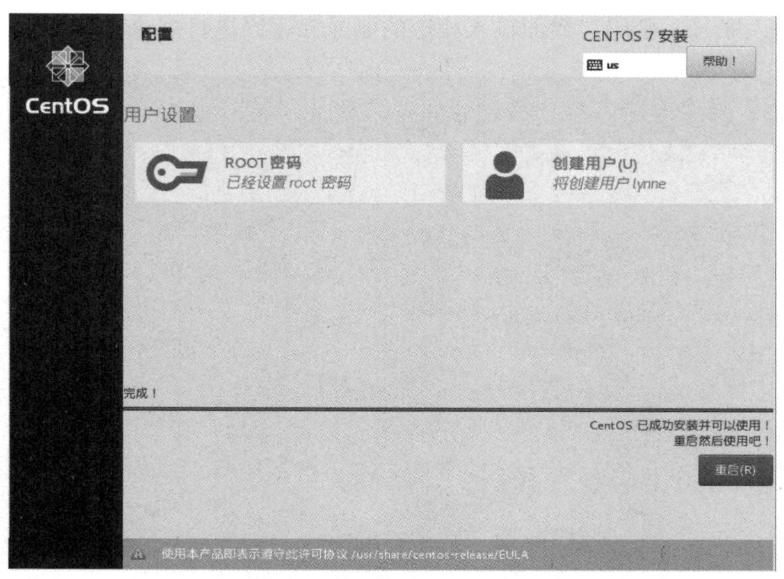


图 1-36　安装完毕后“重启”界面

4. 启动并登录 CentOS 7.4

（1）在“启动项选择”界面有两个启动项，其中第一项是正常启动，第二项是救援启动，通过键盘方向键选中第一项，按【Enter】键，如图 1-37 所示。

图 1-37　启动项选择

（2）在“许可信息”界面，勾选“我同意许可协议”按钮，并单击“完成”按钮，如图 1-38 所示。

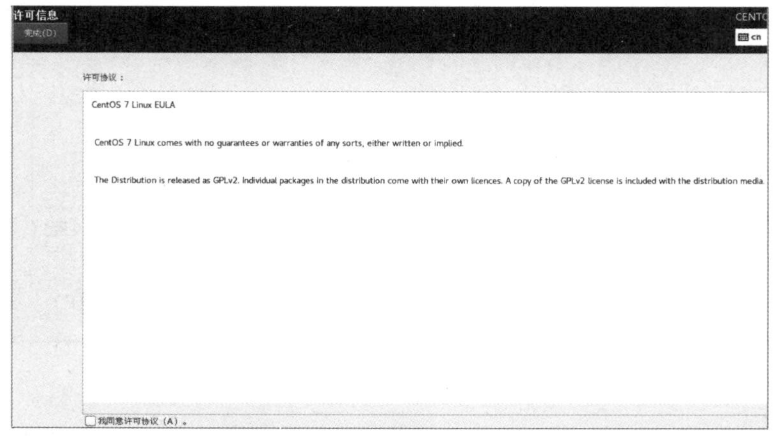


图 1-38　“许可信息”界面

（3）在“输入账号、密码”界面输入相应的账号和密码进行登录，如图 1-39 所示。

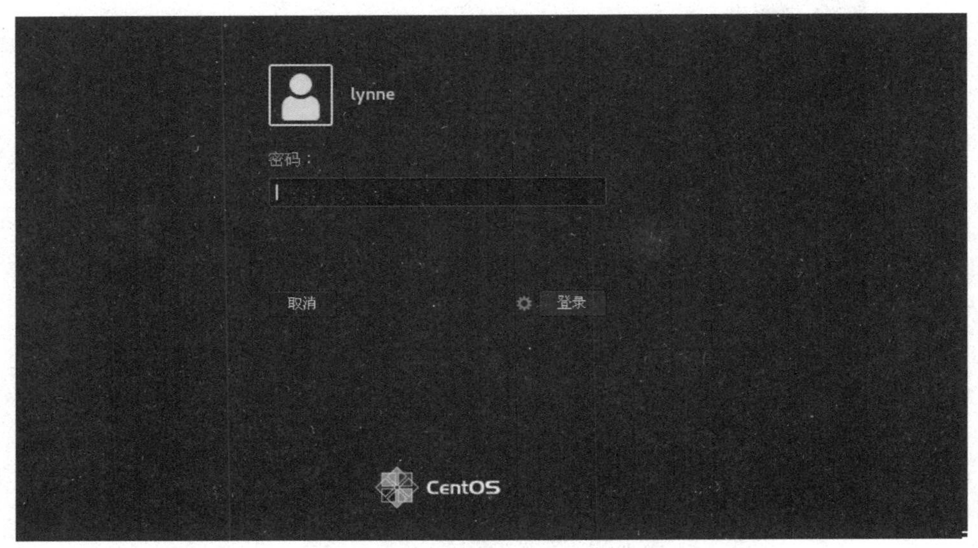


图 1-39　“输入账号、密码”界面

（4）登录成功后出现“输入源”界面，选择“汉语”即可，其他可以选择跳过，如图 1-40 所示。

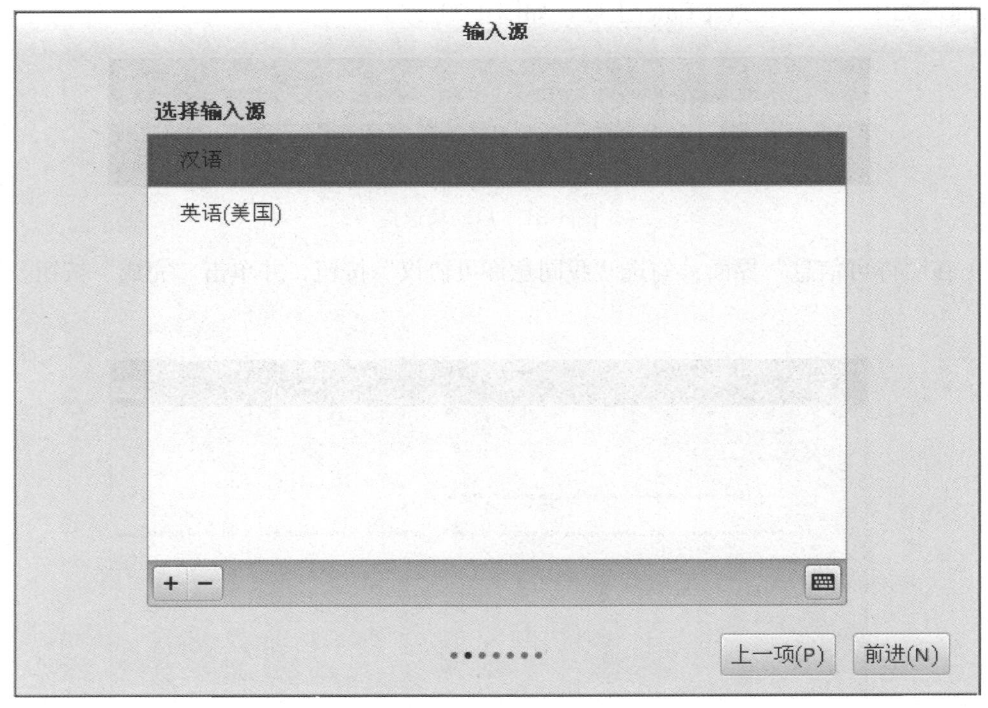


图 1-40　“输入源”界面

练一练

1. 实践要求

完成 Linux 系统的安装，要求实现以下功能：

（1）安装 VMware Workstation 14 Pro。

（2）在 VMware Workstation 14 Pro 中创建虚拟机，并安装 CentOS 7.4 操作系统。

（3）在虚拟机中启动 CentOS 7.4 操作系统，并观察它的引导启动过程。

（4）用 root 账号登录。

2. 实践建议

（1）获取 VMware Workstation 14 Pro 安装包文件并安装。

（2）获取 CentOS-7-x86_64-DVD-1804.iso 文件。

（3）在 VMware Workstation 14 Pro 中创建虚拟机，并安装 CentOS 7.4 操作系统。

（4）启动 CentOS 7.4 操作系统。

（5）使用 root 账号登录。

### 1.5.2　Linux 系统的关机与重启

Linux 操作系统的关机与重启操作可以通过图形界面操作和使用命令行的方式操作，其中命令行的方式操作关机以及重启时，可以定时关机。但是在关机时，需要注意当前用户是否有相应的操作权限。

1. 通过图形界面操作关机与重启

通过图形界面进行关机与重启，操作如图 1-41 和图 1-42 所示。

图 1-41　图形界面关机操作

图 1-42 “关机与重启”界面

2. 通过命令行的方式操作关机与重启

在 Linux 系统中通过命令行的方式关机或重启计算机是十分常见的操作。

语法

```
shutdown [选项] [关机时间]
```

可使用选项的参数说明见表 1-1。

表 1-1 shutdown 选项说明

| 选 项 | 说 明 |
|---|---|
| -P | 关闭机器电源 |
| -r | 重新启动机器 |
| -h | 将系统的服务停掉后，立即关机 |
| -k | 不是真的关机，只是发送警告信息 |
| -c | 取消挂起的关机 |

（1）关机命令：

```
# shutdown -h now
```

执行上述命令计算机会立即关机。

（2）重启命令：

①立即重启，命令如下：

```
# shutdown -r now
```

执行上述命令计算机会立即重启。

② 15 分钟后重启，命令如下：

```
# shutdown -r +15
```

执行上述命令，计算机会在 15 分钟后重启。

③直接重启计算机也可以使用如下命令：

```
# reboot
```

练一练

1. 实践要求

完成 CentOS 7.4 的启动、关机以及重启，要求实现以下功能：

（1）通过桌面的方式关机和重启计算机。

（2）通过命令行的方式关机和重启计算机，在重启时设置 15 分钟后重启。

2. 实践建议

（1）通过桌面的操作按钮关闭计算机和重启计算机。

（2）通过命令行的方式关机、重启计算机以及延时重启，命令如下：

①关机，输入 shutdown -h now。

②重启计算机，输入 shutdown –r now 或 reboot。

③15 分钟后重启计算机，输入 shutdown -r +15。

### 1.5.3　CentOS 7.4 文本模式安装步骤

Linux 的文本安装模式相对于图形化界面来说，显得更专业些，因此对于运维人员来说，应尽可能选择文本模式安装 Linux 操作系统。

说明

本节将使用 VMware Workstation 14 Pro 虚拟机安装 Linux 系统。

安装 Linux 操作系统的步骤如下：

（1）载入镜像文件，这里使用的是 CentOS 7.4 的系统镜像，图 1-43 为载入镜像后所看到的界面，然后按【Esc】键。

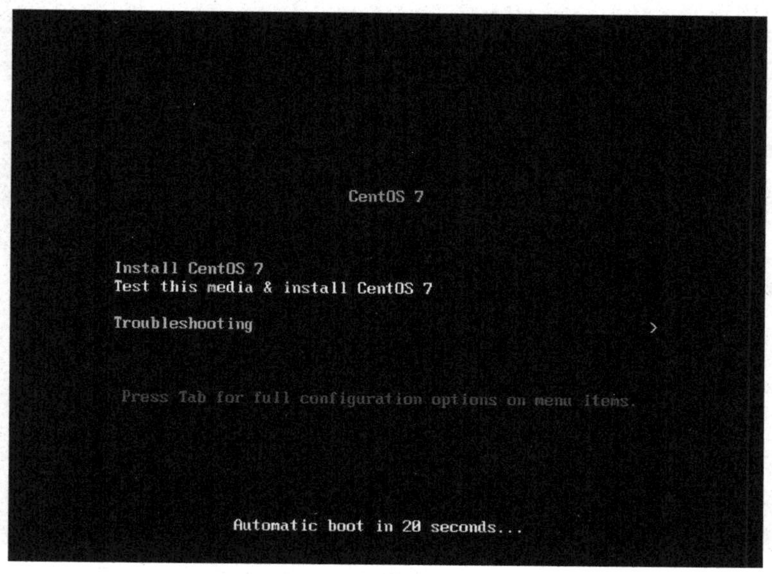


图 1-43　载入镜像后的界面

（2）输入命令 linux text，按【Enter】键，开始“文本模式”安装系统，如图 1-44 所示。

图 1-44　输入文本安装命令的界面

（3）输入命令后所看到的第一个界面，如图 1-45 所示，即安装选项与数字对应列表，安装选项说明如表 1-2 所示。

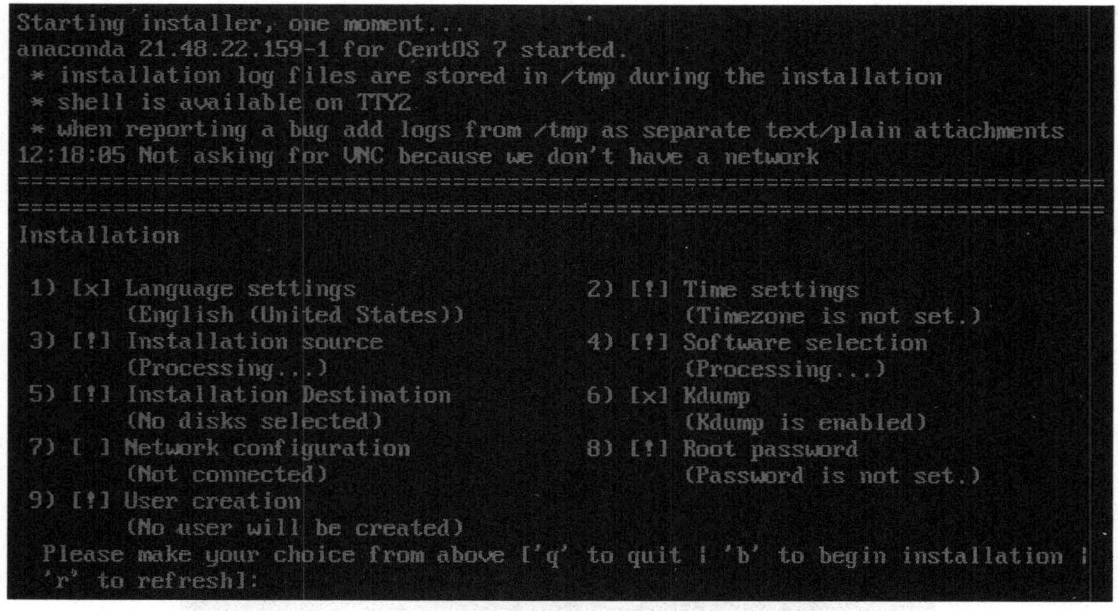


图 1-45　“选择安装选项”界面

表 1-2　安装选项说明

| 选　项 | 说　明 |
|---|---|
| Language settings | 语言设置 |
| Time settings | 时间设置 |
| Installation source | 安装源（默认即可，有光盘、网络等选项） |
| Software selection | 安装包的选择 |
| Installation Destination | 安装目标，其实质就是选择硬盘 |
| Kdump | 备份选项 |
| Network configuration | 网络配置 |
| Root password | Root 密码设置 |
| User creation | 用户创建 |

（4）输入“Language settings”选项对应的选项“1”，进入“语言设置”界面，如图 1-46 所示。

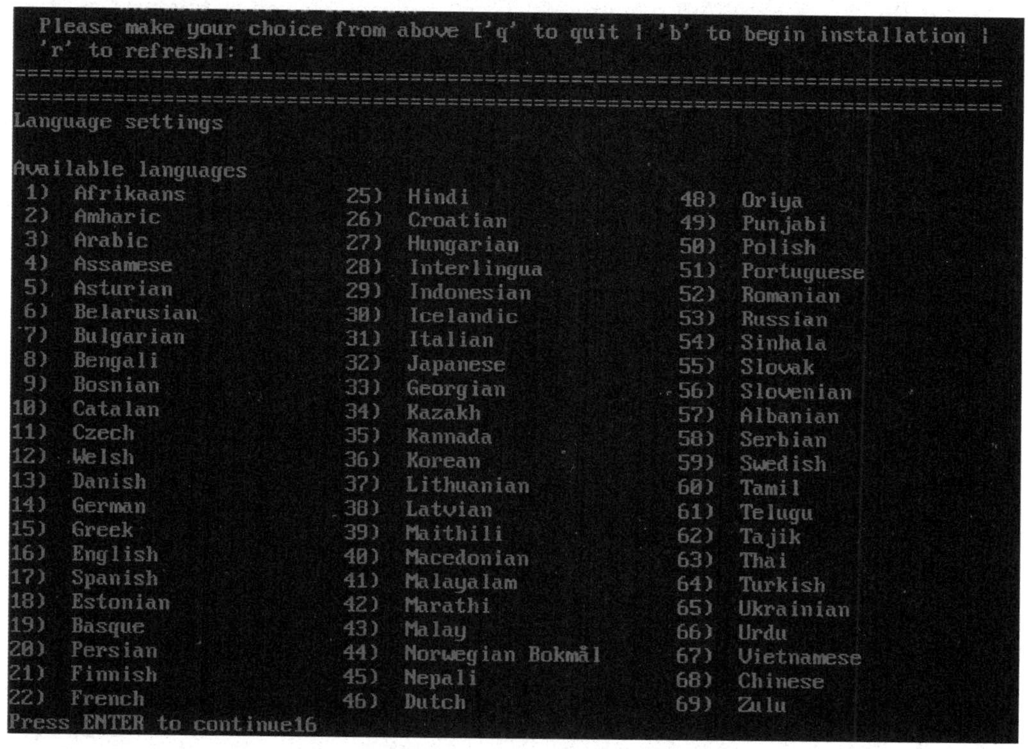


图 1-46　“语言设置”界面

在实际工作中，一般在安装系统时都会选择英文，所以输入选项“16”，进入英语详细菜单，选择对应区域的英语，系统默认为英文，因此不用选择。

（5）设置时间。

①设置时区，输入“Time settings”对应的选项“2”后，进入子菜单，选择“Set timezone”对应的选项“1”，选择“Asia”对应的选项“2”，然后选择“Shanghai”对应的选项“64”，如图 1-47 所示。

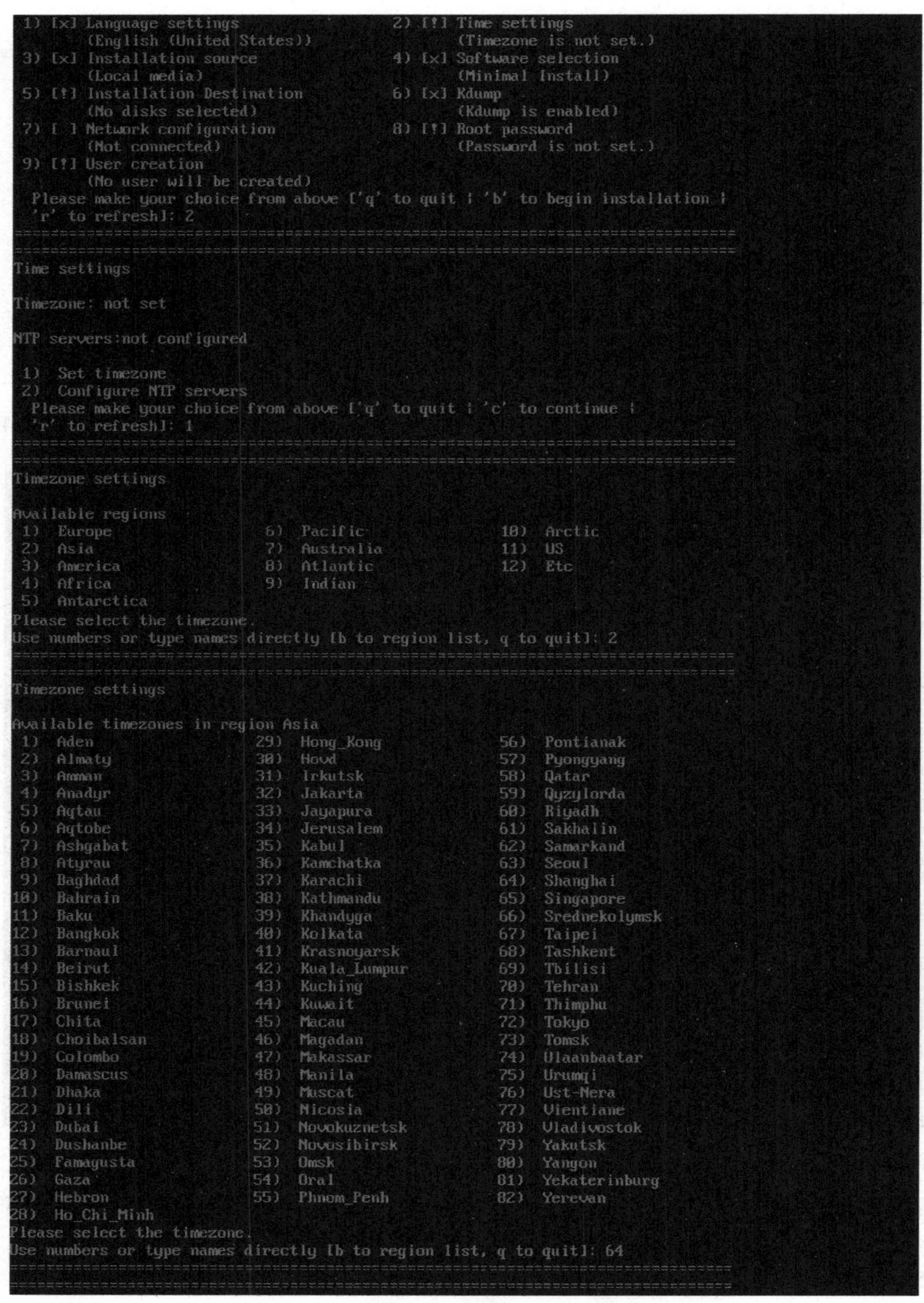


图 1-47 “设置时区”界面

②设置时间服务，输入“Time settings”对应的选项“2”后，进入子菜单，选择“Configure

NTP servers”对应的选项“2”，选择“Add NTP server”对应的选项“1”，输入 NTP server 地址，这里使用 aliyun（阿里云）的服务地址“ntp1.aliyun.com”，如图 1-48 所示。

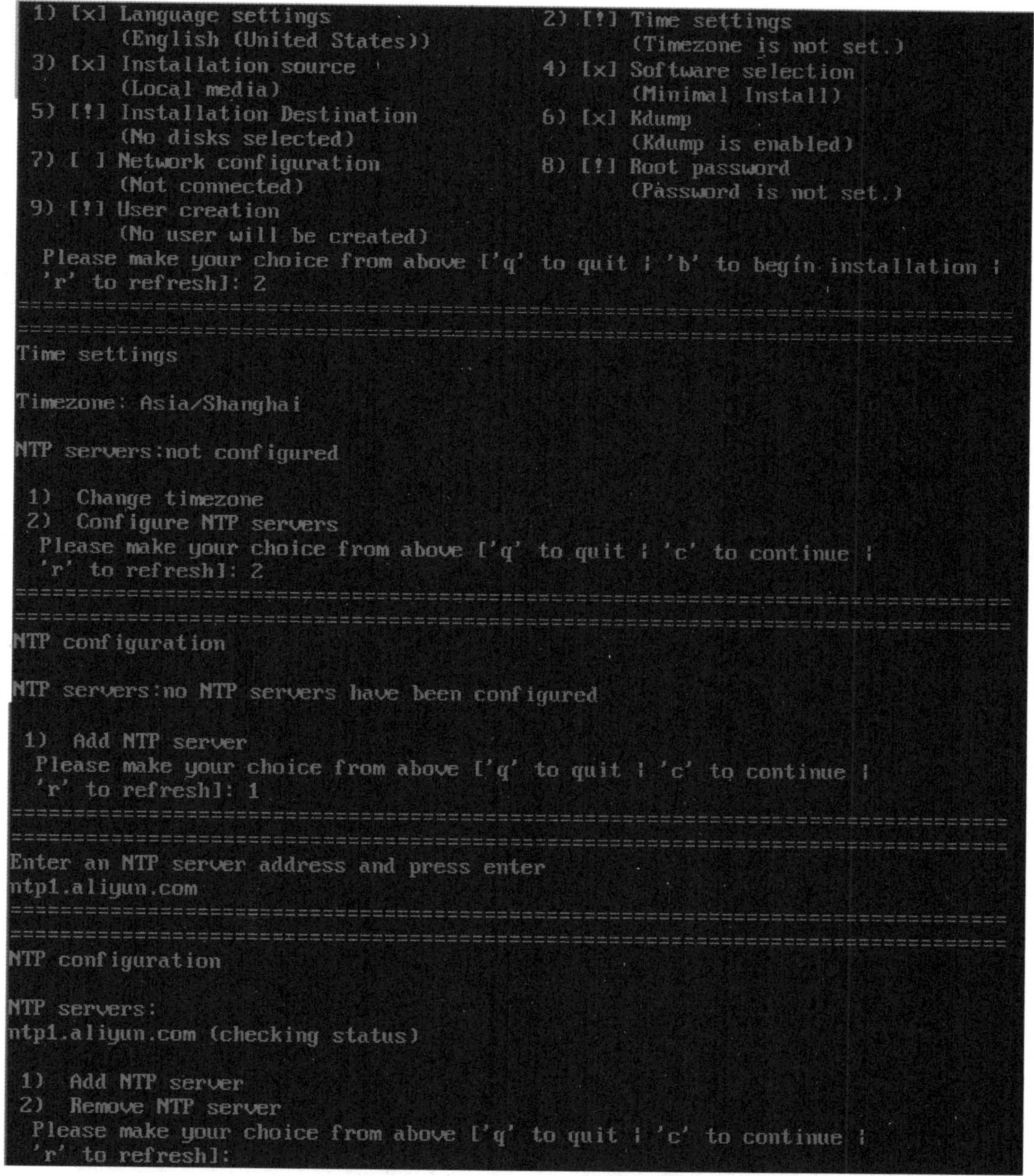


图 1-48　“设置时间服务”界面

（6）设置安装源，输入“Installation source”对应的选项“3”，进入安装源设置，选择“CD/DVD”对应的选项“1”，如图 1-49 所示。

（7）选择安装包，输入“Software selection”对应的选项“4”，进入安装源设置，选择“Minimal

Install”对应的选项“1”，在实际工作中一般都是最小安装，因此选择“Minimal Install”，如图 1-50 所示。

```
3) [x] Installation source                    4) [x] Software selection
       (Local media)                                 (Minimal Install)
5) [!] Installation Destination               6) [x] Kdump
       (No disks selected)                           (Kdump is enabled)
7) [ ] Network configuration                  8) [!] Root password
       (Not connected)                               (Password is not set.)
9) [!] User creation
       (No user will be created)
 Please make your choice from above ['q' to quit | 'b' to begin installation |
 'r' to refresh]: 3
================================================================================
================================================================================
Installation source

Choose an installation source type.
 1)  CD/DVD
 2)  local ISO file
 3)  Network
 Please make your choice from above ['q' to quit | 'c' to continue |
 'r' to refresh]: 1
================================================================================
================================================================================
```

图 1-49 “设置安装源”界面

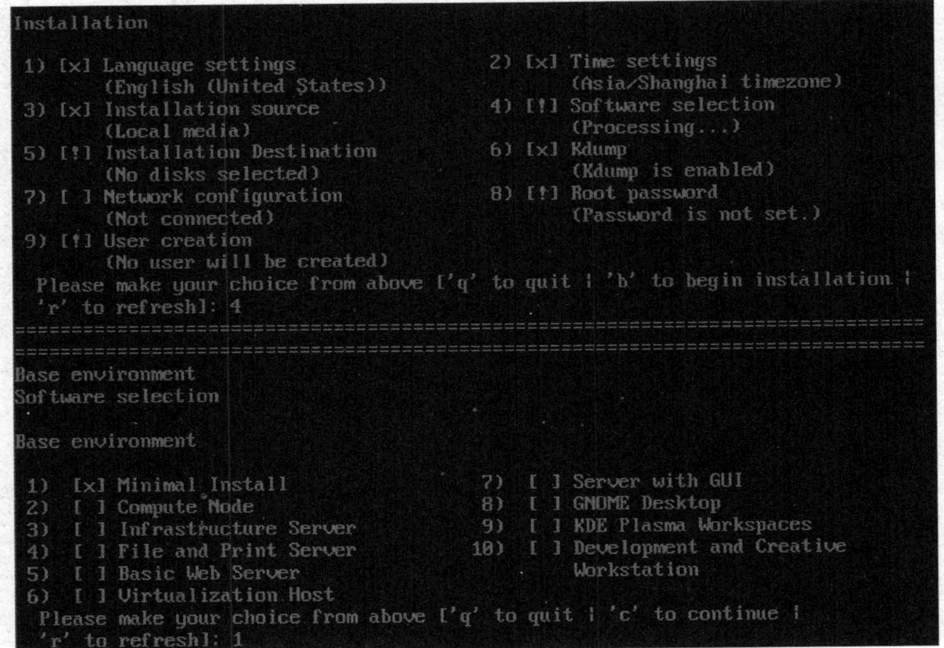


图 1-50 “选择安装包”界面

（8）选择安装目标，输入“Installation Destination”对应的选项“5”，进入安装目标选择，输入“c”继续，输入“Use Free Space”对应的选项“3”，输入“c”继续，在实际工作中一般选用“LVM”，因此输入“LVM”对应的选项“3”，如图 1-51 所示。

```
================================================================================
================================================================================
Installation

 1) [x] Language settings                 2) [x] Time settings
        (English (United States))                (Asia/Shanghai timezone)
 3) [x] Installation source               4) [x] Software selection
        (Local media)                            (Minimal Install)
 5) [!] Installation Destination          6) [x] Kdump
        (Error checking storage                  (Kdump is enabled)
        configuration)                    8) [!] Root password
 7) [ ] Network configuration                    (Password is not set.)
        (Not connected)
 9) [!] User creation
        (No user will be created)
  Please make your choice from above ['q' to quit | 'b' to begin installation |
  'r' to refresh]: 5
================================================================================
================================================================================
Probing storage...
Installation Destination

[x] 1) VMware Virtual S: 10 GiB (sda)

1 disk selected; 10 GiB capacity; 10 GiB free ...
Not enough free space on disks for automatic partitioning

  Please make your choice from above ['q' to quit | 'c' to continue |
  'r' to refresh]: c
================================================================================
================================================================================
Autopartitioning Options

[ ] 1) Replace Existing Linux system(s)

[ ] 2) Use All Space

[x] 3) Use Free Space

Installation requires partitioning of your hard drive. Select what space to use
for the install target.

  Please make your choice from above ['q' to quit | 'c' to continue |
  'r' to refresh]: c
================================================================================
================================================================================
Partition Scheme Options

[ ] 1) Standard Partition

[ ] 2) Btrfs

[x] 3) LVM

[ ] 4) LVM Thin Provisioning

Select a partition scheme configuration.

  Please make your choice from above ['q' to quit | 'c' to continue |
  'r' to refresh]:
```

图 1-51　“选择安装目标”界面

Autopartitioning Options 和 Partition Scheme Options 的选项说明分别如表 1-3 与 1-4 所示。

表 1-3　Autopartitioning Options 选项说明

| 选择项 | 说　明 |
| --- | --- |
| Replace Existing Linux system(s) | 替换现有的 Linux 系统 |
| Use ALL Space | 使用所有空间 |
| Use Free Space | 使用可用空间 |

表 1-4　Partition Scheme Options 选项说明

| 选择项 | 说　明 |
| --- | --- |
| Standard Partition | 标准分区 |
| Btrfs | 文件系统 |
| LVM | 逻辑卷管理 |
| LVM Thin Provisioning | 精简配置 |

（9）备份选项，kdump 是在系统崩溃、死锁或者死机的时候用来转储内存运行参数的一个工具和服务，默认设置为“enabled”状态。

（10）网络配置，“Host name”为用以显示或设置系统的主机名称，“Network configuration”为网络连接配置。

①设置主机名，输入“Set host name”对应的选项“1”后，输入主机名称，如图 1-52 所示。

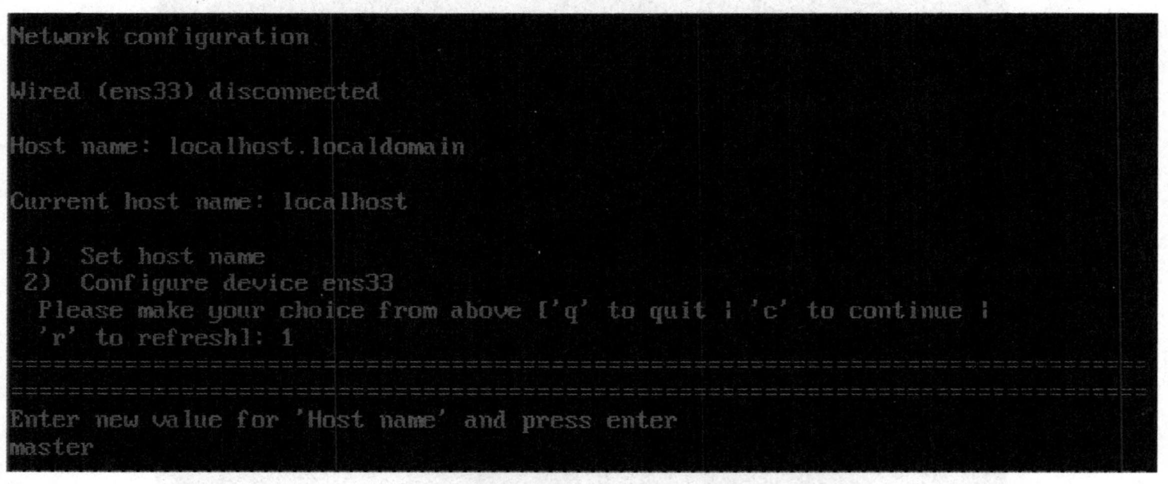


图 1-52　“设置主机名”界面

②配置网络连接，输入“Configure device ens33”对应的选项“2”后，进入“Device configuration”配置项，并按实际情况配置，Device configuration 的说明如表 1-5 所示。网络连接配置项如图 1-53 所示。

表 1-5　Device configuration 说明

| 选择项 | 说　明 |
| --- | --- |
| IPv4 address or “dhcp” for DHCP dhcp | IPv4 地址或“DHCP” |
| IPv4 netmask | IPv4 子网掩码 |
| IPv4 gateway | IPv4 网关 |
| IPv6 address[/prefix] or “auto” for automatic, “dhcp” for DHCP, “ignore” to turn off auto | IPv6 地址或“DHCP” |
| IPv6 default gateway | IPv6 默认网关 |
| Nameservers (comma separated) | 域名 |
| Connect automatically after reboot | 重启后自动连接 |
| Apply configuration in installer Configuring device ens33 | 网卡配置 |

```
Network configuration

Wired (ens33) disconnected

Host name: master

Current host name: localhost

 1)  Set host name
 2)  Configure device ens33
  Please make your choice from above ['q' to quit | 'c' to continue |
  'r' to refresh]: 2
================================================================================
================================================================================
Device configuration

 1) IPv4 address or "dhcp" for DHCP
    dhcp
 2) IPv4 netmask
 3) IPv4 gateway
 4) IPv6 address[/prefix] or "auto" for automatic, "dhcp" for DHCP, "ignore" to
    turn off
    auto
 5) IPv6 default gateway
 6) Nameservers (comma separated)
 7) [ ] Connect automatically after reboot
 8) [ ] Apply configuration in installer
Configuring device ens33.
```

图 1-53　“配置网络连接”界面

（11）设置 Root 密码，输入“Root password”对应的选项“8”，进入密码设置，输入密码和确认密码即可，如图 1-54 所示。

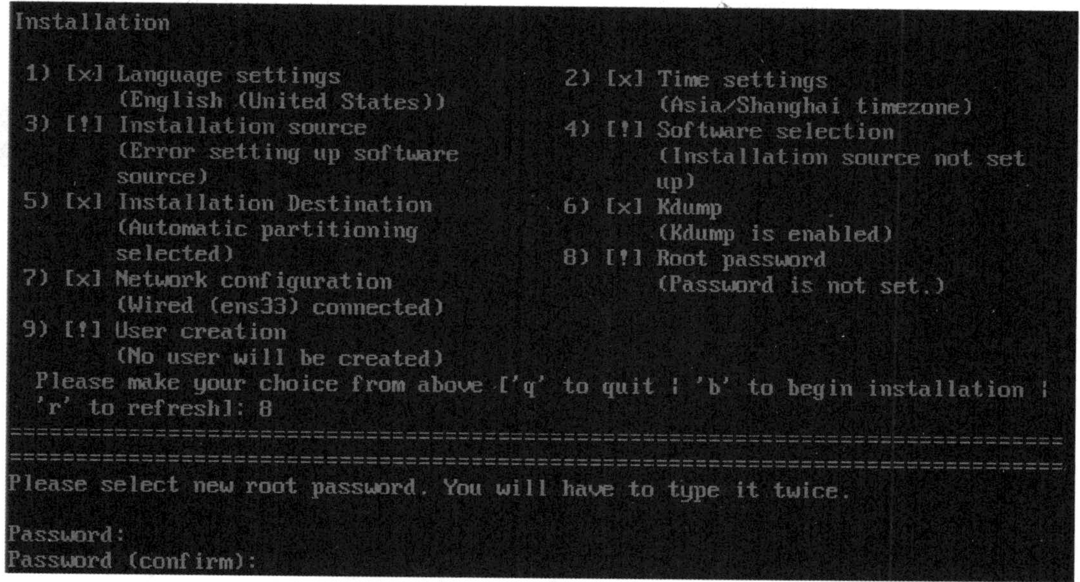

Installation
1) [x] Language settings
(English (United States))
2) [x] Time settings
(Asia/Shanghai timezone)
3) [!] Installation source
(Error setting up software source)
4) [!] Software selection
(Installation source not set up)
5) [x] Installation Destination
(Automatic partitioning selected)
6) [x] Kdump
(Kdump is enabled)
7) [x] Network configuration
(Wired (ens33) connected)
8) [!] Root password
(Password is not set.)
9) [!] User creation
(No user will be created)
Please make your choice from above ['q' to quit | 'b' to begin installation | 'r' to refresh]: 8
Please select new root password. You will have to type it twice.
Password:
Password (confirm):


图 1-54　“设置 Root 密码”界面

（12）创建用户，输入“User creation”对应的选项“9”，进入用户创建选择，输入“Username”对应的选项“3”，输入用户名，输入“Use password”对应的选项“4”，确认使用密码，输入“Password”对应的选项“5”，设置密码等，如图 1-55 所示。

（13）待上述选择项设置完毕后进入安装模式，开始安装，安装过程如图 1-56 所示。

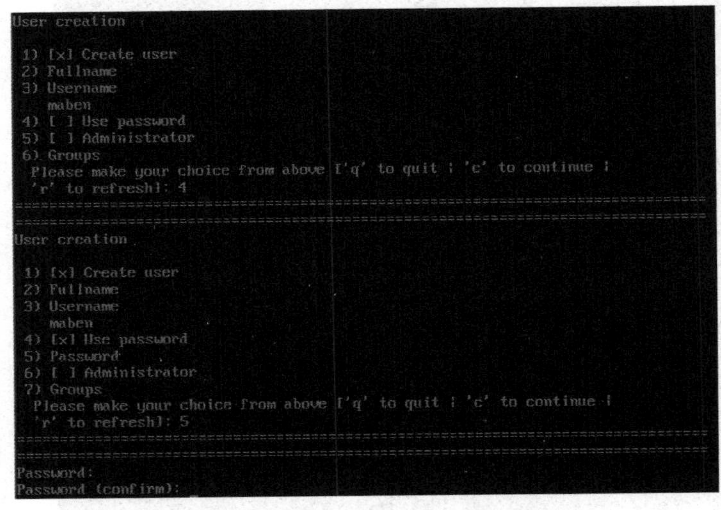

User creation
1) [x] Create user
2) Fullname
3) Username
maben
4) [ ] Use password
5) [ ] Administrator
6) Groups
Please make your choice from above ['q' to quit | 'c' to continue |
'r' to refresh]: 4
User creation
1) [x] Create user
2) Fullname
3) Username
maben
4) [x] Use password
5) Password
6) [ ] Administrator
7) Groups
Please make your choice from above ['q' to quit | 'c' to continue |
'r' to refresh]: 5
Password:
Password (confirm):


图 1-55 “创建用户”界面

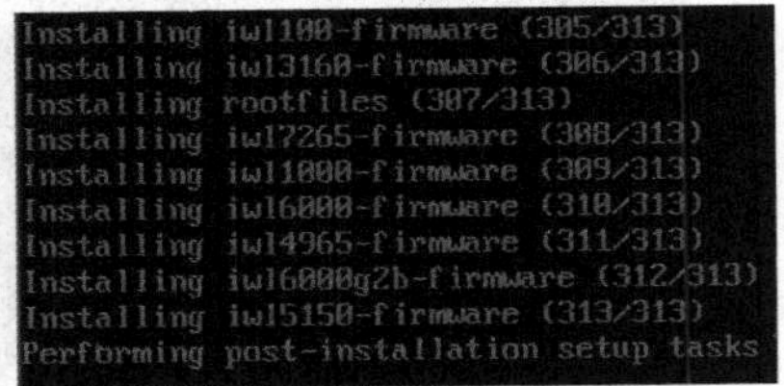


图 1-56 “安装过程”界面

### 1.5.4 CentOS 7.4 信息查询

在 Linux 运维工作中，有些命令是运维人员必须掌握的，如查看 CPU、内存和硬盘使用情况和信息等。

1. 系统版本信息

查看系统版本信息，输入如下命令，查询效果如图 1-57 所示。

```
uname -a
```

```
[maben@master ~]$ uname -a
Linux master 3.10.0-862.el7.x86_64 #1 SMP Fri Apr 20 16:44:24 UTC 2018 x86_64 x86_64 x86_64 GNU/Linu
x
```

图 1-57 查看“系统版本信息”效果界面

2. 核数

CPU 核数是衡量计算机性能的标准之一，CPU 数量计算方式有以下两种：

第一种：总核数＝物理 CPU 个数 × 每颗物理 CPU 的核数

第二种：总逻辑 CPU 个数＝物理 CPU 个数 × 每颗物理 CPU 的核数 × 超线程数

（1）查看物理 CPU 个数，输入如下命令，查询效果如图 1-58 所示。

```
cat /proc/cpuinfo| grep "physical id"| sort| uniq| wc -l
```

```
[maben@master ~]$ cat /proc/cpuinfo| grep "physical id"| sort| uniq| wc -l
1
```

图 1-58 查看“物理 CPU 个数”效果界面

（2）查看每个物理 CPU 中 core 的个数（即核数），输入如下命令，查询效果如图 1-59 所示。

```
cat /proc/cpuinfo| grep "cpu cores"| uniq
```

```
[maben@master ~]$ cat /proc/cpuinfo| grep "cpu cores"| uniq
cpu cores       : 1
```

图 1-59　查看“每个物理 CPU 中 core 的个数”效果界面

（3）查看逻辑 CPU 个数，输入如下命令，查询效果如图 1-60 所示。

```
cat /proc/cpuinfo| grep "processor"| wc -l
```

```
[maben@master ~]$ cat /proc/cpuinfo| grep "processor"| wc -l
1
```

图 1-60　查看“逻辑 CPU 的个数”效果界面

（4）查看 CPU 详细信息，输入如下命令，查询效果如图 1-61 所示。

```
cat /proc/cpuinfo
```

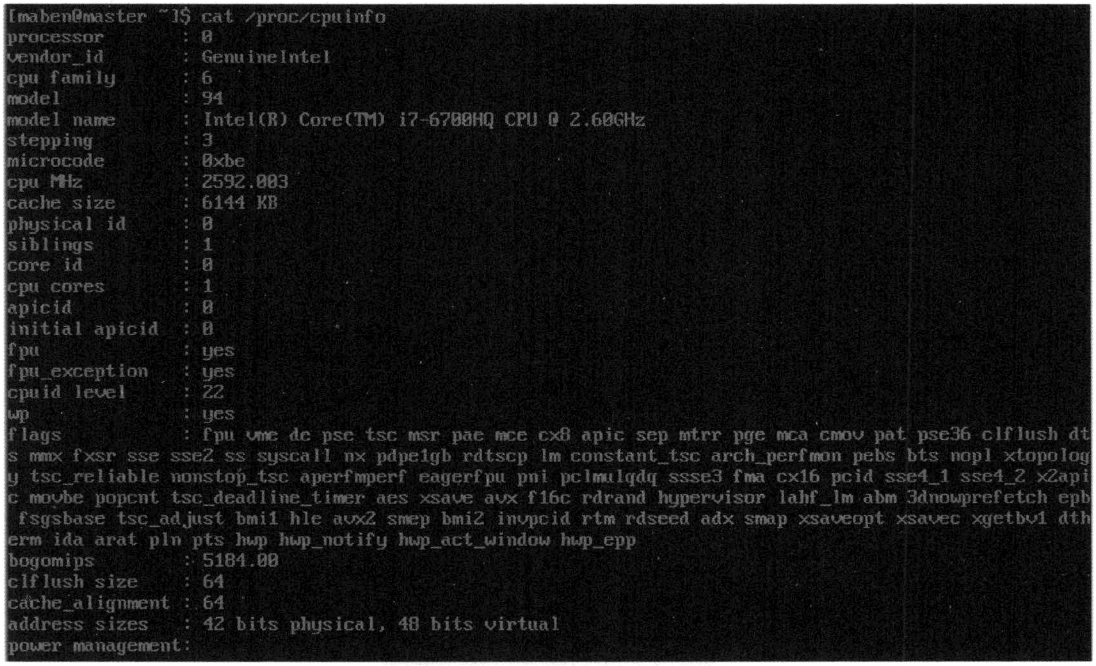

```
[maben@master ~]$ cat /proc/cpuinfo
processor       : 0
vendor_id       : GenuineIntel
cpu family      : 6
model           : 94
model name      : Intel(R) Core(TM) i7-6700HQ CPU @ 2.60GHz
stepping        : 3
microcode       : 0xbe
cpu MHz         : 2592.003
cache size      : 6144 KB
physical id     : 0
siblings        : 1
core id         : 0
cpu cores       : 1
apicid          : 0
initial apicid  : 0
fpu             : yes
fpu_exception   : yes
cpuid level     : 22
wp              : yes
flags           : fpu vme de pse tsc msr pae mce cx8 apic sep mtrr pge mca cmov pat pse36 clflush dt
s mmx fxsr sse sse2 ss syscall nx pdpe1gb rdtscp lm constant_tsc arch_perfmon pebs bts nopl xtopolog
y tsc_reliable nonstop_tsc aperfmperf eagerfpu pni pclmulqdq ssse3 fma cx16 pcid sse4_1 sse4_2 x2api
c movbe popcnt tsc_deadline_timer aes xsave avx f16c rdrand hypervisor lahf_lm abm 3dnowprefetch epb
 fsgsbase tsc_adjust bmi1 hle avx2 smep bmi2 invpcid rtm rdseed adx smap xsaveopt xsavec xgetbv1 dth
erm ida arat pln pts hwp hwp_notify hwp_act_window hwp_epp
bogomips        : 5184.00
clflush size    : 64
cache_alignment : 64
address sizes   : 42 bits physical, 48 bits virtual
power management:
```

图 1-61　查看“CPU 详细信息”效果界面

3. 运行模式

相比较 32 位的 CPU 来说，64 位 CPU 最为明显的变化是增加了 8 个 64 位的通用寄存器，内存寻址能力提高到 64 位，以及寄存器和指令指针升级到 64 位等。所谓 32 位处理器就是一次只能处理 32 位，也就是 4 个字节的数据，而 64 位处理器一次就能处理 64 位，即 8 个字节的数据。

（1）查看 CPU 运行在多少位模式下，输入如下命令，查询效果如图 1-62 所示。

```
getconf LONG_BIT
```

```
[maben@master ~]$ getconf LONG_BIT
64
```

图 1-62　查询“CPU 运行在多少位模式下”效果界面

**说明**

如果是 32，说明当前 CPU 运行在 32 位模式下，但不代表 CPU 不支持 64 位。

（2）查看 CPU 是否支持 64 位，输入如下命令，查询效果如图 1-63 所示。

```
cat /proc/cpuinfo | grep flags | grep ' lm ' | wc -l
```

```
[maben@master ~]$ cat /proc/cpuinfo | grep flags | grep ' lm ' | wc -l
1
```

图 1-63　查看“CPU 是否支持 64 位”效果界面

**说明**

如果输出结果大于 0，则说明 CPU 支持 64 位计算。

4. 内存

对于计算机性能来说，内存的大小直接关系到计算机运行的效率，因此对于计算机内存信息的了解也是十分重要的。

（1）查看内存详细信息，输入如下命令，查询效果如图 1-64 所示。

```
cat /proc/meminfo
```

```
Active(file):       57704 kB
Inactive(file):    112832 kB
Unevictable:            0 kB
Mlocked:                0 kB
SwapTotal:        1048572 kB
SwapFree:         1048572 kB
Dirty:                  0 kB
Writeback:              0 kB
AnonPages:          62060 kB
Mapped:             25668 kB
Shmem:               9760 kB
Slab:               63476 kB
SReclaimable:       27008 kB
SUnreclaim:         36468 kB
KernelStack:         3760 kB
PageTables:          3932 kB
NFS_Unstable:           0 kB
Bounce:                 0 kB
WritebackTmp:           0 kB
CommitLimit:      1981212 kB
Committed_AS:      285584 kB
VmallocTotal:   34359738367 kB
VmallocUsed:       182124 kB
VmallocChunk:   34359310332 kB
HardwareCorrupted:      0 kB
AnonHugePages:       4096 kB
CmaTotal:               0 kB
CmaFree:                0 kB
HugePages_Total:        0
HugePages_Free:         0
HugePages_Rsvd:         0
HugePages_Surp:         0
Hugepagesize:        2048 kB
DirectMap4k:        81792 kB
DirectMap2M:      2015232 kB
DirectMap1G:            0 kB
```

图 1-64　查看“内存详细信息”效果界面

（2）查看可用内存，输入如下命令，查询效果如图 1-65 所示。

```
free -m
```

```
[maben@master ~]$ free -m
              total        used        free      shared  buff/cache   available
Mem:           1821         130        1453           9         238        1504
Swap:          1023           0        1023
```

图 1-65　查看“可用内存”效果界面

5. 磁盘和分区

计算机中存放信息的主要存储设备就是硬盘，但是硬盘不能直接使用，必须对硬盘进行分割，分割成的一块一块的硬盘区域就是磁盘分区。

（1）查看各分区使用情况，输入如下命令，查询效果如图 1-66 所示。

```
df -h
```

```
[maben@master ~]$ df -h
Filesystem                   Size  Used Avail Use% Mounted on
/dev/mapper/centos_master-root  8.0G 1010M  7.1G  13% /
devtmpfs                     899M     0  899M   0% /dev
tmpfs                        911M     0  911M   0% /dev/shm
tmpfs                        911M  9.6M  902M   2% /run
tmpfs                        911M     0  911M   0% /sys/fs/cgroup
/dev/sda1                   1014M  142M  873M  14% /boot
tmpfs                        183M     0  183M   0% /run/user/1000
```

图 1-66　查看“各分区使用情况”效果界面

（2）查看指定目录大小的命令，语法如下：

语法

```
du -sh <目录名>
```

以查看 boot 目录为例，输入如下命令，查询效果如图 1-67 所示。

```
du -sh /boot
```

```
[maben@master ~]$ du -sh /boot
du: cannot read directory '/boot/grub2': Permission denied
102M    /boot
```

图 1-67　查看“boot 目录大小”效果界面

（3）查看所有分区，输入如下命令，查询效果如图 1-68 所示。

```
fdisk -l
```

```
[root@master ~]# fdisk -l

Disk /dev/sda: 10.7 GB, 10737418240 bytes, 20971520 sectors
Units = sectors of 1 * 512 = 512 bytes
Sector size (logical/physical): 512 bytes / 512 bytes
I/O size (minimum/optimal): 512 bytes / 512 bytes
Disk label type: dos
Disk identifier: 0x000b977f

   Device Boot      Start         End      Blocks   Id  System
/dev/sda1   *        2048     2099199     1048576   83  Linux
/dev/sda2         2099200    20971519     9436160   8e  Linux LVM

Disk /dev/mapper/centos_master-root: 8585 MB, 8585740288 bytes, 16769024 sectors
Units = sectors of 1 * 512 = 512 bytes
Sector size (logical/physical): 512 bytes / 512 bytes
I/O size (minimum/optimal): 512 bytes / 512 bytes


Disk /dev/mapper/centos_master-swap: 1073 MB, 1073741824 bytes, 2097152 sectors
Units = sectors of 1 * 512 = 512 bytes
Sector size (logical/physical): 512 bytes / 512 bytes
I/O size (minimum/optimal): 512 bytes / 512 bytes
```

图 1-68　查看“所有分区”效果界面

（4）查看所有交换分区，输入如下命令，查询效果如图 1-69 所示。

```
swapon -s
```

```
[root@master /]# swapon -s
Filename                        Type            Size    Used    Priority
/dev/dm-1                       partition       1048572 0       -1
```

图 1-69　查看“所有交换分区”效果界面

## 项目小结

通过项目 1 的学习与实践，小李学会了获取 CentOS 7.4 安装镜像文件，掌握了两种安装方法：图形界面安装和文本模式安装，明确了两种方法的详细安装步骤，并在 PC 中成功安装了虚拟机和 CentOS 7.4 系统，学会了如何登录系统、关机与重启。同时，也了解了计算机操作系统的基础知识，理解 Linux 操作系统发展及特点，以及 Linux 与 CentOS 7.4 的关系等。

## 拓展阅读　基于 Linux 的国产操作系统

早在 1999 年，国家科技部已经感受到“缺芯少魂”的隐忧，芯是芯片，魂即是操作系统。从这一年起，中科红旗、银河麒麟、中软、Linux Xteam、蓝点等公司相继成立，随后几年内，先后发布国产化 Linux 发行版本。倪光南院士曾说：“操作系统的成功与否，关键在于生态系统，需要能够搭建起完整的软件开发者、芯片企业、终端企业、运营商等产业链上的各个主体。”

如今，斗转星移，人工智能、物联网、大数据等前沿技术正持续推动底层芯片走向多样算力，上层应用持续场景化创新，硬件和技术架构的变化必然推动操作系统的演变。操作系统的主要应用场景包括桌面、移动端和服务器端，主流桌面操作系统微软 Windows、苹果 Mac OS 以及众多 Linux 发行版等，移动端操作系统如谷歌 Android、苹果 iOS 几乎占据市场主流，服务器操作系统有 UNIX、Linux、Windows Server 和 Netware。

此时，华为技术有限公司异军突起，于 2019 年正式发布鸿蒙操作系统（HUAWEI HarmonyOS）。鸿蒙是一款基于 Linux 的全新分布式操作系统，目前已经更迭到了第三代。在服务器领域，华为也推出了新产品。2021 年 9 月，华为推出 OpenEuler 操作系统，是面向数字基础设施的操作系统，支持服务器、云计算、边缘计算、嵌入式等应用场景，支持多样性计算，致力于提供安全、稳定、易用的操作系统。

## 习　题

一、填空

1. Linux 是________操作系统。

2. Linux 最早是由计算机爱好者________开发的。

3. Linux 的版本分为________和________两种。

4. Linux 默认的系统管理员账号是________。

5. 在 Linux 的文本界面方式下，重启命令是________。

## 二、简答

1. Linux 操作系统有哪些优点?

2. 简述 Linux 内核版本号的构成。

3. CentOS 7.4 有哪几种安装方式？安装前要做哪些准备工作？简述其安装步骤。

4. Linux 操作系统由哪几部分组成？简述各部分的主要功能。

5. 安装前，分区规划为什么必须慎之又慎？如何做分区规划?

6. 简述 shutdown 关机命令的各选项功能，并举例说明。

7. 如何通过各命令查看 CentOS 7.4 的信息，如系统版本、核数、运行模式、内存、磁盘和分区?请分别描述。

# 项目 2

# Linux 基本配置

## 2.1 项目导入

网络中心需将 OA 平台部署到服务器，并进行日常维护。接到任务后，主管叮嘱小李此任务包含管理 OA 平台相关文件和目录，以及根据不同用户和组访问资源的权限，分配若干用户和组，提供用户资源安全性保护。小李雷厉风行，马上着手学习并实践，在此过程中发现，服务器主机的存储空间告急，于是小李申请使用新的硬盘，并按项目需求安装硬盘、分区、格式化和挂载到指定目录，确保项目正常运作。

## 2.2 学习目标

- 理解 Linux 系统目录结构和文件类型，以及磁盘分区的表示方法。
- 理解并识记 Linux 中文件和目录的权限类型，以及权限的表示方法。
- 理解并识记 Linux 中用户和组的分类，以及配置文件。
- 掌握用户和组管理的常见命令。
- 掌握文件与目录操作的常见命令。
- 会使用命令磁盘安装、格式化、挂载，以及掌握查看磁盘使用状态的方法。
- 树立依法、文明、安全、理性上网的意识，共同构建健康和谐的网络环境。

# 2.3 相关知识

## 2.3.1 管理用户

Linux 系统是一个多用户多任务的分时操作系统，任何一个要使用系统资源的用户都必须事先向系统管理员申请一个账号，然后以这个账号的身份进入系统。

用户的账号一方面可以帮助系统管理员对使用系统的用户进行跟踪，并控制他们对系统资源的访问；另一方面也可以帮助用户组织文件，并为用户提供安全性保护。

每个用户账号都拥有唯一的用户名和各自的口令。用户在登录时输入正确的用户名和口令后，就能够进入系统和自己的主目录。用户账号的管理工作主要涉及用户账号的添加、修改和删除。

添加用户账号就是在系统中创建一个新账号，然后为新账号分配用户号、用户组、主目录和登录 Shell 等资源。刚添加的账号是被锁定的，无法使用。

### 1. 添加新的用户账号

添加新的用户账号使用 useradd 命令，语法如下：

语法

```
useradd [选项] 用户名
```

选项说明见表 2-1。

表 2-1　useradd 选项说明

| 选　项 | 说　明 |
|---|---|
| -c< 备注 > | 加上备注文字。备注文字会保存在 passwd 的备注栏中 |
| -d< 登入目录 > | 指定用户登入时的起始目录 |
| -D | 变更预设值 |
| -e< 有效期限 > | 指定账号的有效期限 |
| -f< 缓冲天数 > | 指定在密码过期后多少天即关闭该账号 |
| -g< 群组 > | 指定用户所属的群组 |
| -G< 群组 > | 指定用户所属的附加群组 |
| -m | 自动建立用户的登入目录 |
| -M | 不要自动建立用户的登入目录 |
| -n | 取消建立以用户名称为名的群组 |
| -r | 建立系统账号 |
| -s<shell> | 指定用户登入后所使用的 shell |
| -u<uid> | 指定用户 id |

（1）用户名指新账号的登录名。新创建的用户会在 /home 下创建一个用户目录，创建了一个用户 sam，其中 -d 和 -m 选项用来为登录名 sam 产生一个主目录 /usr/sam（/usr 为默认的用户主目录所在的父目录），命令如下：

```
# useradd -d /usr/sam -m sam
```

（2）新建了一个用户 gem，该用户的登录 Shell 是“/bin/sh”，它属于 group 用户组，同时又属于 adm 和 root 用户组，其中 group 用户组是其主组，命令如下：

```
# useradd -s /bin/sh -g group -G adm,root gem
```

说明

这里可能新建组 groupadd group 及 groupadd adm，增加用户账号就是在 /etc/passwd 文件中为新用户增加一条记录，同时更新其他系统文件，如 /etc/shadow 和 /etc/group 等。

2. 用户口令的管理

用户管理的一项重要内容是用户口令的管理。用户账号创建时没有口令，但是被系统锁定，无法使用，必须为其指定口令后才可以使用。

指定和修改用户口令的命令是 passwd。超级用户可以为自己和其他用户指定口令，普通用户只能修改自己的口令。语法如下：

语法

```
passwd [选项] 用户名
```

passwd 选项说明见表 2-2。

表 2-2　passwd 选项说明

| 选　项 | 说　明 |
|---|---|
| -d | 删除密码，仅系统管理者才能使用 |
| -f | 强制执行 |
| -k | 设置只有在密码过期失效后才能更新 |
| -l | 锁住密码 |
| -s | 列出密码的相关信息，仅系统管理者才能使用 |
| -u | 解开已上锁的账号 |

（1）默认情况下修改当前用户的口令。例如，当前用户是 sam，可以使用以下命令修改该用户 sam 的口令，命令如下：

```
$ passwd
```

运行结果如图 2-1 所示。

```
[sam@localhost ~]$ passwd
更改用户 sam 的密码 。
新的 密码：
重新输入新的 密码：
passwd：所有的身份验证令牌已经成功更新。
```

图 2-1　修改当前用户口令的界面

说明

系统为了安装，在输入密码时是不会显示的。

（2）如果是超级用户，可以用下列形式指定任何用户的口令，命令如下：

```
# passwd sam
```

运行结果如图 2-2 所示。

```
[root@localhost ~]# passwd sam
更改用户 sam 的密码 。
新的 密码：
重新输入新的 密码：
passwd：所有的身份验证令牌已经成功更新。
```

图 2-2　修改指定用户口令的界面

**注意：**

普通用户修改自己的口令时，passwd 命令会先询问原口令，验证后再要求用户输入两遍新口令，如果两次输入的口令一致，则将这个口令指定给用户；而超级用户为用户指定口令时，就不需要原口令。

为了系统安全起见，用户应该选择比较复杂的口令，如最好使用 8 位长的口令，口令中包含有大写、小写字母和数字，并且应该与姓名、生日等不相同。

（3）超级用户为普通用户指定空口令时，执行下列形式的命令，命令如下：

```
# passwd -d sam
```

此命令将普通用户 sam 的口令删除，这样用户 sam 下一次登录时，系统就不再询问口令，清除命令运行结果如图 2-3 所示。

```
[root@localhost ~]# passwd -d sam
清除用户的密码 sam。
passwd: 操作成功
```

图 2-3　清除指定用户口令的界面

（4）passwd 命令还可以用 -l 选项锁定某一用户，使其不能登录，例如，锁定 sam 用户，命令如下：

```
# passwd -l sam
```

### 3. 修改账号

修改用户账号就是根据实际情况更改用户的有关属性，如用户号、主目录、用户组及登录 Shell 等。

视 频

修改用户账号信息

修改已有用户的信息使用 usermod 命令，其语法格式如下：

```
usermod [选项] 用户名
```

可使用选项说明见表 2-3。

表 2-3　usermod 选项说明

| 选　项 | 说　明 |
|---|---|
| -c | GECOS 字段的新值 |
| -d | 用户的新主目录 |
| -e | 设定账户过期的日期为 EXPIRE_DATE |

续上表

| 选　项 | 说　明 |
| --- | --- |
| -f | 过期 INACTIVE 天数后，设定密码为失效状态 |
| -g | 强制使用 GROUP 为新主组 |
| -G | 新的附加组列表 GROUPS |
| -a | 将用户追加至上边 -G 中提到的附加组中，并不从其他组中删除此用户 |
| -h | 显示此帮助信息并退出 |
| -l | 新的登录名称 |
| -L | 锁定用户账号 |
| -m | 将家目录内容移至新位置（仅与 -d 一起使用） |
| -o | 允许使用重复的（非唯一的）UID |
| -p | 将加密过的密码（password）设为新密码 |
| -R | chroot 到的目录 |
| -s | 该用户账号的新登录 Shell |
| -u | 用户账号的新 UID |
| -U | 解锁用户账号 |
| -Z | 用户账户的新 SELinux 用户映射 |

将用户 sam 的登录 Shell 修改为 ksh，主目录改为 /home/z，用户组改为 developer，命令如下：

```
# usermod -s /bin/ksh -d /home/z -g developer sam
```

视频

删除用户信息及使用ID口令

4. 删除账号

如果一个用户的账号不再使用，可以从系统中删除。删除用户账号就是要将 /etc/passwd 等系统文件中的该用户记录删除，必要时还需删除用户的主目录。

使用 userdel 命令删除一个已有的用户账号，其语法如下：

```
userdel [选项] 用户名
```

可使用选项说明见表 2-4。

表 2-4　userdel 选项说明

| 选　项 | 说　明 |
| --- | --- |
| -h | 显示此帮助信息并退出 |
| -r | 删除主目录 |
| -R | chroot 到的目录 |
| -Z | 为用户删除所有的 SELinux 用户映射 |

常用的选项是 -r，它的作用是把用户的主目录一起删除。例如，删除用户 sam 在系统文件中（主要是 /etc/passwd、/etc/shadow 和 /etc/group 等）的记录，同时删除用户的主目录。命令如下：

```
# userdel -r sam
```

运行结果如图 2-4 所示。

```
[root@localhost ~]# tail -3 /etc/passwd
tcpdump:x:72:72::/:/sbin/nologin
zxl:x:1000:1000:zxl:/home/zxl:/bin/bash
sam:x:1001:1001::/home/sam:/bin/bash
[root@localhost ~]# userdel -r sam
[root@localhost ~]# tail -3 /etc/passwd
sshd:x:74:74:Privilege-separated SSH:/var/empty/sshd:/sbin/nologin
tcpdump:x:72:72::/:/sbin/nologin
zxl:x:1000:1000:zxl:/home/zxl:/bin/bash
[root@localhost ~]# useradd sam
[root@localhost ~]# 
```

图 2-4　删除用户 sam 及相关信息的界面

5. 切换用户账号

在使用一个账号登录系统后，还可以切换新的用户账号。su 命令用于切换当前用户身份到其他用户身份，变更时须输入所要变更的用户账号与密码。

使用 su 命令切换新的用户账号，其语法如下：

```
su  [选项]  用户名
```

可使用选项说明见表 2-5。

表 2-5　su 选项说明

| 选　项 | 说　明 |
|---|---|
| -c<指令> | 执行完指定的指令后，即恢复原来的身份 |
| -f | 适用于 csh 与 tsch，使 Shell 不用去读取启动文件 |
| -l | 改变身份时，也同时变更工作目录。此外，也会变更 PATH 变量 |
| -m，-p | 变更身份时，不要变更环境变量 |
| -s<shell> | 指定要执行的 Shell |

**练一练**

1. 实践要求

使用用户操作常用命令完成用户操作，要求实现以下功能：

（1）添加一个自己的姓名全拼的用户账号。

（2）为用户账号设置密码。

（3）使用新的账号登录。

（4）用 root 账号登录。

（5）锁定用户账号。

（6）删除用户账号。

2. 实践建议

（1）使用 useradd 命令增加新的账号。

（2）使用 passwd 命令设置账号密码。

（3）使用 reboot 重启系统，使用新的账号登录。

（4）使用 su 切换回 root 用户。

（5）使用 usermod 命令修改账号信息。

（6）使用 userdel 命令删除账号信息。

### 2.3.2 管理群组

每个用户都有一个群组，系统可以对一个群组中的所有用户进行集中管理。不同 Linux 系统对群组的规定有所不同，如 Linux 下的用户属于与它同名的群组，这个群组在创建用户的同时被创建。

群组的管理涉及群组的添加、删除和修改。群组的添加、删除和修改实际上就是对 /etc/group 文件的更新。

#### 1. /etc/group 文档结构

这个文件就是记录 GID 与群组名称的对应关系，/etc/group 文档结构如图 2-5 所示。

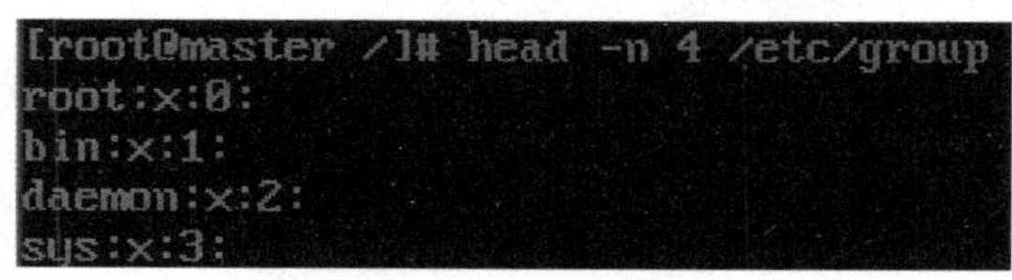

```
[root@master /]# head -n 4 /etc/group
root:x:0:
bin:x:1:
daemon:x:2:
sys:x:3:
```

图 2-5 /etc/group 文档结构

这个文件的每一行代表一个群组，也是以冒号“:”作为字段的分隔符号，共分为四栏，每一栏的意义如下：

（1）群组名称：群组的名字，需要与第三字段的 GID 对应。

（2）群组密码：通常不需要设置，这个设置通常是给“群组管理员”使用的，目前很少有这个机会设置群组管理员，同样的，密码已经移动到 /etc/gshadow 中去了，因此这个字段只会存在一个“x”。

（3）GID：就是群组的 ID，在 /etc/passwd 第四个字段使用的 GID 对应的群组名，就是由这里对应而得来的。

（4）此群组支持的账号名称：一个账号可以加入多个群组，如果某个账号想要加入此群组时，将该账号填入该字段即可。例如，如果想要让 dmtsai 与 alex 加入 root 群组，那么在第一行的最后加上“dmtsai,alex”，注意不要有空格，使成为“root:x:0:dmtsai,alex”即可。

#### 2. /etc/gshadow 文档结构

/etc/gshadow 是 /etc/group 的加密文件，该文件内同样还是使用冒号“:”作为字段的分隔字符，而且会发现，该文件几乎与 /etc/group 一模一样，要注意的是第二个字段，密码栏，如果密码栏上面是“!”或显示为空时，表示该群组不具有群组管理员，至于第四个字段也就是加入该群组支持的账号名称，这四个字段的意义分别如下：

（1）群组名称。

（2）密码栏，同样的，开头为“!”表示无合法密码，所以无群组管理员。

（3）群组管理员的账号。

（4）有加入该群组支持的所属账号。

/etc/gshadow 文档结构如图 2-6 所示。

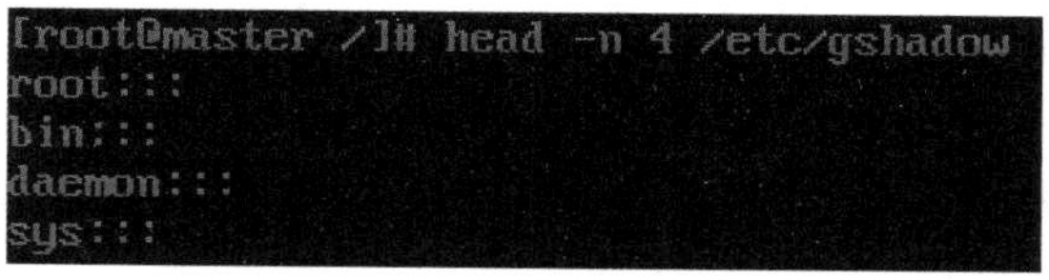

```
[root@master /]# head -n 4 /etc/gshadow
root:::
bin:::
daemon:::
sys:::
```

图 2-6　/etc/gshadow 文档结构

### 3. 增加一个新的群组

使用 groupadd 命令增加一个新的群组。其语法如下：

```
groupadd [选项] 群组
```

可使用选项说明见表 2-6。

表 2-6　groupadd 选项说明

| 选　项 | 说　明 |
|---|---|
| -g | 指定新建群组的 ID |
| -r | 创建系统群组，系统群组的组 ID 小于 500 |
| -K | 覆盖配置文件 “/ect/login.defs” |
| -o | 允许添加组 ID 号不唯一的群组 |
| -R | chroot 到的目录 |
| -p | 为新组使用此加密过的密码 |

（1）向系统中增加了一个新组 group1，新组的组标识号是在当前已有的最大组标识号的基础上加 1。命令如下：

```
# groupadd group1
```

视 频

新建组的管理

（2）向系统中增加了一个新组 group2，同时指定新组的组标识号是 101。命令如下：

```
# groupadd -g 101 group2
```

### 4. 修改群组的属性

使用 groupmod 命令修改群组的属性。其语法如下：

```
groupmod [选项] 群组
```

可使用选项说明见表 2-7。

表 2-7　groupmod 选项说明

| 选　项 | 说　明 |
|---|---|
| -g | GID 为群组指定新的组标识号 |
| -o | 与 -g 选项同时使用，群组的新 GID 可以与系统已有群组的 GID 相同 |
| -n | 新群组将用户组的名字改为新名字 |

（1）将组 group2 的组标识号修改为 102。命令如下：

```
# groupmod -g 102 group2
```

（2）将组 group2 的标识号改为 10000，组名修改为 group3。命令如下：

```
# groupmod -g 10000 -n group3 group2
```

5. 用户在群组之间切换

如果一个用户同时属于多个群组，那么用户可以在群组之间切换，以便具有其他群组的权限。用户在群组之间切换其语法如下：

语法

```
newgrp [群组名称]
```

用户登录后，可以使用 newgrp 命令切换到其他群组，该命令的参数就是目的群组。例如，当前用户切换到 root 组，命令如下：

```
$ newgrp root
```

**注意：**

"newgrp root"命令将当前用户切换到 root 群组，前提条件是 root 群组确实是该用户的主组或附加组。类似于用户账号的管理，群组的管理也可以通过集成的系统管理工具完成。

6. 删除一个已有的群组

使用 groupdel 命令删除一个已有的群组，其语法如下：

语法

```
groupdel 群组
```

例如，从系统中删除组 group1，命令如下：

```
# groupdel group1
```

练一练

1. 实践要求

使用群组操作常用命令完成用户操作，要求实现以下功能：

（1）添加一个新的群组。

（2）删除群组。

2. 实践建议

（1）使用 groupadd 命令增加新的群组。

（2）使用 groupdel 命令删除群组。

### 2.3.3 管理目录与文件

视频

Linux文件系统

1. Linux 系统目录结构

在计算机硬盘中存储着成千上万的文件，需要使用文件夹分类管理这些文件。将不同类别的文件放在不同的文件夹中进行管理，方便查找。在计算机中可以存在两个相同名字的文件，只要将这两个文件放置于不同的文件夹中即可。

2. 查看当前目录的内容

ls 命令用于显示指定工作目录下的内容（列出目前工作目录所含的文件及子目录）。语法如下：

语法

```
ls [选项] [name...]
```

可使用选项说明见表 2-8。

表 2-8　ls 选项说明

| 选　项 | 说　明 |
| --- | --- |
| -a | 显示所有文件及目录（ls 默认将文件名或目录名称开头为“.”的文件视为隐藏文件，不会列出，可以通过 -a 参数显示出来） |
| -l | 除文件名称外，也将文件类型、权限、拥有者及文件大小等信息详细列出 |
| -r | 将文件以相反次序显示（原定依英文字母次序） |
| -t | 将文件依建立时间的先后次序列出 |
| -A | 同 -a，但不列出当前目录（“.”）及父目录（“..”） |
| -F | 在列出的文件名称后加一个字符，用以区分执行文件或目录等；例如可执行文件则加“*”，目录则加“/” |
| -R | 若目录下有文件，则以下文件亦依序列出 |

ls 的用法详见示例 2.1。

【示例 2.1】

（1）列出根目录（\）下的所有目录，代码如下：

```
# ls /
bin                dev   lib          media  net   root    srv  upload  www
boot               etc   lib64        misc   opt   sbin    sys  usr
home  lost+found   mnt   proc  selinux  tmp  var
```

（2）列出目前工作目录下所有名称是 s 开头的文件，越新的越排后面，代码如下：

```
ls -ltr s*
```

（3）将 /bin 目录以下所有目录及文件详细信息列出，代码如下：

```
ls -lR /bin
```

（4）列出当前工作目录下所有文件及目录，于目录名称后加“/”，于可执行文件名称后加“*”，代码如下：

```
ls -AF
```

### 3. 切换工作目录

cd 命令用于切换当前工作目录至 dirName（目录参数）。其中 dirName 表示法可为绝对路径或相对路径。若目录名称省略，则变换至使用者的 home 目录。另外，“~”也表示为 home 目录的意思，“.”则表示当前所在的目录，“..”则表示当前目录位置的上一层目录。语法如下：

语法

```
cd [dirName]
```

dirName：要切换的目标目录。

cd 的用法详见示例 2.2 所示。

【示例 2.2】

（1）跳到 /usr/bin/，代码如下：

```
cd /usr/bin
```

（2）跳到自己的 home 目录，代码如下：

```
cd ~
```

（3）跳到当前目录的上上两层，代码如下：

```
cd ../..
```

4. 显示工作目录的绝对路径

Linux 的目录结构为树状结构，最顶级的目录为根目录，使用“/”表示。其他目录通过挂载可以将它们添加到树中，通过解除挂载可以移除它们。在开始学习之前，需要先了解绝对路径与相对路径，绝对路径与相对路径写法分别如下：

（1）绝对路径

路径的写法由根目录“/”写起，例如，“/usr/share/doc”目录表示绝对路径。

（2）相对路径

路径的写法不是从根目录“/”写起，例如，“/usr/share/doc”目录到“/usr/share/man”目录下时，可以写成 cd ../man，这就是相对路径的写法。

pwd 命令用于显示工作目录。执行 pwd 命令可立刻得知目前所在的工作目录绝对路径名称。语法如下：

语法

```
pwd
```

例如，查看当前所在目录的绝对路径名称，命令如下：

```
# pwd
```

输出绝对路径名称为 /root/test。

5. 文件基本属性

Linux 系统是一种典型的多用户系统，不同的用户处于不同的地位，拥有不同的权限。为了保护系统的安全性，Linux 系统对不同用户访问同一文件（包括目录文件）的权限做了不同的规定。显示一个文件的属性以及文件所属的用户和组语法如下：

视频

管理文件类命令

语法

```
ls -l 或 ll
```

例如，使用 ll 或者 ls -l 命令来显示某个文件的属性以及文件所属的用户和组，命令如下：

```
# ls -l
```

执行命令后，结果如图 2-7 所示。

视频

介绍文件与目录权限

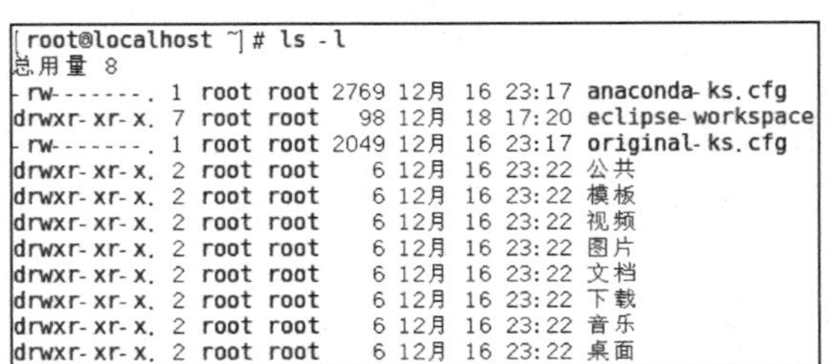


图 2-7　显示某个文件的属性及文件所属的用户和组的界面

输出结果中，“公共”文件的第一个属性用“d”表示。“d”在 Linux 中代表该文件是一个目录文件。在 Linux 中，第一个字符代表这个文件是目录、文件或链接文件等。具体如下：

（1）当为 [d] 时，则是目录。

（2）当为 [-] 时，则是文件。

（3）当为 [l] 时，则表示为链接文档（link file）。

（4）当为 [b] 时，则表示为装置文件里面的可供储存的接口设备（可随机存取装置）。

（5）当为 [c] 时，则表示为装置文件里面的串行端口设备，如键盘和鼠标（一次性读取装置）。

### 6. 更改文件属性

（1）chgrp 用于更改文件属组，其语法如下：

**语法**

```
chgrp [-R] 属组名 文件名
```

可使用选项说明见表 2-9。

表 2-9　chgrp 选项说明

| 选　项 | 说　明 |
| --- | --- |
| -c | 效果类似“-v”参数，但仅显示更改的部分 |
| -f | 不显示错误信息 |
| -h | 只对符号连接的文件作修改，而不修改其他任何相关文件 |
| -R | 递归处理，将指令目录下的所有文件及子目录一并处理 |
| -v | 显示指令执行过程 |

视 频

修改文件和目录权限的命令

（2）chown 用于更改文件属主，也可以同时更改文件属组，其语法如下：

**语法**

```
chown [-R] 属主名：属组名 文件名
```

可使用选项说明见表 2-10。

表 2-10　chown 选项说明

| 选　项 | 说　明 |
| --- | --- |
| -c | 效果类似“-v”参数，但仅显示更改的部分 |
| -f | 不显示错误信息 |
| -h | 只对符号连接的文件作修改，而不更改其他任何相关文件 |
| -R | 递归处理，将指定目录下的所有文件及子目录一并处理 |
| -v | 显示指令执行过程 |

例如，进入 /root 目录，将 install.log 的拥有者改为 bin 账号，命令如下：

```
# chown bin install.log
```

执行命令结果如图 2-8 所示。

```
[root@localhost ~]# chown bin install.log
[root@localhost ~]# ls -l
总用量 12
-rw-------. 1 root root 2769 12月 16 23:17 anaconda-ks.cfg
drwxr-xr-x. 7 root root   98 12月 18 17:20 eclipse-workspace
-rw-r--r--  1 bin  root    2 12月 19 19:46 install.log
-rw-------. 1 root root 2049 12月 16 23:17 original-ks.cfg
drwxr-xr-x. 2 root root    6 12月 16 23:22 公共
drwxr-xr-x. 2 root root    6 12月 16 23:22 模板
drwxr-xr-x. 2 root root    6 12月 16 23:22 视频
drwxr-xr-x. 2 root root    6 12月 16 23:22 图片
drwxr-xr-x. 2 root root    6 12月 16 23:22 文档
drwxr-xr-x. 2 root root    6 12月 16 23:22 下载
drwxr-xr-x. 2 root root    6 12月 16 23:22 音乐
drwxr-xr-x. 2 root root    6 12月 16 23:22 桌面
```

图 2-8　修改 install.log 的拥有者的运行界面

将 install.log 的拥有者与群组改回为 root，命令如下：

```
#chown root:root install.log
```

执行命令结果如图 2-9 所示。

```
[root@localhost ~]# chown root:root install.log
[root@localhost ~]# ls -l
总用量 12
-rw-------. 1 root root 2769 12月 16 23:17 anaconda-ks.cfg
drwxr-xr-x. 7 root root   98 12月 18 17:20 eclipse-workspace
-rw-r--r--  1 root root    2 12月 19 19:46 install.log
-rw-------. 1 root root 2049 12月 16 23:17 original-ks.cfg
drwxr-xr-x. 2 root root    6 12月 16 23:22 公共
drwxr-xr-x. 2 root root    6 12月 16 23:22 模板
drwxr-xr-x. 2 root root    6 12月 16 23:22 视频
drwxr-xr-x. 2 root root    6 12月 16 23:22 图片
drwxr-xr-x. 2 root root    6 12月 16 23:22 文档
drwxr-xr-x. 2 root root    6 12月 16 23:22 下载
drwxr-xr-x. 2 root root    6 12月 16 23:22 音乐
drwxr-xr-x. 2 root root    6 12月 16 23:22 桌面
```

图 2-9　将 install.log 的拥有者与群组改回为 root 的运行界面

（3）chmod 用于更改文件权限属性。Linux 文件权限属性有两种设置方法，一种是数字，一种是字符，其中，字符以三个为一组，且均为 [rwx] 三个参数的组合。其中，[r] 代表可读（read）、[w] 代表可写（write）及 [x] 代表可执行（execute）。要注意的是，这三个权限的位置不会改变，如果没有权限，就会出现减号 [ - ]。

变更权限的指令 chmod 的语法如下：

```
chmod [-R] xyz 文件或目录
```

其中，xyz 表示权限，可使用选项说明见表 2-11。

表 2-11　chmod 选项说明

| 选　项 | 说　明 |
|---|---|
| -c | 效果类似“-v”参数，但仅显示更改的部分 |
| -f | 不显示错误信息 |
| -R | 递归处理，将指令目录下的所有文件及子目录一并处理 |
| -v | 显示指令执行过程 |

在 Linux 文件的基本权限分别是 owner/group/others 三种身份各有的 read/write/execute 权限的组合。如文件的权限字符为“rwxrwxrwx”，这九个权限是每三个一组构成，可以使用数字代表各个权限，各权限对应的数字见表 2-12。

表 2-12　各符号权限所对应数字的说明

| 权限字符 | 对应数字 |
|---|---|
| r | 4 |
| w | 2 |
| x | 1 |
| — | 0 |

每种身份（owner/group/others）各自的三个权限（r/w/x）数字是需要累加的，例如当权限为“rwxrwx---”，文件所有者 owner 权限 rwx 用数字表示为：4+2+1=7，群组用户 group 权限 rwx 用数字表示为：4+2+1=7，其他用户 others 权限 --- 用数字表示为：0+0+0=0，因此上述权限，设定权限变更时，该文件的权限数字就是 770。

例如，文件 .bashrc 所有用户权限都可读可写可执行，那么命令如下：

```
# chmod 777 .bashrc
```

执行该命令的结果如图 2-10 所示。

```
[root@localhost ~]# ls -al .bashrc
-rw-r--r--. 1 root root 176 12月 28 2013 .bashrc
[root@localhost ~]# chmod 777 .bashrc
[root@localhost ~]# ls -al .bashrc
-rwxrwxrwx. 1 root root 176 12月 28 2013 .bashrc
```

图 2-10　执行权限变更命令的界面

**练一练**

1. 实践要求

（1）熟悉 Linux 目录结构与目录操作相关命令，功能要求如下：

①查看当前目录的内容。

②切换工作目录。

③显示工作目录的绝对路径。

（2）使用文件与目录常用操作的常用命令完成相关操作，要求实现以下功能：

①查看文件基本属性。

②修改文件属主，同时更改文件属组。

③修改文件的 9 个属性。

④创建一个新的目录。

⑤复制 /root 目录中的一个文件到新的目录中。

视 频

管理目录类命令实践项目

2. 实践建议

（1）查看当前目录的内容可以使用“ls”命令。

（2）切换工作目录可以使用“cd”命令。

（3）显示工作目录的绝对路径可以使用“pwd”命令。

（4）使用 ls 命令查看文件基本属性。

（5）使用 chown 命令修改文件属主，同时更改文件属组。

（6）使用 chmod 命令修改文件的 9 个属性。

（7）使用 mkdir 命令创建一个新的目录。

（8）使用 cp 命令复制文件。

视 频

管理文件类命令实践项目

### 2.3.4 磁盘管理

Linux 磁盘管理好坏直接关系到整个系统的性能问题。

1. 列出文件系统的整体磁盘容量情况

df 命令可以检查文件系统的磁盘空间占用情况。可以利用该命令获取硬盘被占用了多少空间以及目前还剩下多少空间等信息。其语法如下：

```
df [选项] [目录或文件名]
```

可使用选项的说明见表 2-13。

表 2-13 df 选项说明

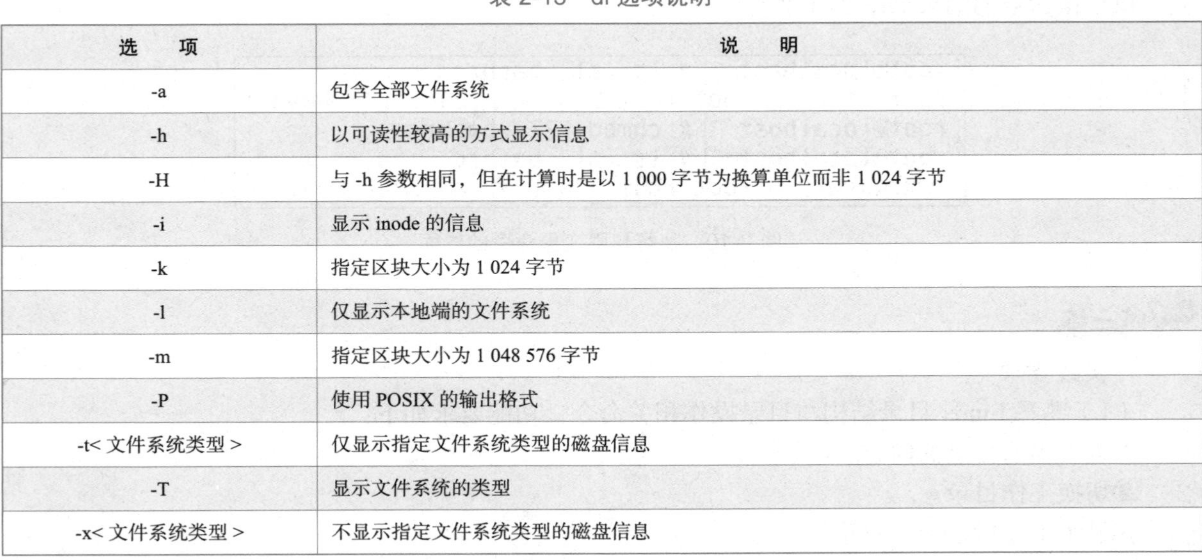

| 选 项 | 说 明 |
|---|---|
| -a | 包含全部文件系统 |
| -h | 以可读性较高的方式显示信息 |
| -H | 与 -h 参数相同，但在计算时是以 1 000 字节为换算单位而非 1 024 字节 |
| -i | 显示 inode 的信息 |
| -k | 指定区块大小为 1 024 字节 |
| -l | 仅显示本地端的文件系统 |
| -m | 指定区块大小为 1 048 576 字节 |
| -P | 使用 POSIX 的输出格式 |
| -t< 文件系统类型 > | 仅显示指定文件系统类型的磁盘信息 |
| -T | 显示文件系统的类型 |
| -x< 文件系统类型 > | 不显示指定文件系统类型的磁盘信息 |

（1）将系统内所有的文件系统罗列出来，命令如下：

```
# df
```

执行该命令，列出文件系统，如图 2-11 所示。

```
[root@localhost ~]# df
文件系统         1K-块    已用     可用  已用% 挂载点
/dev/sda3     18555904 6056328 12499576   33% /
devtmpfs       1915852       0  1915852    0% /dev
tmpfs          1931776    8012  1923764    1% /dev/shm
tmpfs          1931776   12836  1918940    1% /run
tmpfs          1931776       0  1931776    0% /sys/fs/cgroup
/dev/sda1       303780  151172   152608   50% /boot
tmpfs           386356       4   386352    1% /run/user/42
tmpfs           386356      44   386312    1% /run/user/0
```

图 2-11　执行 df 命令的界面

（2）在 Linux 下，如果 df 没有加任何选项，那么默认会将系统内所有的文件系统（不含特殊内存内的文件系统与 swap）都以 1Kbytes 为单位罗列出来。如果将容量结果以易读的容量格式显示出来，可使用以下命令：

```
# df -h
```

执行命令后结果如图 2-12 所示。

```
[root@localhost ~]# df -h
文件系统        容量  已用  可用 已用% 挂载点
/dev/sda3        18G  5.8G   12G   33% /
devtmpfs        1.9G     0  1.9G    0% /dev
tmpfs           1.9G  7.9M  1.9G    1% /dev/shm
tmpfs           1.9G   13M  1.9G    1% /run
tmpfs           1.9G     0  1.9G    0% /sys/fs/cgroup
/dev/sda1       297M  148M  150M   50% /boot
tmpfs           378M  4.0K  378M    1% /run/user/42
tmpfs           378M   44K  378M    1% /run/user/0
```

图 2-12　执行命令“df -h”的界面

（3）将系统内的所有特殊文件格式及名称全部罗列出来，命令如下：

```
# df -aT
```

执行命令后部分结果如图 2-13 所示。

```
[root@localhost ~]# df -aT
文件系统          类型           1K-块    已用     可用 已用% 挂载点
rootfs            -                  -       -        -     - /
sysfs             sysfs              0       0        0     - /sys
proc              proc               0       0        0     - /proc
devtmpfs          devtmpfs     1915852       0  1915852    0% /dev
securityfs        securityfs         0       0        0     - /sys/kernel/security
tmpfs             tmpfs        1931776    8012  1923764    1% /dev/shm
devpts            devpts             0       0        0     - /dev/pts
tmpfs             tmpfs        1931776   12836  1918940    1% /run
tmpfs             tmpfs        1931776       0  1931776    0% /sys/fs/cgroup
```

图 2-13　执行命令“df -aT”的界面

（4）将 /etc 下的可用磁盘容量以易读的容量格式显示，命令如下：

```
# df -h /etc
```

执行命令后结果如图 2-14 所示。

```
[root@localhost ~]# df -h /etc
文件系统          容量  已用  可用  已用% 挂载点
/dev/sda3          18G  5.8G   12G   33% /
```

图 2-14　执行命令“df -h /etc”的界面

2. 检查文件和目录的磁盘空间使用量

du 命令也是查看使用空间的，但是与 df 命令不同的是，du 命令是对文件和目录磁盘使用空间的查看，与 df 命令有一些区别，Linux du 命令的语法如下：

语法

```
du [选项] [文件]
```

可使用选项的说明见表 2-14。

表 2-14　du 选项说明

| 选　项 | 说　明 |
|---|---|
| -a | 显示目录中个别文件的大小 |
| -b | 显示目录或文件大小时，以 byte 为单位 |
| -c | 除了显示个别目录或文件的大小外，同时也显示所有目录或文件的总和 |
| -k | 以 KB（1 024 bytes）为单位输出 |
| -m | 以 MB 为单位输出 |
| -s | 仅显示总计，只列出最后加总的值 |
| -h | 以 KB、MB、GB 为单位，提高信息的可读性 |
| -x | 以一开始处理时的文件系统为准，若遇上其他不同的文件系统目录，则略过 |
| -L< 符号链接 > | 显示选项中所指定符号链接的源文件大小 |
| -S | 显示个别目录的大小时，并不含其子目录的大小 |
| -X< 文件 > | 在 < 文件 > 指定目录或文件 |
| -D | 显示指定符号链接的源文件大小 |
| -H | 与 -h 参数相同，但是 KB、MB、GB 是以 1 000 为换算单位 |
| -l | 重复计算硬件链接的文件 |

（1）列出当前目录下的所有文件容量，命令如下：

```
# du
```

执行命令后部分结果如图 2-15 所示。

```
[root@localhost ~]# du
8       ./.cache/imsettings
0       ./.cache/libgweather
0       ./.cache/evolution/addressbook/trash
0       ./.cache/evolution/addressbook
0       ./.cache/evolution/calendar/trash
0       ./.cache/evolution/calendar
0       ./.cache/evolution/mail/trash
0       ./.cache/evolution/mail
0       ./.cache/evolution/memos/trash
0       ./.cache/evolution/memos
0       ./.cache/evolution/sources/trash
0       ./.cache/evolution/sources
0       ./.cache/evolution/tasks/trash
0       ./.cache/evolution/tasks
0       ./.cache/evolution
```

图 2-15　执行命令“du”的界面

说明

直接输入 du 且没有加任何选项时，则 du 会分析当前所在目录的文件与目录所占用的硬盘空间。

（2）将文件的容量也列出来，命令如下：

```
# du -a
```

执行命令后部分结果如图 2-16 所示。

```
[root@localhost ~]# du -a
4       ./.bash_logout
4       ./.bash_profile
4       ./.bashrc
4       ./.cshrc
4       ./.tcshrc
4       ./original-ks.cfg
4       ./anaconda-ks.cfg
4       ./.cache/imsettings/log.bak
4       ./.cache/imsettings/log
8       ./.cache/imsettings
0       ./.cache/libgweather
0       ./.cache/evolution/addressbook/trash
```

图 2-16　执行命令“du -a”的界面

（3）检查根目录下每个目录所占用的容量，命令如下：

```
# du -sm /*
```

执行命令后的部分结果如图 2-17 所示。

```
[root@localhost ~]# du -sm /*
0       /bin
133     /boot
0       /dev
37      /etc
1       /home
0       /lib
0       /lib64
0       /media
0       /mnt
1344    /opt
```

图 2-17　执行命令“du -sm /*”的界面

**说明**

（1）通配符 * 代表每个目录。

（2）与 df 不一样的是，du 这个命令会直接到文件系统内去搜寻所有的文件数据。

常用磁盘管理工具

### 3. 磁盘分区

“fdisk”是磁盘分区表操作命令。其语法如下：

**语法**

```
fdisk [选项] <磁盘>
```

可使用选项的说明见表 2-15。

设置软RAID

表 2-15　fdisk 选项说明

| 选　项 | 说　明 |
| --- | --- |
| -b<分区大小> | 指定每个分区的大小 |
| -l | 列出指定的外围设备的分区表状况 |
| -s<分区编号> | 将指定的分区大小输出到标准输出上，单位为区块 |
| -u | 搭配“-l”参数列表，会用分区数目取代柱面数目，来表示每个分区的起始地址 |
| -v | 显示版本信息 |

LVM逻辑卷管理器

（1）列出所有分区信息，命令如下：

```
# fdisk -l
```

执行命令后的结果如图 2-18 所示。

```
[root@localhost ~]# fdisk -l

磁盘 /dev/sda：21.5 GB, 21474836480 字节，41943040 个扇区
Units = 扇区 of 1 * 512 = 512 bytes
扇区大小(逻辑/物理)：512 字节 / 512 字节
I/O 大小(最小/最佳)：512 字节 / 512 字节
磁盘标签类型：dos
磁盘标识符：0x000bef53

   设备 Boot      Start         End      Blocks   Id  System
/dev/sda1   *        2048      616447      307200   83  Linux
/dev/sda2          616448     4810751     2097152   82  Linux swap / Solaris
/dev/sda3         4810752    41943039    18566144   83  Linux
```

图 2-18　执行命令“fdisk -l”的界面

（2）找出系统中的根目录所在的磁盘，并查阅该硬盘内的相关信息，依次输入以下命令：

```
# df /
# fdisk /dev/sda3
```

执行命令后的结果如图 2-19 所示。

```
[root@localhost ~]# df /
文件系统          1K-块     已用      可用  已用% 挂载点
/dev/sda3      18555904 6056344 12499560   33% /
[root@localhost ~]# fdisk /dev/sda3
欢迎使用 fdisk (util-linux 2.23.2)。

更改将停留在内存中，直到您决定将更改写入磁盘。
使用写入命令前请三思。

Device does not contain a recognized partition table
使用磁盘标识符 0xafa5fc5d 创建新的 DOS 磁盘标签。

命令(输入 m 获取帮助)：m
命令操作
   a   toggle a bootable flag
   b   edit bsd disklabel
   c   toggle the dos compatibility flag
   d   delete a partition
   g   create a new empty GPT partition table
   G   create an IRIX (SGI) partition table
   l   list known partition types
   m   print this menu
   n   add a new partition
   o   create a new empty DOS partition table
   p   print the partition table
   q   quit without saving changes
   s   create a new empty Sun disklabel
   t   change a partition's system id
   u   change display/entry units
   v   verify the partition table
   w   write table to disk and exit
   x   extra functionality (experts only)

命令(输入 m 获取帮助)：
```

图 2-19　查阅硬盘内相关信息的界面

**注意：**

退出 fdisk 时按【Q】键，那么所有动作都不会生效。相反，按【W】键动作生效。

4. 磁盘格式化

磁盘分区后自然要进行文件系统的格式化，使用 mkfs（make filesystem）命令进行格式化，其语法如下：

**语法**

```
mkfs [选项] [-t <类型>] [文件系统选项] <设备> [<大小>]
```

可使用的选项说明见表 2-16。

表 2-16　mkfs 选项说明

| 选　项 | 说　明 |
| --- | --- |
| -t< 文件系统类型 > | 指定要建立何种文件系统类型 |
| -v | 显示版本信息与详细的使用方法 |
| -V | 显示简要的使用方法 |
| -h | 显示此帮助并退出 |

（1）查看 mkfs 支持的文件格式，命令如下：

```
# mkfs
```

输入完成后，按两次【Tab】键，显示 mkfs 支持的文件格式，如图 2-20 所示。

```
[root@localhost ~]# mkfs
mkfs          mkfs.cramfs   mkfs.ext3     mkfs.fat      mkfs.msdos    mkfs.xfs
mkfs.btrfs    mkfs.ext2     mkfs.ext4     mkfs.minix    mkfs.vfat
```

图 2-20　查看 mkfs 支持的文件格式

（2）将分区 /dev/sdb1（可指定自己的分区）格式化为 ext3 文件系统，命令如下：

```
# mkfs -t ext3 /dev/sdb1
```

执行命令后的结果如图 2-21 所示。

```
[root@localhost ~]# mkfs -t ext3 /dev/sdb1
mke2fs 1.42.9 (28-Dec-2013)
文件系统标签=
OS type: Linux
块大小=4096 (log=2)
分块大小=4096 (log=2)
Stride=0 blocks, Stripe width=0 blocks
327680 inodes, 1310720 blocks
65536 blocks (5.00%) reserved for the super user
第一个数据块=0
Maximum filesystem blocks=1342177280
40 block groups
32768 blocks per group, 32768 fragments per group
8192 inodes per group
Superblock backups stored on blocks:
        32768, 98304, 163840, 229376, 294912, 819200, 884736

Allocating group tables: 完成
正在写入inode表: 完成
Creating journal (32768 blocks): 完成
Writing superblocks and filesystem accounting information: 完成
```

图 2-21　执行"mkfs -t ext3 /dev/sdb1"命令的界面

这样就可以创建所需的 ext3 文件系统。

## 练一练

1. 实践要求

熟悉 Linux 目录结构与目录操作相关命令，功能要求如下：

（1）查看磁盘容量情况。
（2）查看文件和目录的磁盘使用。
（3）磁盘分区并格式化。

2. 实践建议

（1）使用 df 命令查看磁盘容量情况。
（2）使用 du 命令查看文件和目录的磁盘使用。
（3）使用 fdisk 命令和 mkfs 命令进行磁盘分区，并格式化。

## 2.4 项目准备

### 2.4.1 需求说明

在Linux系统添加新的用户账号，账号名为自己的姓名全拼，并设置账户密码。添加新的用户组，组名为“manager”，将用户添加到该用户组。

在 Linux 系统中使用 Root 账户在该系统上的 opt 目录下添加 test 目录，该目录权限为 root 账号可读可写，其他账号为只读。

在 Linux 系统上添加一个磁盘，并为磁盘添加两个分区，将分区格式化为 ext2 文件系统。

### 2.4.2 实现思路

（1）首先创建账号，其次将创建的账号添加到 manager 组。
（2）首先在指定的目录下用 Root 账号创建文件夹；其次，使用 Root 账号变更目录的权限。
（3）首先在虚拟机中添加一个磁盘，其次创建一个分区，并对分区进行格式化。

## 2.5 项目实施

### 2.5.1 创建用户，并添加到 manager 组

1. 创建用户，并设置密码

视 频

管理用户与组项目实践

（1）Linux 系统默认只有超级用户 root 具有创建、修改、删除用户的权限，所以首先确保当前用户是 root。命令如下：

```
# su root
# useradd zhangyisan
```

查看 /etc/passwd 文件中用户列表，结果如图 2-22 所示。

```
[root@localhost zxl]# tail -5 /etc/passwd
sjh:x:1003:1003::/home/sjh:/bin/bash
apache:x:48:48:Apache:/usr/share/httpd:/sbin/nologin
dhcpd:x:177:177:DHCP server:/:/sbin/nologin
named:x:25:25:Named:/var/named:/sbin/nologin
zhangyisan:x:1004:1004::/home/zhangyisan:/bin/bash
```

图 2-22　新建用户的界面

（2）默认情况下修改当前用户的密码，当前用户是 root，需要修改 zhangyisan 的密码，需在命令 passwd 后加上需修改密码的用户名。命令如下：

```
# passwd zhangyisan
```

运行结果如图 2-23 所示。

```
[root@localhost zxl]# passwd zhangyisan
更改用户 zhangyisan 的密码 。
新的 密码：
无效的密码： 密码少于 8 个字符
重新输入新的 密码：
passwd：所有的身份验证令牌已经成功更新。
```

图 2-23　修改指定用户密码的界面

2. 将指定用户添加到 manager 组

将指定用户添加到 manager 组中，使用 usermod -G 命令可以实现。命令如下：

```
# usermod -G manager zhangyisan
```

查看 /etc/group 文件中群组列表，结果如图 2-24 所示。

```
[root@localhost zxl]# tail -5 /etc/group
apache:x:48:
dhcpd:x:177:
named:x:25:
zhangyisan:x:1004:
manager:x:1522:zhangyisan
```

图 2-24　将指定用户添加到 manager 组的界面

### 2.5.2　在指定目录下创建目录，并更改目录权限

1. 在指定目录下，使用 root 用户创建目录

首先确保当前用户是 root，使用 cd 命令进入 /opt 目录下，再用 mkdir 命令创建 test 目录，记得使用 ls 命令查看创建情况。命令如下：

视 频

修改文件和目录权限的实践项目

```
# cd /opt
# mkdir test
# ls /opt
```

运行结果如图 2-25 所示。

```
[root@localhost opt]# ls
rh  test
```

图 2-25　指定目录下创建目录的界面

2. 更改目录权限

将 test 目录权限改为 root 用户可读可写，其他用户为只读，那么该目录权限符号表示法为 rw-r--r--，转换成数字表示法为 644，使用 chmod 命令修改权限。记得使用 ll 命令查看权限修改情况。命令如下：

```
# chmod 644 test
# ll
```

运行结果如图 2-26 所示。

```
[root@localhost opt]# ll
总用量 0
drwxr-xr-x. 2 root root 6 9月   7 2017 rh
drw-r--r--. 2 root root 6 10月 27 16:53 test
```

图 2-26　更改目录权限的界面

### 2.5.3　使用 Parted 工具对磁盘分区

早期使用 fdisk 工具进行分区，而 fdisk 工具对分区是有大小限制的，它只能划分小于 2T 的磁盘。随着时间的推移，由于磁盘越来越廉价，而且磁盘容量越来越大。

对于磁盘容量已经远远大于 2T 的情况来说有两个解决方法，其一是通过卷管理来实现，其二就是通过 Parted 工具对 2T 磁盘进行分区操作。

视 频

基本磁盘管理实践项目

视 频

软RAID实践项目

视 频

LVM逻辑卷管理器实践项目

1. 创建磁盘

为了方便操作，在虚拟机中为系统扩展一个新的磁盘，供分区操作，添加磁盘步骤如下：

（1）在虚拟机主界面，单击“编辑虚拟机设置”选项，单击“添加”按钮，在“硬件类型”界面，单击“下一步”按钮，如图 2-27 所示。

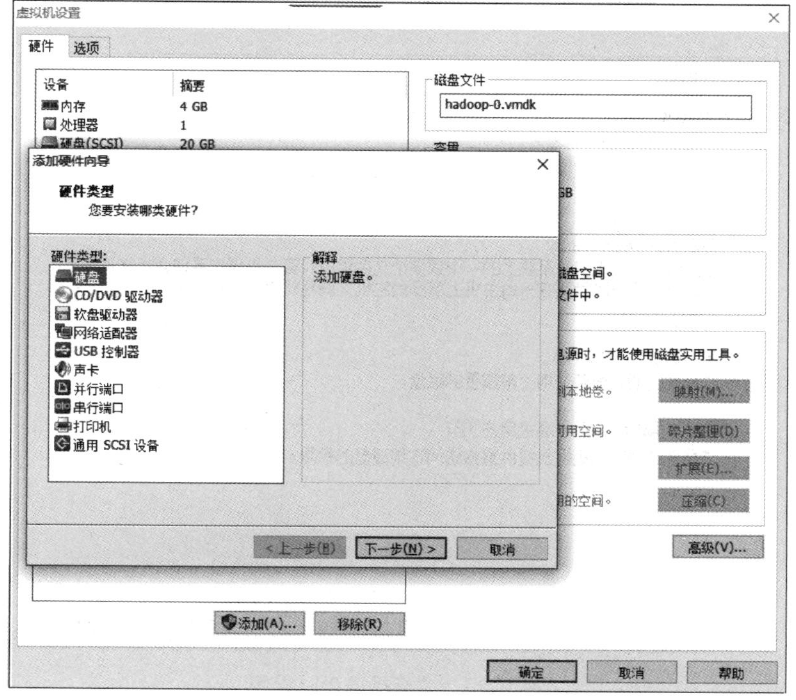


图 2-27　“硬件类型”界面

（2）在“选择磁盘类型”界面，单击“SCSI”单选按钮，单击“下一步”按钮，如图 2-28 所示。

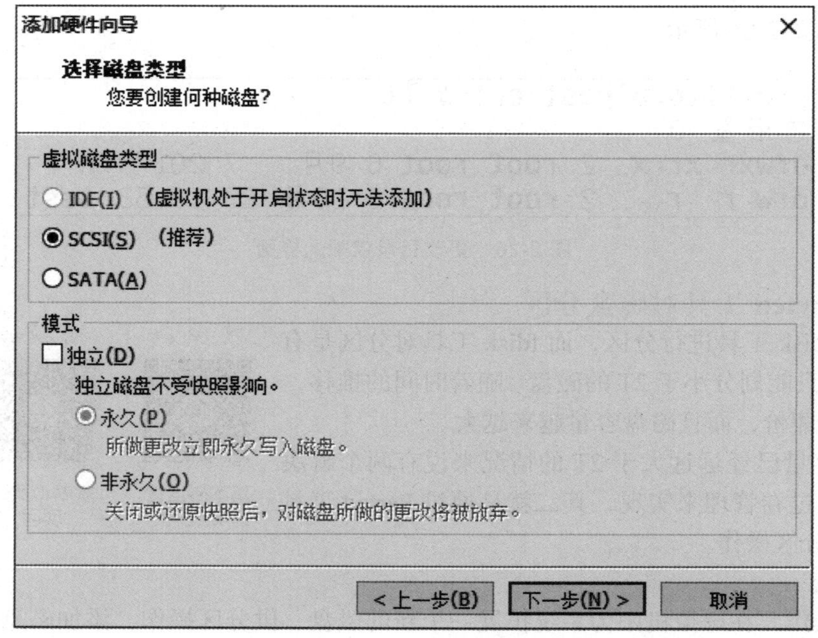


图 2-28 “选择磁盘类型”界面

（3）在“选择磁盘”界面，单击“创建新虚拟磁盘”单选按钮，单击“下一步”按钮，如图 2-29 所示。

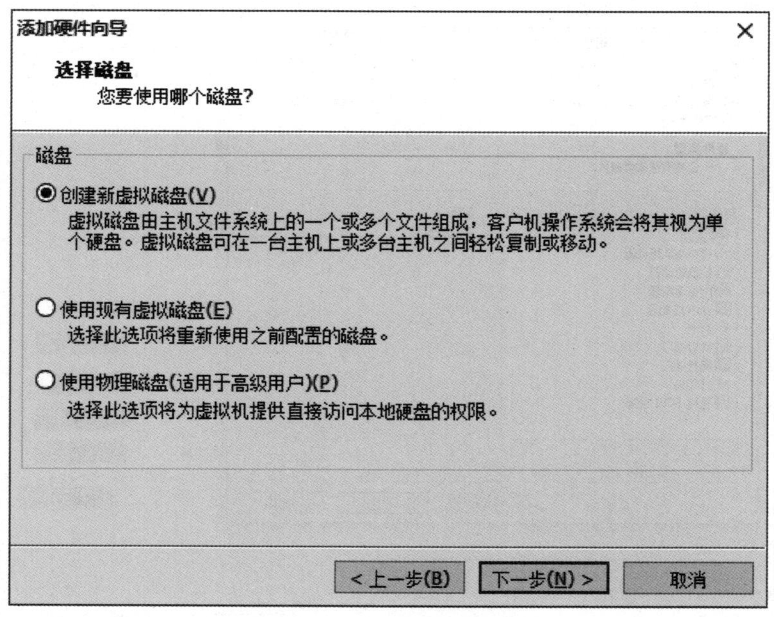


图 2-29 “选择磁盘”界面

（4）在“指定磁盘容量”界面，设置“最大磁盘大小”为 20GB，单击“将虚拟磁盘拆分成多个文件”单选按钮，单击“下一步”按钮，如图 2-30 所示。

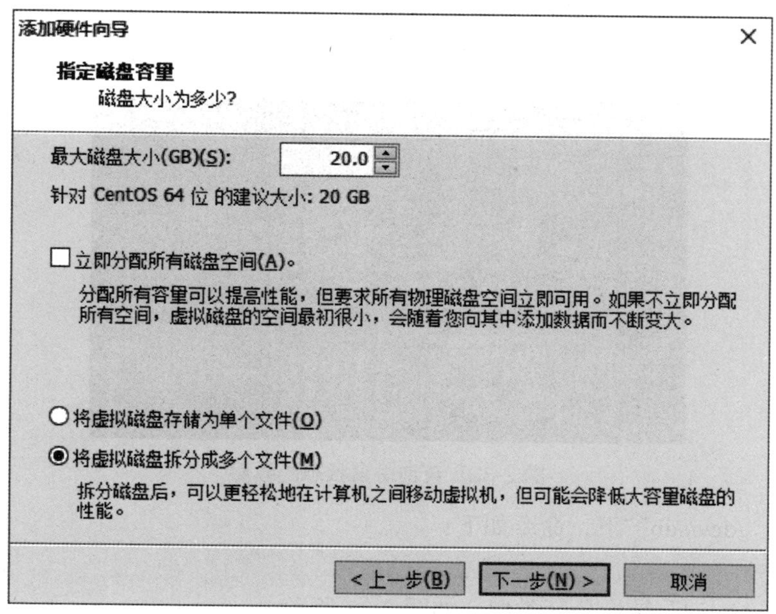


图 2-30　“指定磁盘容量”界面

（5）单击“完成”创建磁盘，结果如图 2-31 所示。

图 2-31　创建磁盘效果界面

### 2. 使用 Parted 工具进行分区

Parted 可以直接使用一行命令行就完成分区，是一个非常好用的工具，具体步骤如下：

（1）查询磁盘状态，命令如下，如图 2-32 所示。

```
# parted -l
```

```
[root@localhost ~]# parted -l
Model: VMware, VMware Virtual S (scsi)
Disk /dev/sda: 21.5GB
Sector size (logical/physical): 512B/512B
Partition Table: msdos
Disk Flags:

Number  Start   End     Size    Type     File system     Flags
 1      1049kB  316MB   315MB   primary  xfs             boot
 2      316MB   2463MB  2147MB  primary  linux-swap(v1)
 3      2463MB  21.5GB  19.0GB  primary  xfs


Error: /dev/sdb: unrecognised disk label
Model: VMware, VMware Virtual S (scsi)
Disk /dev/sdb: 21.5GB
Sector size (logical/physical): 512B/512B
Partition Table: unknown
Disk Flags:
```

图 2-32　查询磁盘状态的界面

（2）跳转到“/dev/sdb”下，命令如下：

```
# parted /dev/sdb
```

（3）使用“mklabel”转换分区类型，如图 2-33 所示。

```
[root@localhost ~]# parted /dev/sdb
GNU Parted 3.1
Using /dev/sdb
Welcome to GNU Parted! Type 'help' to view a list of commands.
(parted) mklabel gpt
```

图 2-33　转换分区类型的界面

（4）使用“print”显示磁盘的信息，如图 2-34 所示。

```
(parted) print
Model: VMware, VMware Virtual S (scsi)
Disk /dev/sdb: 21.5GB
Sector size (logical/physical): 512B/512B
Partition Table: gpt
Disk Flags:

Number  Start  End  Size  File system  Name  Flags
```

图 2-34　查询磁盘信息的界面

（5）使用交互式方式创建分区，例如，在“/dev/sdb”上创建 0 MB 到 10 MB，扩展分区，指定分区名称为 d1，分区类型为 ext2，如图 2-35 所示。

```
(parted) mkpart
Partition name?  []? d1
File system type?  [ext2]? ext2
Start? 0
End? 10
Warning: The resulting partition is not properly aligned for best performance.
Ignore/Cancel? ignore
```

图 2-35　创建新分区的界面

（6）使用“print”查询分区创建情况，如图 2-36 所示。

```
(parted) print
Model: VMware, VMware Virtual S (scsi)
Disk /dev/sdb: 21.5GB
Sector size (logical/physical): 512B/512B
Partition Table: gpt
Disk Flags:

Number  Start   End     Size    File system  Name  Flags
 1      17.4kB  10.0MB  9983kB               d1
```

图 2-36　查询创建分区的界面

（7）使用“mkfs”命令格式化分区，如图 2-37 所示。

```
[root@localhost ~]# mkfs.ext2 /dev/sdb1
mke2fs 1.42.9 (28-Dec-2013)
Filesystem label=
OS type: Linux
Block size=1024 (log=0)
Fragment size=1024 (log=0)
Stride=0 blocks, Stripe width=0 blocks
2448 inodes, 9748 blocks
487 blocks (5.00%) reserved for the super user
First data block=1
Maximum filesystem blocks=10223616
2 block groups
8192 blocks per group, 8192 fragments per group
1224 inodes per group
Superblock backups stored on blocks:
        8193

Allocating group tables: done
Writing inode tables: done
Writing superblocks and filesystem accounting information: done
```

图 2-37　格式化分区的界面

（8）使用“parted -i”命令查看分区情况，如图 2-38 所示。

```
[root@localhost ~]# parted -l
Model: VMware, VMware Virtual S (scsi)
Disk /dev/sda: 21.5GB
Sector size (logical/physical): 512B/512B
Partition Table: msdos
Disk Flags:

Number  Start   End     Size    Type     File system     Flags
 1      1049kB  316MB   315MB   primary  xfs             boot
 2      316MB   2463MB  2147MB  primary  linux-swap(v1)
 3      2463MB  21.5GB  19.0GB  primary  xfs


Model: VMware, VMware Virtual S (scsi)
Disk /dev/sdb: 21.5GB
Sector size (logical/physical): 512B/512B
Partition Table: gpt
Disk Flags:

Number  Start   End     Size    File system  Name  Flags
 1      17.4kB  10.0MB  9983kB  ext2         d1
```

图 2-38　查看分区情况的界面

3. 使用 Parted 工具删除分区

（1）输入“parted /dev/sdb”，跳转到“/dev/sdb”。

（2）使用交互式方式删除 number 为 1 的分区，并验证分区是否已经删除，如图 2-39 所示。

```
(parted) rm
Partition number? 1
(parted) print
Model: VMware, VMware Virtual S (scsi)
Disk /dev/sdb: 21.5GB
Sector size (logical/physical): 512B/512B
Partition Table: gpt
Disk Flags:

Number  Start  End  Size  File system  Name  Flags
```

图 2-39　删除编号为 1 的分区的界面

### 2.5.4 文件系统检验

由于文件系统运行时会有磁盘与内存数据不同步的状况发生，磁盘与内存数据不同步很可能导致文件系统的错乱。如果文件系统真的发生错乱，针对不同的文件系统救援的指令不一样，以下主要针对 xfs 及 ext4 这两个主流的文件系统进行说明。

1.xfs_repair 处理 xfs 文件系统

当 xfs 文件系统错乱时，需要使用以下指令进行检查或修复文件系统。

```
xfs_repair [-fnd] 设备名称
```

可使用的选项说明见表 2-17。

表 2-17　xfs_repair 选项说明

| 选　项 | 说　明 |
| --- | --- |
| -f | 后面的设备是个文件，而不是实体设备 |
| -n | 单纯检查，并不修改文件系统的任何数据 |
| -d | 通常用在单人维护模式下面，针对根目录（/）进行检查与修复的动作 |

例如，检查刚刚创建的 /dev/sdc1 文件系统的命令如下，执行该命令的输出结果如图 2-40 所示。

```
# xfs_repair /dev/sdc1
```

```
[root@localhost ~]# xfs_repair /dev/sdc1
Phase 1 - find and verify superblock...
Phase 2 - using internal log
        - zero log...
        - scan filesystem freespace and inode maps...
        - found root inode chunk
Phase 3 - for each AG...
        - scan and clear agi unlinked lists...
        - process known inodes and perform inode discovery...
        - agno = 0
        - agno = 1
        - agno = 2
        - agno = 3
        - process newly discovered inodes...
Phase 4 - check for duplicate blocks...
        - setting up duplicate extent list...
        - check for inodes claiming duplicate blocks...
        - agno = 0
        - agno = 1
        - agno = 2
        - agno = 3
Phase 5 - rebuild AG headers and trees...
        - reset superblock...
Phase 6 - check inode connectivity...
        - resetting contents of realtime bitmap and summary inodes
        - traversing filesystem ...
        - traversal finished ...
        - moving disconnected inodes to lost+found ...
Phase 7 - verify and correct link counts...
done
```

图 2-40　检查“/dev/sdc1”文件系统的界面

xfs_repair 可以检查 / 修复文件系统，不过，因为修复文件系统是个很庞大的任务，因此，修复时，该文件系统不能被挂载，所以，检查与修复 /dev/sdc1 没有问题，但是修复 /dev/sda1 这个已经挂载的文件系统时就会出现问题，但是可以卸载后再处理。检查已挂载的程序报错如图 2-41 所示。

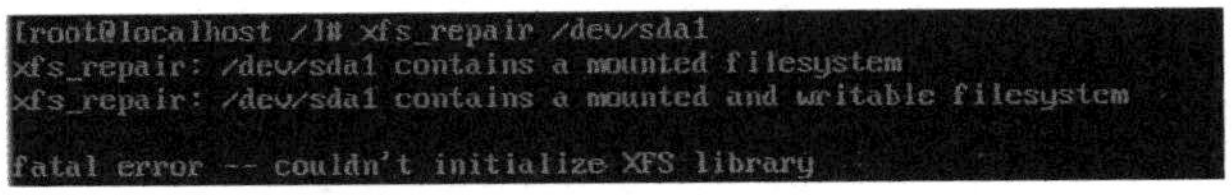

```
[root@localhost /]# xfs_repair /dev/sda1
xfs_repair: /dev/sda1 contains a mounted filesystem
xfs_repair: /dev/sda1 contains a mounted and writable filesystem

fatal error -- couldn't initialize XFS library
```

图 2-41　检查已挂载的程序报错

Linux 系统有个设备无法被卸载，那就是根目录，如果根目录有问题，这时就需要进入单人维护或救援模式，然后通过 -d 这个选项来处理，加入 -d 这个选项后，系统会强制检验该设备，检验完毕后就会自动重新开机。

2.fsck.ext4 处理 ext4 文件系统

fsck 是个综合指令，针对 ext4 建议直接使用 fsck.ext4 来检测，fsck.ext4 的选项的语法如下：

```
fsck.ext4 [-pf] [-b superblock] 设备名称
```

可使用的选项说明见表 2-18。

表 2-18　fsck.ext4 选项说明

| 选　项 | 说　明 |
|---|---|
| -p | 当文件系统在修复时，若有需要回复 y 的动作时，自动回复 y 来继续进行修复动作 |
| -f | 强制检查。一般来说，如果 fsck 没有发现任何 unclean 的旗标，不会主动进入细部检查，如果想要强制 fsck 进入细部检查，就得加上 -f 旗标 |
| -D | 针对文件系统下的目录进行最优化配置 |
| -b | 后面接 superblock 的位置，一般来说这个选项很少用。但是如果 superblock 因故损毁时，通过这个参数即可利用文件系统内备份的 superblock 来尝试救援 |

例如，查找刚创建的 /dev/sdb1 的另一块 superblock，并检测系统。具体步骤如下：

（1）命令如下，结果如图 2-42 所示。

```
# dumpe2fs -h /dev/sdb1
```

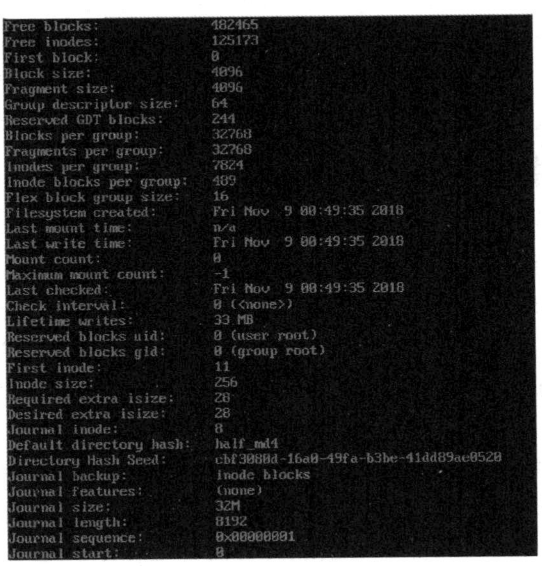

```
Free blocks:              482465
Free inodes:              125173
First block:              0
Block size:               4096
Fragment size:            4096
Group descriptor size:    64
Reserved GDT blocks:      244
Blocks per group:         32768
Fragments per group:      32768
Inodes per group:         7824
Inode blocks per group:   489
Flex block group size:    16
Filesystem created:       Fri Nov  9 00:49:35 2018
Last mount time:          n/a
Last write time:          Fri Nov  9 00:49:35 2018
Mount count:              0
Maximum mount count:      -1
Last checked:             Fri Nov  9 00:49:35 2018
Check interval:           0 (<none>)
Lifetime writes:          33 MB
Reserved blocks uid:      0 (user root)
Reserved blocks gid:      0 (group root)
First inode:              11
Inode size:               256
Required extra isize:     28
Desired extra isize:      28
Journal inode:            8
Default directory hash:   half_md4
Directory Hash Seed:      cbf3080d-16a0-49fa-b3be-41dd89ae0520
Journal backup:           inode blocks
Journal features:         (none)
Journal size:             32M
Journal length:           8192
Journal sequence:         0x00000001
Journal start:            0
```

图 2-42　查找 superblock 的界面

（2）使用“fsck.ext4”命令进行检测，命令如下，执行该命令的输出结果如图 2-43 所示。

```
# fsck.ext4 -b 32768 /dev/sdb1
```

```
[root@localhost ~]# fsck.ext4 -b 32768 /dev/sdb1
e2fsck 1.42.9 (28-Dec-2013)
/dev/sdb1 was not cleanly unmounted, check forced.
Pass 1: Checking inodes, blocks, and sizes
Pass 2: Checking directory structure
Pass 3: Checking directory connectivity
Pass 4: Checking reference counts
Pass 5: Checking group summary information

/dev/sdb1: ***** FILE SYSTEM WAS MODIFIED *****
/dev/sdb1: 11/125184 files (0.0% non-contiguous), 17530/499995 blocks
```

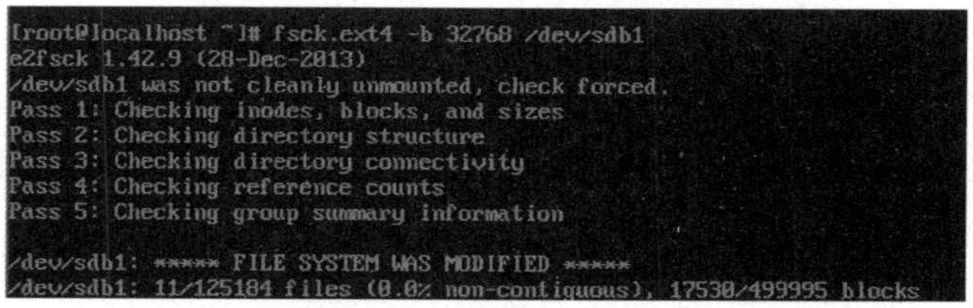

图 2-43　使用“fsck.ext4”命令进行检测的界面

无论是 xfs_repair 或 fsck.ext4，都是用来检查与修正文件系统错误的指令。

**注意：**

通常只有账号为 root 且该文件系统有问题的时候才使用上述指令，如果在正常状况下使用上述指令，可能会对系统造成危害，通常使用这个指令的场合都是因系统出现了极大的问题，导致在 Linux 开机的时候得进入单人单机模式下进行维护的行为时，才必须使用该指令。另外，如果怀疑刚刚格式化成功的磁盘有问题，也可以使用 xfs_repair/fsck.ext4 指令来检查磁盘，此外，由于 xfs_repair/fsck.ext4 指令在扫描磁盘时，可能会造成部分 filesystem 的修订，所以执行 xfs_repair/fsck.ext4 指令时，被检查的 partition 务必不可挂载到系统上，即需要在卸载的状态进行。

## 项目小结

通过项目 2 的学习与实践，小李学会添加、删除、修改用户和群组，同时体验到不同用户权限的区别，能够查看、修改文件的所有者、所属群组及访问权限，掌握了文件和目录管理常见命令，学会新建磁盘、分区、格式化及挂载；同时，了解用户与群组之间的关系，识记用户和群组存储文件的结构，理解 Linux 中文件类型及目录结构、文件的所有者和所属群组、访问权限等概念。

## 拓展阅读　树立保护个人信息的安全意识

随着互联网信息技术的深入发展，计算机网络已经融入人们的生活，并且正在改变着人们的行为方式、思维方式乃至社会结构、经济体制。在人们使用网络的过程中，用户的隐私可能被泄露乃至被不法分子所利用。近年来，一系列因数据泄露引发的网络诈骗等案件危及受害人安全，甚至影响社会公共安全，为此国家出台了《中华人民共和国个人信息保护法》，于 2021 年 11 月 1 日起施行。

一方面，此法对个人信息进行法律保护，表现为法律的直接保护和间接保护，所谓法律的直接保护即法律法规明确提出对“个人信息”进行保护；间接保护即法律法规通过提出对“人格尊严”“个人隐私”“个人秘密”等与个人信息相关的范畴进行保护进而引申出对个人信息的保护。另一方面，法律对政府机关与其他个人信息处理者，包括计算机网络从业人员的行为也有制约，理清个人信息处理过程中正当行为和违法形式，引导人们建立正确的安全防范意识，同时，要求从业人员约束自身的信息处理流程与方式，在智力和道德方面，树立维护网络空间安全的社会责任感。

## 习　题

一、填空

1.Linux 是________的分时操作系统，所有要使用系统资源的用户都必须向系统管理员________，然后以________进入系统。每个用户账户都拥有________的用户名和用户口令。

2. 每个用户都有一个用户组，系统对一个用户组中所有用户进行________。用户组的增加、删除和修改实际上是对________文件的更新。

3. 在 Linux 系统中添加新用户和添加用户组的命令分别是________、________。

4. 如果执行命令 #chmod 744 file.txt，那么该文件的权限是________。

5. 以长格式列目录时，若文件 test 的权限描述为 drwxrw-r--，则文件 test 的类型及文件拥有者的权限是________。

二、简答

1. Linux 中用户可分为哪几种类型？各有何特点？

2. /etc/passwd 文件中的其中一行为“test:x:1000:1000::/home/test:/bin/bash”，请解释各字段的含义。

3. Linux 支持哪些常用的文件系统？

4. 什么是相对路径？什么是绝对路径？简述它们的区别。

5. 列举磁盘操作常用命令有哪些？

# 项目 3

# 使用 vi/vim 编辑文件

## 3.1 项目导入

小李分配在公司网络中心工作，需要了解每一天的服务器运行情况、服务器负载情况和系统资源消耗情况，并实时填写服务器巡检记录。小李需要使用 vi/vim 来快速查看系统的状态和监视系统的操作，筛选及查找相关数据并进行统计汇总。本项目将带大家一起来了解 vim 的编辑模式及常用的命令，学习使用 vi/vim 编辑器实现文本文件的编辑操作。

## 3.2 学习目标

- 了解 vim 的三种模式和命令参数。
- 会打开、新建与保存文件。
- 会编辑、复制、剪切及粘贴文件内容并保存。
- 会查找、替换文件内容，并移动光标。
- 会折叠文本、设置环境等。
- 培养认真细致的岗位素养，增强学习的责任感。

## 3.3 相关知识

所有的 Linux 系统都会内建 vi 文本编辑器，其他的文本编辑器则不一定会存在。但是目前使用比较多的是 vim 编辑器。vim 具有程序编辑的能力，可以主动地以字体颜色辨别语法的正确性，方便程序设计。

### 3.3.1　vim 命令模式

视 频
vim程序编辑器

vi/vim 分为三种基本模式，分别是命令模式（Command Mode）、输入模式（Insert Mode）和末行模式（Last Line Mode）。可以简单地区分为输入模式和非输入模式，需要输入内容时，进入输入模式，需要使用命令时，按【Esc】键退出输入模式。

语法

vim [ 参数 ] [ 文件 ...]　　　　编辑指定的文件
或：vim [ 参数 ] -　　　　　　从标准输入 (stdin) 读取文本
或：vim [ 参数 ] -t tag　　　　编辑 tag 定义处的文件
或：vim [ 参数 ] -q [errorfile]　　编辑第一个出错处的文件

vim 可使用的参数说明见表 3-1。

表 3-1　vim 参数说明

| 参　数 | 说　明 |
|---|---|
| -v | Vi 模式（同“vi”） |
| -e | Ex 模式（同“ex”） |
| -E | Improved Ex mode |
| -s | 安静（批处理）模式（只能与“ex”一起使用） |
| -d | Diff 模式（同“vimdiff”） |
| -y | 容易模式（同“evim”，无模式） |
| -R | 只读模式（同“view”） |
| -Z | 限制模式（同“rvim”） |
| -m | 不可修改（写入文件） |
| -M | 文本不可修改 |
| -b | 二进制模式 |
| -l | Lisp 模式 |
| -C | 兼容传统的 Vi：‘compatible’ |
| -N | 不完全兼容传统的 Vi：‘nocompatible’ |
| -D | 调试模式 |
| -n | 不使用交换文件，只使用内存 |
| -r | 列出交换文件并退出 |
| -r（跟文件名） | 恢复崩溃的会话 |
| -L | 同 -r |
| -A | 以 Arabic 模式启动 |
| -H | 以 Hebrew 模式启动 |
| -F | 以 Farsi 模式启动 |
| -T <terminal> | 设定终端类型为 <terminal> |
| -u <vimrc> | 使用 <vimrc> 替代任何 .vimrc |
| --noplugin | 不加载 plugin 脚本 |
| -P[N] | 打开 N 个标签页（默认值：每个文件一个） |
| -o[N] | 打开 N 个窗口（默认值：每个文件一个） |
| -O[N] | 打开 N 个窗口（默认值：每个文件一个） |

续上表

| 参　数 | 说　明 |
| --- | --- |
| + | 启动后跳到文件末尾 |
| +<lnum> | 启动后跳到第 <lnum> 行 |
| --cmd <command> | 加载任何 vimrc 文件前执行 <command> |
| -c <command> | 加载第一个文件后执行 <command> |
| -S <session> | 加载第一个文件后执行文件 <session> |
| -s <scriptin> | 从文件 <scriptin> 读入正常模式的命令 |
| -w <scriptout> | 将所有输入的命令追加到文件 <scriptout> |
| -W <scriptout> | 将所有输入的命令写入到文件 <scriptout> |
| -x | 编辑加密的文件 |
| -i <viminfo> | 使用 <viminfo> 取代 .viminfo |
| -h 或 --help | 打印帮助（本信息）并退出 |
| --version | 打印版本信息并退出 |

### 3.3.2　打开、新建与保存文件

#### 1. 新建一个文件

在新建文件时，需要事先对命令模式下的部分命令加以了解，以方便更好的操作文件。

在命令模式下，按冒号键则可以进入底线命令模式了，此时，可以在冒号后面输入 w、q 等命令对文件进行保存或关闭。命令模式下的命令说明如表 3-2 所示。

表 3-2　命令模式下的命令说明

| 命　令 | 说　明 |
| --- | --- |
| :w | 保存文件 |
| :w! | 若文件为只读，强制保存文件 |
| :w newfile | 另存为 |
| :q | 离开 vi |
| :q! | 不保存强制离开 vi |
| :wq | 保存后离开 |
| :wq newfile | 另存后离开 |
| :wq! | 强制保存后离开 |

**注意：**

（1）直接输入 vim 文件名就能够进入 vim 的命令模式了。vim 后面必须加文件名，不管该文件存在与否。如果文件存在，则会打开文件；如果文件不存在，则会新建文件并打开。vim 打开文件之后，就进入了命令模式，此时是不能编辑文字的。

（2）如果文件不存在，并且关闭文件时没有保存，则此文件不会被创建。同样，如果文件不存在，在关闭文件时另存为了一个新的文件，则原来的文件并不会被创建，而是创建了新的文件。

#### 2. 打开一个已存在的文件

在实际生产中，编辑的对象往往是已经存在的，这时只需要对文件进行编辑即可，不需要创建文件对象。

（1）切换到root用户的家目录，使用 vim 打开名为 anaconda-ks.cfg 的文件，可以使用如下命令：

```
# vim anaconda-ks.cfg
```

命令执行后，界面如图 3-1 所示。

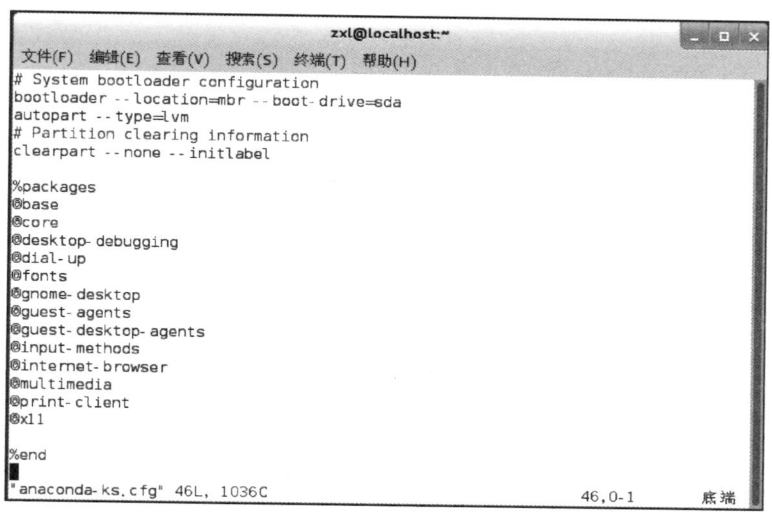

图 3-1　使用 vim 打开名为 anaconda-ks.cfg 的文件界面

（2）有时，只是想查看一个文件，而没有修改文件。有一个风险就是不小心输入了一个“:w”命令，那么此文件便保存了。为了避免这个问题，可以用只读模式编辑这个文件。要用只读模式启动 vim，可以使用以下命令：

```
# vim -R anaconda-ks.cfg
```

以只读方式打开的文件，在保存时会提示选择了只读方式，并提示可以使用“:w!”强制保存，在只读模式保存文件时的提示信息界面如图 3-2 所示。

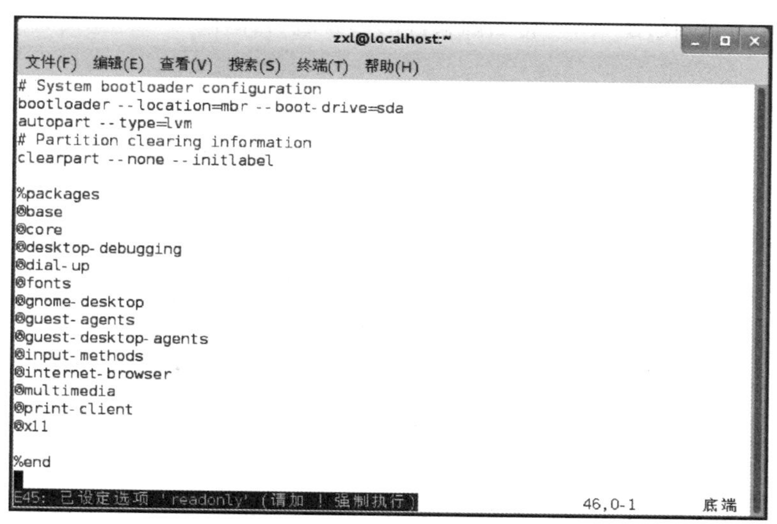

图 3-2　在只读模式保存文件时的提示信息界面

（3）避免开强制保存，可以使用以下命令：

```
# vim -M anaconda-ks.cfg
```

执行命令后，保存当前文档时的提示信息界面如图 3-3 所示。

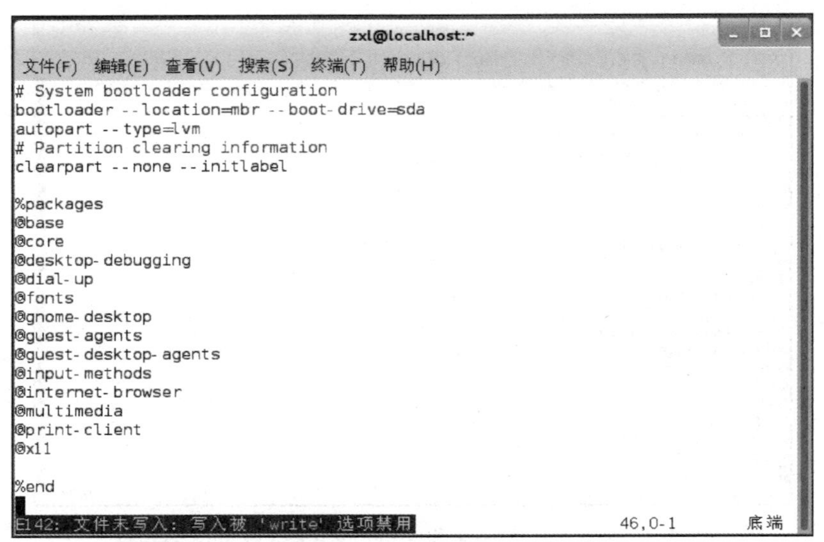


图 3-3　保存当前文档时的提示信息界面

**注意：**

当打开的文件没有正常关闭时，系统会创建一个隐藏的 .swp 文件，此时，再打开文件，系统并不会立即打开文件，而是提示当前文件存在一个 .swp 文件，并询问如何处理，其中有一个选项为 delete，所以可以简单地按【D】键删除这个临时文件，就能正常打开文件。

### 3. 保存当前文件

在命令模式下，可以使用“:w”将当前文件的内容进行保存。

**注意：**

如果文件不存在，则会新建一个文件。

如果文件是以“# vim -R test.txt”的方式打开的，则会提示使用“:w!”强制保存。

如果文件是以“# vim -M test.txt”的方式打开的，则不能保存。

### 4. 将当前文件另存为新的文件

在命令模式下，除了可以保存当前文件外，还可以使用“:w newfile”将当前文件的内容另存为一个新的文件。

**注意：**

如果新的文件不存在，则会新建一个文件。

如果新的文件已存在，则会提示使用“:w!”强制保存。

如果文件是以“# vim -M test.txt”的方式打开的，则不能另存为新的文件。

1. 实践要求

使用用户操作常用命令完成文件操作，要求实现以下功能：

（1）新建一个新的文件 myfile.txt。

（2）打开 myfile.txt 文件，并另存为 myfile1.txt。

（3）以只读的方式打开 myfile.txt 文件，并强制保存。

2. 实践建议

（1）新建一个新的文件“# vim myfile.txt”，在命令模式下输入“:wq”。

（2）打开 myfile.txt 文件，并另存为 myfile1.txt，可以在命令模式下输入“:wq myfile1.txt”，再使用“ls”命令查看所有文件。

（3）以只读的方式打开“# vim –R myfile.txt”文件，在命令模式下输入“:wq!”强制保存。

### 3.3.3　编辑内容

1. 进入编辑模式

在命令模式之中，只要按下“i、o、a 和 s”等字符就可以进入编辑模式（输入模式），“i、o、a 和 s”等字符的区别如表 3-3 所示。

表 3-3　“i、o、a 和 s”等字符的区别

| 命　令 | 说　明 |
|---|---|
| i | 在光标所在字符前开始插入 |
| a | 在光标所在字符后开始插入 |
| o | 在光标所在行的下面另起一新行插入 |
| s | 删除光标所在的字符并开始插入 |

一般情况下选择输入 i 进入编辑模式。在编辑模式当中，可以发现在左下角状态栏中会出现“–INSERT-”的字样，这是可以输入任意字符的提示。这个时候，键盘上除了【Esc】这个按键之外，其他的按键都可以视作一般的输入键，所以可以进行任何的编辑。当在编辑的过程需要使用到一些命令时，比如需要翻动屏幕、撤销、恢复等，需要先回到命令模式，此时，可以按【Esc】退出输入模式，回到编辑模式。当需要翻动屏幕时，可以使用下面的命令，翻动屏幕命令说明如表 3-4 所示。

表 3-4　翻动屏幕命令说明

| 命　令 | 说　明 |
|---|---|
| ctrl -b | 向上滚动整屏 |
| ctrl -f | 向下滚动整屏 |
| ctrl -u | 向上滚动半屏 |
| ctrl -d | 向下滚动半屏 |
| ctrl -y | 向上滚动一行 |
| ctrl -e | 向下滚动一行 |

当需要撤销或恢复时，可以使用如下命令，撤销或恢复命令说明如表 3-5 所示。

表 3-5　撤销或恢复命令说明

| 命　令 | 说　明 |
| --- | --- |
| . | 重复刚才的动作 |
| u | 撤销刚才的动作 |
| ctrl+r | 恢复刚才撤销的动作 |

## 2. 查找和替换

（1）当需要查找和替换时，可以使用如下命令，查找和替换命令说明如表 3-6 所示。

表 3-6　查找和替换命令说明

| 命　令 | 说　明 |
| --- | --- |
| /word | 向光标之下寻找一个名称为 word 的字符串。例如，要在文件内查找 word 这个字符串，输入 /word 即可 |
| ?word | 向光标之上寻找一个名称为 word 的字符串 |
| n | n 是英文按键，代表重复前一个查找的动作。例如，如果刚执行 /word 去向下查找 word 这个字符串，则按【n】键后，会向下继续查找下一个名称为 word 的字符串。如果是执行 ?word，那么按【n】键则会向上继续查找名称为 word 的字符串 |
| N | N 是英文按键。与 n 刚好相反，为反向进行前一个查找动作。例如，执行 /word 后，按【N】键则表示向上查找 word |
| :n1,n2 s/word1/word2/g | n1 与 n2 为数字。在第 n1~n2 行寻找 word1 这个字符串，并将该字符串取代为 word2。例如，在 10 ~ 100 行查找 word1 并取代为 word2，则输入“:10,100s/word1/word2/g” |
| :1,$ s/word1/word2/g | 从第一行到最后一行寻找 word1 字符串，并将该字符串取代为 word2 |
| :1,$ s/word1/word2/gc | 从第一行到最后一行寻找 word1 字符串，并将该字符串取代为 word2，且在取代前显示提示字符使用户确认（confirm）是否需要取代 |

使用 /word 配合 n 及 N 可以重复地查找到一些关键词。

（2）除了最基本的查找外，vim 还提供了几种特殊的查找方式，方式如下。

①当需要查找以 word 结尾的行时，需要在查找的内容后面加上“$”符号，如“/word$”。

②当需要查找 word并忽略大小写时，需要在查找的内容后面加上“\c”符号，如“/word\c”；如果要区分大小写，则可以使用“\C”。vim 默认采用大小写敏感的查找，为了方便常常将其配置为大小写不敏感。

③配置查找时忽略大小写可以使用以下命令，命令如下：

```
:set ic
```

④ 如果想配置为区分大小写，则可以使用下面的命令：

```
:set noic
```

⑤当想要查找光标所在单词时，按下 * 即可查找，要求每次出现的前后为空白字符或标点符号。例如当前为 box，可以匹配 box bar 中的 box，但不可匹配 boxbar 中的 box。

（3）“:s”命令用来查找和替换字符串，语法如下：

语法

```
: 作用范围s/目标/替换/替换标志
```

说明

作用范围为当前行、全文以及选区等。

将 box 替换成 bar 的操作有如下几种：

①当前行中操作，把当前行的第一个 box 替换成 bar，命令如下：

```
:s/box/bar
```

②全文中操作，将全文中的第一个 box 替换成 bar，命令如下：

```
:%s/box/bar
```

③选区中操作，将从第 2 行到第 4 行中遇到的第一个 box 替换成 bar，命令如下：

```
:2,4s/box/bar
```

④将从当前行到第 4 行中遇到的第一个 box 替换成 bar，命令如下：

```
:.,4s/box/bar
```

（4）替换标志 g、i、I 和 c 等，其各自的使用方式如下：

① g 表示全文查找，将全文中的所有 box 替换成 bar，命令如下：

```
:%s/box/bar/g
```

② i 表示忽略大小写，I 表示区分大小写，将全文中的第一个 box 替换成 bar，命令如下：

```
:%s/box/bar/i
```

③ c 表示需要确认，回车后 vim 会将光标移动到每一次 box 出现的位置，并提示，命令如下：

```
:%s/box/bar/gc
```

执行命令后提示内容界面如图 3-4 所示。

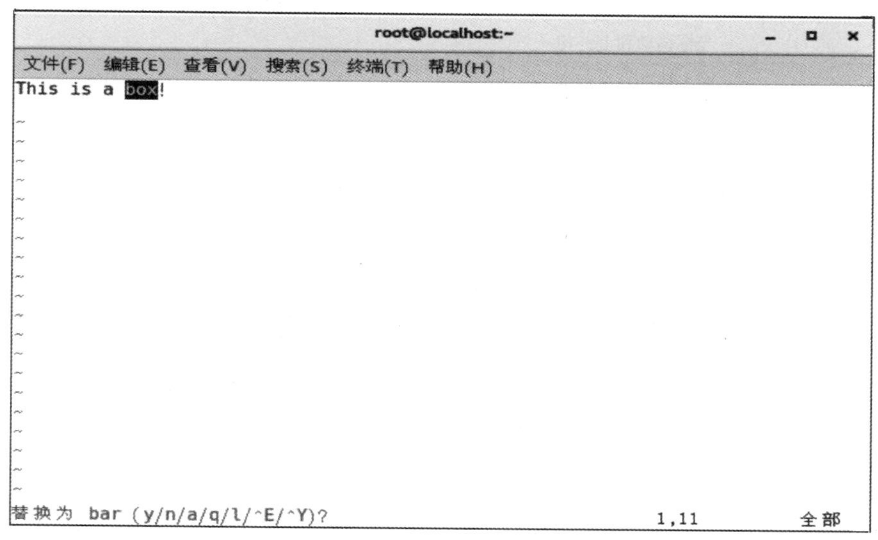


图 3-4　执行命令后提示内容界面

**注意：**

“y”表示替换，“n”表示不替换，“a”表示替换所有，“q”表示退出查找模式，“l”表示替换当前位置并退出。

3. 光标移动

（1）在进行文档编辑时，除了查找与替换之外，最常见的操作就是在文档中快速移动光标，由于 vim 中不能使用鼠标，所以，通过快捷键快速移动光标就成了学习 Linux 必备的技能了，如表 3-7 所示。

表 3-7　移动光标的快捷键命令

| 命　令 | 说　明 |
| --- | --- |
| gg | 跳到文件的第一行 |
| G | 跳到文件的最后一行 |
| :行号 | 跳到文件的第几行 |
| $ | 快速移动到一行结尾 |
| ^ | 移动到一行开头 |

（2）在文本内，如果能按单词或段落快速移动，效率会更高，以下命令可以按单词或段落快速移动，如表 3-8 所示。

表 3-8　单词或段落快速移动命令说明

| 命　令 | 说　明 |
| --- | --- |
| w | 光标移动到下一个单词的词首，如果重复执行“w”操作 2 次，则输入“2w” |
| e | 光标移动到下一个单词的词尾，如果重复执行“e”操作 5 次，则输入“5e” |
| b | 向前移动光标，移动到前一个单词的词首 |
| ) | 光标移动到下一句，如果光标移动到向下 3 句，则输入“3)” |
| ( | 光标移动到上一句 |
| { | 向上移动一个段落 |
| } | 向下移动一个段落，如果向下移动 3 个段落，则输入“3}” |

（3）除了以上移动方式，还可以通过标记来任意移动。添加标记，语法如下：

```
m+单词
```

例如，在任何位置给当前行作一个标记“ma”，执行“'a”，则会快速移动到这一行。

说明

如果单词使用 a-z 或者 A-Z，意味着一个文件里最多可以有 52 个命名标记。如果再需要一个标记，则可以输入“mb”，返回则执行“'b”。

（4）删除标记，删除标记语法如下：

```
:delmarks 单词
```

例如，输入“:delmarks a”命令删除 a 标记。使用命令“:delmarks!”可以删除所有标记。使用命令“:marks”列出所有的标记。

4. 编辑内容

在进行内容编辑时，经常需要使用复制、剪切、粘贴和删除等功能来操作文件内容。

（1）文本的选择，对于编辑器来说，是很基本的操作，也经常被用到，在 vim 中，当需要选择一段内容时，可以使用下面的命令，选择一段内容的命令说明如表 3-9 所示。

表 3-9　选择一段内容的命令说明

| 命　令 | 说　明 |
| --- | --- |
| v | 从光标当前位置开始，光标所经过的地方会被选中，再按“v”结束 |
| V | 从光标当前行开始，光标经过的行都会被选中，再按“V”结束 |
| Ctrl+v | 从光标当前位置开始，选中光标起点和终点所构成的矩形区域，再按“Ctrl+v”结束 |
| ggVG | 选中全部的文本，其中“gg”为跳到行首，“V”选中整行，“G”末尾 |

（2）选中内容后可以用编辑命令对其进行编辑，编辑命令说明如表 3-10 所示。

表 3-10　编辑命令说明

| 命　令 | 说　明 |
| --- | --- |
| d | 剪切 |
| y | 复制 |
| p | 粘贴 |
| x | 删除 |

**注意：**

在操作中可以使用“d”代替“x”，但需要注意的是，“d”在剪切选中的内容之后，还可以通过“p”将剪切掉的内容粘贴到文件中。

（3）除了选中内容进行编辑外，vim 还提供了快速编辑的功能，快捷编辑功能命令说明如表 3-11 所示。

表 3-11　快捷编辑功能命令说明

| 命　令 | 说　明 |
| --- | --- |
| dd | 剪切当前行 |
| dw | 剪切当前单词 |
| d} | 剪切当前段落 |
| D | 从当前位置剪切到行尾 |
| yy | 复制当前行 |
| yw | 复制当前单词 |
| y} | 复制当前段落 |
| x | 删除当前字符 |

**练一练**

1. 实践要求

完成文件内容的编辑：

（1）打开一个文件并输入一些内容。

（2）查找指定的内容，并复制内容到新的位置。

（3）选中一行复制到新的位置。

（4）剪切一行到新的位置。

2. 实践建议

（1）使用“vim test.txt”打开文件，按“i”进入输入模式，输入一些内容。

（2）按【Esc】回到命令模式，使用“/hello”查找文件中第一个“hello”，按【v】再移动光标选中“hello”，按【y】复制，移动光标到新的位置，然后按“p”粘贴。

（3）按“yy”复制一行，移动光标到新的位置，然后按“p”粘贴。

（4）按“dd”剪切一行，移动光标到新的位置，然后按“p”粘贴。

### 3.3.4 vi/vim 的常见应用技巧

1. 折叠文本

在 vim 中可以对段落文字进行折叠，折叠相关的命令说明如表 3-12 所示。

表 3-12　折叠相关的命令说明

| 命　令 | 说　明 |
|---|---|
| zfap | 创建一个折叠。“zf”是创建折叠，“ap”是指一个段落。如果创建一个从当前位置开始的三句话折叠，则输入“zf3)”，其中“3)”是向下移动三句话 |
| zfgg | 可以从当前位置到开头进行折叠，而“zfG”则可以从当前位置到结尾进行折叠 |
| zf 行数 $ | 按行折叠，例如，“zf3$”可以按行折叠，“3$”是从当前位置向后移动三行 |
| zo | 打开该折叠 |
| zc | 关闭该折叠 |
| zO | 将所有嵌套的折叠全部打开 |
| zC | 将所有嵌套的折叠全部关闭 |
| zd | 删除当前折叠 |
| zD | 删除当前折叠与嵌套的子折叠 |
| zE | 删除所有折叠 |

**注意:**

折叠可以嵌套使用，一个含有折叠的文本区可以被再次折叠。例如，你可以折叠本节内每一段落，然后折叠本项目内所有的内容。可以使用 zo 与 zc 来一个个打开或关闭嵌套的折叠，还可以使用 zO 与 zC 的命令来快速操作嵌套的折叠。

2. 环境设置

为了更方便自己的工作，可以对 vim 进行设置。在 CentOS 7.4 中，vim 的配置文件“vimrc”放在 /etc 目录下。当需要设置 vim 时，可以通过“vim /etc/.vimrc”来修改配置文件。其中，更常见的方式是针对当前用户进行设置，通常在用户目录下会有一个默认的“.vimrc”文件，如果不存在，则创建一个名为“.vimrc”的普通文本文件即可，.vimrc 文件的配置说明如表 3-13 所示。

表 3-13　vimrc 文件的配置说明

| 配　置 | 说　明 |
|---|---|
| set nu | 在 vim 中显示行号 |
| set cindent | 在 vim 中自动继承前一行的缩进方式 |
| set fdm=syntax | 根据语法进行折叠。vim 中默认的折叠方式是手工方式，有些程序员会使用 vim 编写代码，此时，可以在 vim 中设置更适合的折叠方式。vim 中折叠方式有六种 |

**注意：**

除了修改配置文件外，还可以打开 vim，在 vim 中使用命令配置。例如，显示行号的设置，运行 vim，在末行模式输入如下命令：

```
:set nu
```

3. 用 hjkl 代替上下左右方向键

（1）hjkl 是 vim 中的光标上下左右的移动方向说明，hjkl 键的说明如表 3-14 所示。

表 3-14　hjkl 键的说明

| 键 | 说　明 |
| --- | --- |
| h | 向左移动 |
| j | 向下移动 |
| k | 向上移动 |
| l | 向右移动 |

（2）将行号设置为相对行号，使用下面的命令进行设置，命令如下：

```
:set relativenumber
```

在相对行号的情况下，可以很方便地通过数字 +j 和数字 +k 向下向上移动指定行数，例如，向下移动 10 行和向上移动 10 行，命令如下：

```
:10j 向下移动10行
:10k 向上移动10行
```

4. 总结出自己的组合命令

在 vim 中，很多命令是可以组合使用的，很多命令通过组合可以非常高效。复制的命令是“y”，移动到行尾的命令是“$”，当需要复制一行中后半部分时，可以使用“yy”复制一行，再使用“p”粘贴后删除不需要的内容，也可以先按“v”，然后按“$”选中内容，再按“y”复制，然后按“p”粘贴。如果能够想到使用组合命令，则可以使用“y$”从当位置复制到行尾，再按“p”粘贴。再比如使用“d3w”可以剪切从当前位置连续的三个单词。“d3j”则可以从当前行连续剪切三行，包括当前行，实际剪切四行。

5. 其他技巧

（1）善于使用重复命令。在使用查找时，有使用过“n”与“N”，代表重复查找，其中“n”表示向相同的方向再次查找，“N”代表向相反的方向再次查找。显然，不需要重复去写查找命令，就可以不断查找。除了查找可以使用重复操作外，vim 还提供了一些可以重复的操作命令，几种可以重复的操作命令说明如表 3-15 所示。

表 3-15　几种可以重复的操作命令说明

| 命　令 | 说　明 |
| --- | --- |
| . | 重复对文件内容进行修改 |
| u | 撤销对文件内容的修改 |
| ; | 在行内重复查找操作 |
| , | 撤销在行内的重复查找 |
| & | 重复对文件内容的替换操作（由于修改了文件内容，所以可以用 u 撤销） |

（2）养成回到命令模式的习惯。在 vim 中，保存是“:w”，而且需要在命令模式下进行。因此，往往要先按【Esc】键回到命令模式，再按“:w”才能保存。这种操作让刚接触 vim 的人不是很适应，但 vim 中大部分的操作是在命令模式下进行的，所以，养成回到命令模式的习惯才是正确的做法。如果能随时回到命令模式下，那么所有的操作就会很流畅。只要你不再输入文字，就应该回到命令模式下，命令模式应该是常态。

练一练

1. 实践要求

视频

vim程序编辑器实践项目

熟悉 Linux 常见技巧的相关命令，功能要求如下：

（1）打开一个文件。

（2）将光标移动到第三行。

（3）将光标移到文件的最后一行。

（4）设置 vim 中显示行号。

（5）创建折叠，并打开和关闭折叠。

2. 实践建议

（1）使用“vim test.txt”命令打开 test.txt 文件。

（2）按 3j 将光标移动到第三行。

（3）按 G 将光标移到文件的最后一行。

（4）在用户目录下，输入“vim.vimrc”打开配置文件，在文件末行模式输入配置命令“：set nu”，然后保存文件。

（5）在文件中使用“zf5$”将当前位置开始的五行进行折叠，然后使用“zo”与“zc”打开和关闭创建的这个折叠。

## 3.4 项目准备

### 3.4.1 需求说明

（1）在系统的“opt”目录下新建一个文件，并命名为“test.txt”，在该文件中添加“Hello World”内容，通过查找方式找到“World”，并将“World”替换为“Word”，并保存退出编辑模式。

（2）在 vim 中通过设置与折叠更方便地编辑文件，要求如下：

①设置 vim 中显示行号。

②创建折叠，并打开和关闭折叠。

（3）熟悉 Linux 常见技巧的相关命令，功能要求如下：

①打开一个文件。

②将光标移动到第三行。

③将第 3~6 行剪切到第 10 行的后面，并保存。

④将第 12 行前三个单词剪切到这行的最后面，并保存。

### 3.4.2　实现思路

（1）使用命令“vim /opt/test.txt”，创建文件。

（2）切换输入模式，输入“Hello World”。

（3）使用查找和替换，将“World”替换为“Word”，并保存退出。

（4）使用命令“vim.vimrc”打开文件，切换末行模式显示行号，然后保存文件。

（5）在文件中使用“zf5$”命令折叠五行，使用“zo”与“zc”命令展开和关闭折叠。

（6）按 3j 移动光标到第三行，按 d3j 剪切第 3~6 行，移动光标到第 11 行的行首，粘贴并保存。

（7）移动光标到第 12 行，按 d3w 剪切前三个单词，再按来到行尾，粘贴并保存。

## 3.5 项目实施

### 3.5.1　创建文件并编辑内容，查找替换并保存

（1）在 /opt 下使用 vim 来建立一个名为 test.txt 的文件，输入如下命令：

```
#vim/opt/test.txt
```

（2）输入“i”进入输入模式，输入“Hello World”。在末行模式输入“:wq”保存并离开，test.txt 文件内容界面如图 3-5 所示。

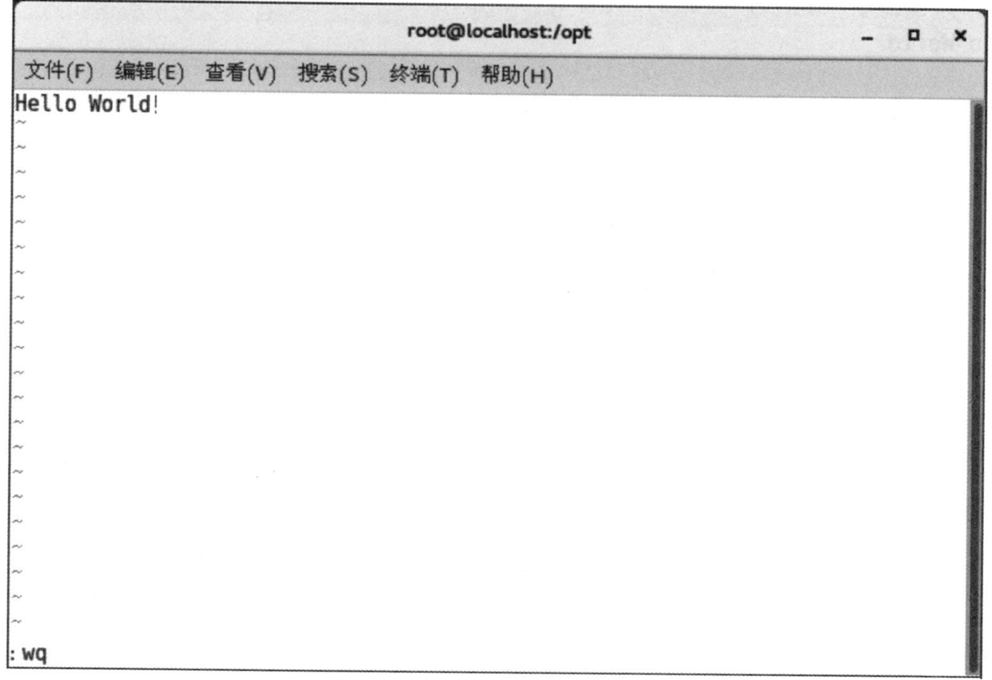


图 3-5　test.txt 文件内容界面

（3）回到 Linux 命令行，输入以下命令：

```
# ls -l
```

查看新建的 test.txt 文件，查询创建的 test.txt 文件界面如图 3-6 所示。

```
[root@localhost opt]# vim test.txt
[root@localhost opt]# ls -l
总用量 4
drwxr-xr-x. 2 root root  6 3月   26 2015 rh
-rw-r--r--. 1 root root 13 11月 11 05:58 test.txt
[root@localhost opt]#
```

图 3-6　查询创建的 test.txt 文件界面

（4）再次输入如下命令：

```
# vim  /opt/test.txt
```

打开文件，输入"："，切换到末行模式，命令如下：

```
:1,$s/World/Word/gc
```

查找"World"单词，并替换成"Word"，如图 3-7 所示。

```
root@localhost:/opt
文件(F) 编辑(E) 查看(V) 搜索(S) 终端(T) 帮助(H)
Hello World!
~
~
~
:1,$s/World/Word/gc
```

图 3-7　查找"World"单词，并替换成"Word"命令界面

（5）命令执行后找到“World”单词，提示内容界面如图 3-8 所示。

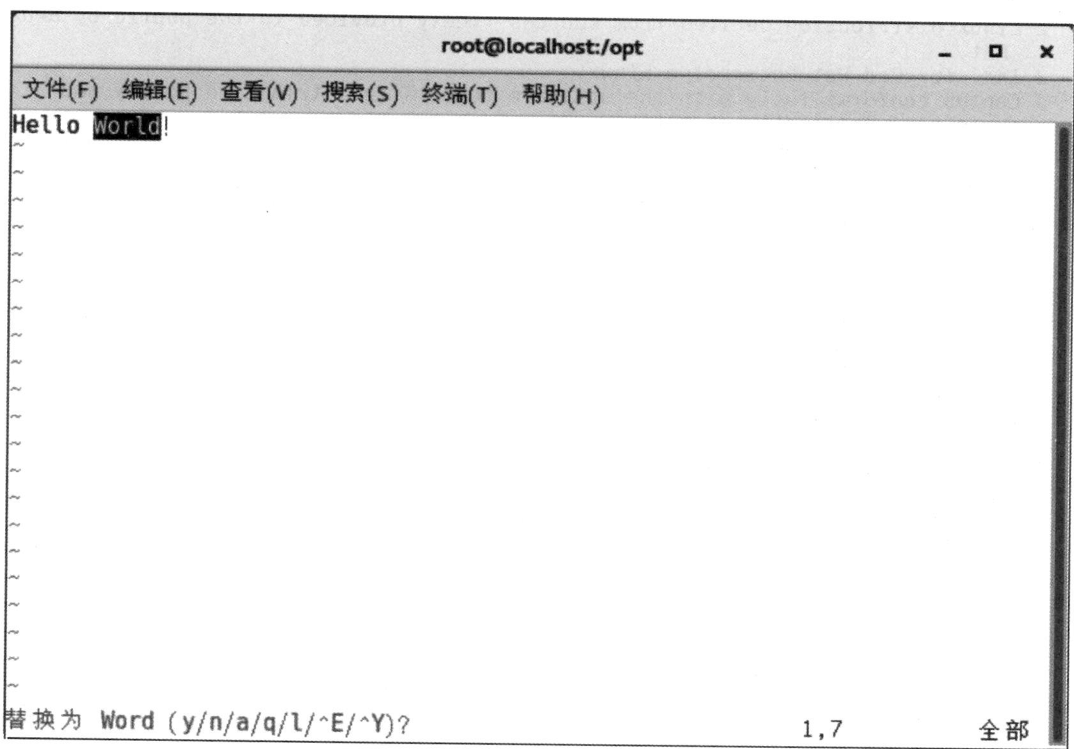


图 3-8　提示内容界面

（6）单击“y”，将“World”替换为“Word”，替换后的界面如图 3-9 所示。

图 3-9　替换后的界面

（7）使用“:wq”命令保存并退出 test.txt 文件。

### 3.5.2　设置行号与折叠

（1）在用户目录下，输入如下命令：

```
vim .vimrc
```

创建 .vimrc 配置文件，单击“:”，进入末行模式，使用“:set nu”显示行号，如图 3-10 所示。继续使用“:wq”命令，保存文件。

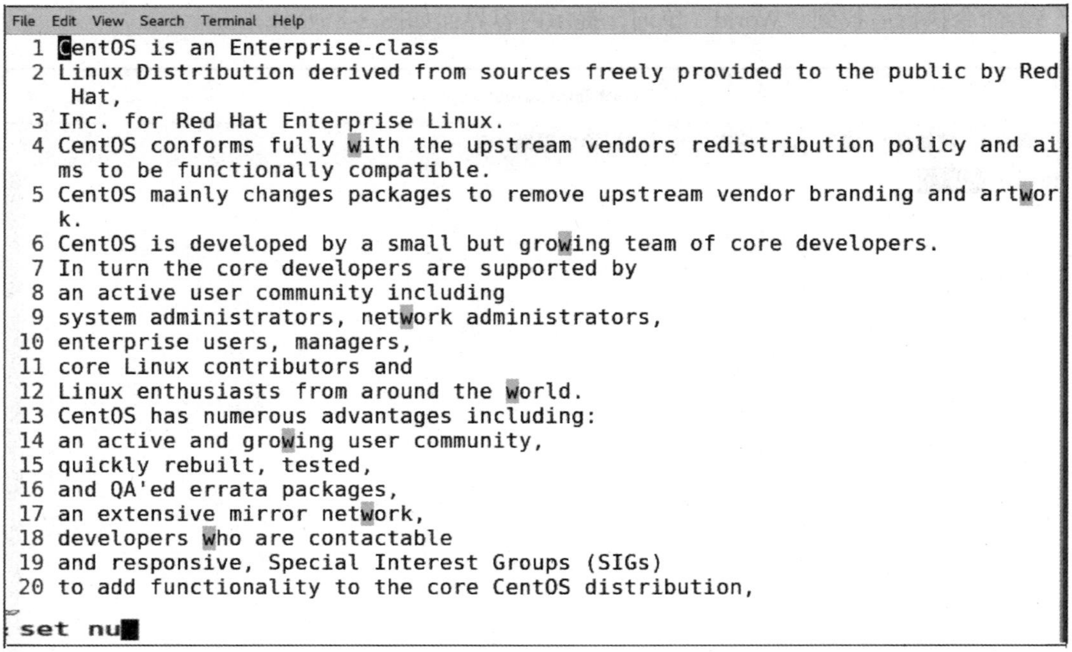

```
File  Edit  View  Search  Terminal  Help
  1 CentOS is an Enterprise-class
  2 Linux Distribution derived from sources freely provided to the public by Red
     Hat,
  3 Inc. for Red Hat Enterprise Linux.
  4 CentOS conforms fully with the upstream vendors redistribution policy and ai
    ms to be functionally compatible.
  5 CentOS mainly changes packages to remove upstream vendor branding and artwor
    k.
  6 CentOS is developed by a small but growing team of core developers.
  7 In turn the core developers are supported by
  8 an active user community including
  9 system administrators, network administrators,
 10 enterprise users, managers,
 11 core Linux contributors and
 12 Linux enthusiasts from around the world.
 13 CentOS has numerous advantages including:
 14 an active and growing user community,
 15 quickly rebuilt, tested,
 16 and QA'ed errata packages,
 17 an extensive mirror network,
 18 developers who are contactable
 19 and responsive, Special Interest Groups (SIGs)
 20 to add functionality to the core CentOS distribution,

:set nu
```

图 3-10　创建配置文件并显示行号界面

（2）按【ESC】键，切换到命令模式，输入“zf5$”，将当前位置开始的五行进行折叠，然后输入“zo”与“zc”展开和关闭创建的这个折叠，完成后设置折叠属性界面，如图 3-11 所示。

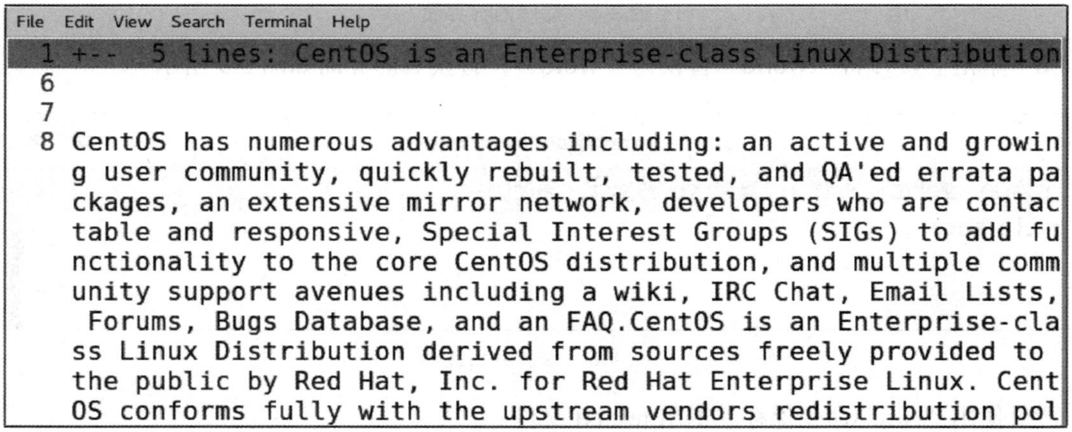

```
File  Edit  View  Search  Terminal  Help
  1 +--  5 lines: CentOS is an Enterprise-class Linux Distribution
  6
  7
  8 CentOS has numerous advantages including: an active and growin
    g user community, quickly rebuilt, tested, and QA'ed errata pa
    ckages, an extensive mirror network, developers who are contac
    table and responsive, Special Interest Groups (SIGs) to add fu
    nctionality to the core CentOS distribution, and multiple comm
    unity support avenues including a wiki, IRC Chat, Email Lists,
     Forums, Bugs Database, and an FAQ.CentOS is an Enterprise-cla
    ss Linux Distribution derived from sources freely provided to
    the public by Red Hat, Inc. for Red Hat Enterprise Linux. Cent
    OS conforms fully with the upstream vendors redistribution pol
```

图 3-11　设置折叠属性界面

### 3.5.3　移动光标，并剪切、粘贴

（1）在命令模式下，输入“3j”将光标移动到第三行，移动光标到指定位置界面如图 3-12 所示。

```
File  Edit  View  Search  Terminal  Help
  1 CentOS is developed by a small but growing team of core developers.
  2 In turn the core developers are supported by
  3 an active user community including
  4 system administrators, network administrators,
  5 enterprise users, managers,
  6 core Linux contributors and
  7 Linux enthusiasts from around the world.
  8 CentOS has numerous advantages including:
  9 an active and growing user community,
 10 quickly rebuilt, tested,
 11 and QA'ed errata packages,
 12 an extensive mirror network,
 13 developers who are contactable
 14 and responsive, Special Interest Groups (SIGs)
 15 to add functionality to the core CentOS distribution,
 16 and multiple community support avenues
 17 including a wiki, IRC Chat, Email Lists,
 18 Forums, Bugs Database, and an FAQ.
~
~
~
```

图 3-12　移动光标到指定位置界面

（2）文件原始内容界面如图 3-13 所示，输入“d3j”将第 3 行到第 6 行剪切，快捷键剪切文件内容界面如图 3-14 所示。

```
File  Edit  View  Search  Terminal  Help
  1 CentOS is an Enterprise-class
  2 Linux Distribution derived from sources freely provided to the public by Red
     Hat,
  3 Inc. for Red Hat Enterprise Linux.
  4 CentOS conforms fully with the upstream vendors redistribution policy and ai
    ms to be functionally compatible.
  5 CentOS mainly changes packages to remove upstream vendor branding and artwor
    k.
  6 CentOS is developed by a small but growing team of core developers.
  7 In turn the core developers are supported by
  8 an active user community including
  9 system administrators, network administrators,
 10 enterprise users, managers,
 11 core Linux contributors and
 12 Linux enthusiasts from around the world.
 13 CentOS has numerous advantages including:
 14 an active and growing user community,
 15 quickly rebuilt, tested,
 16 and QA'ed errata packages,
 17 an extensive mirror network,
 18 developers who are contactable
 19 and responsive, Special Interest Groups (SIGs)
 20 to add functionality to the core CentOS distribution,
```

图 3-13　原文件内容界面

```
File  Edit  View  Search  Terminal  Help
  1 CentOS mainly changes packages to remove upstream vendor branding and artwor
    k.
  2 CentOS is developed by a small but growing team of core developers.
  3 In turn the core developers are supported by
  4 an active user community including
  5 system administrators, network administrators,
  6 enterprise users, managers,
  7 core Linux contributors and
  8 Linux enthusiasts from around the world.
  9 CentOS has numerous advantages including:
 10 an active and growing user community,
 11 quickly rebuilt, tested,
 12 and QA'ed errata packages,
 13 an extensive mirror network,
 14 developers who are contactable
 15 and responsive, Special Interest Groups (SIGs)
 16 to add functionality to the core CentOS distribution,
 17 and multiple community support avenues
 18 including a wiki, IRC Chat, Email Lists,
 19 Forums, Bugs Database, and an FAQ.
~
```

图 3-14　快捷键剪切文件内容界面

（3）继续输入“4j”将光标移动到之前第 11 行的行首，移动光标至指定位置界面如图 3-15 所示。输入“p”粘贴，使用“:w”保存，将剪切内容粘贴至光标指向位置，界面如图 3-16 所示。

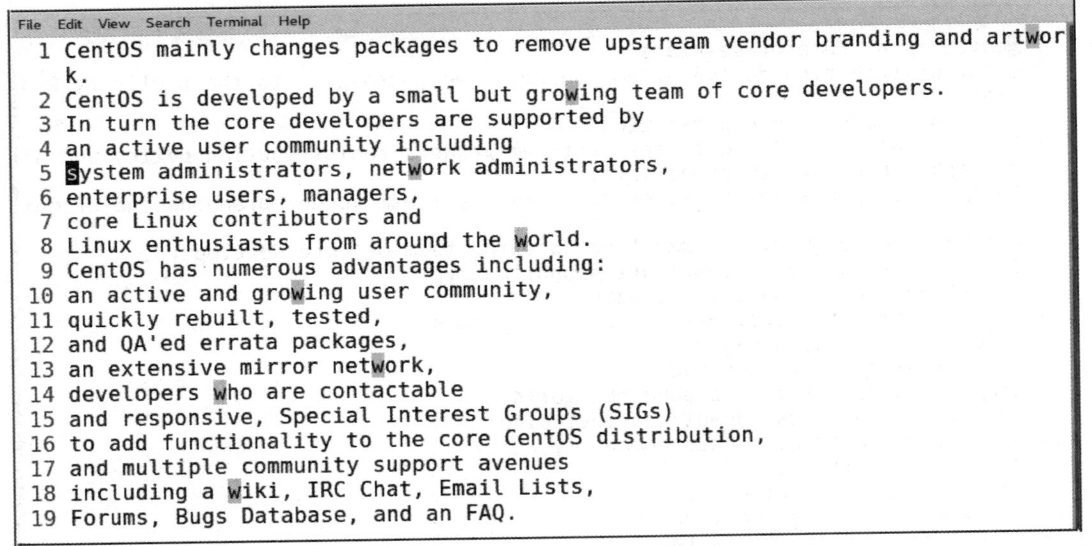

```
File  Edit  View  Search  Terminal  Help
  1 CentOS mainly changes packages to remove upstream vendor branding and artwor
    k.
  2 CentOS is developed by a small but growing team of core developers.
  3 In turn the core developers are supported by
  4 an active user community including
  5 system administrators, network administrators,
  6 enterprise users, managers,
  7 core Linux contributors and
  8 Linux enthusiasts from around the world.
  9 CentOS has numerous advantages including:
 10 an active and growing user community,
 11 quickly rebuilt, tested,
 12 and QA'ed errata packages,
 13 an extensive mirror network,
 14 developers who are contactable
 15 and responsive, Special Interest Groups (SIGs)
 16 to add functionality to the core CentOS distribution,
 17 and multiple community support avenues
 18 including a wiki, IRC Chat, Email Lists,
 19 Forums, Bugs Database, and an FAQ.
```

图 3-15　移动光标至指定位置界面

```
File  Edit  View  Search  Terminal  Help
  1 CentOS mainly changes packages to remove upstream vendor branding and artwor
    k.
  2 CentOS is developed by a small but growing team of core developers.
  3 In turn the core developers are supported by
  4 an active user community including
  5 system administrators, network administrators,
  6 CentOS is an Enterprise-class
  7 Linux Distribution derived from sources freely provided to the public by Red
     Hat,
  8 Inc. for Red Hat Enterprise Linux.
  9 CentOS conforms fully with the upstream vendors redistribution policy and ai
    ms to be functionally compatible.
 10 enterprise users, managers,
 11 core Linux contributors and
 12 Linux enthusiasts from around the world.
 13 CentOS has numerous advantages including:
 14 an active and growing user community,
 15 quickly rebuilt, tested,
 16 and QA'ed errata packages,
 17 an extensive mirror network,
 18 developers who are contactable
 19 and responsive, Special Interest Groups (SIGs)
 20 to add functionality to the core CentOS distribution,
```

图 3-16　将剪切内容粘贴至光标指向位置界面

（4）输入“4j”到第 12 行，移动光标至指定位置界面如图 3-17 所示。输入“d3w”将前三个单词剪切，剪切指定单词界面如图 3-18 所示。再输入“$”来到这行的最后面，输入“p”粘贴，使用“:w”保存，将剪切单词粘贴在光标处，界面如图 3-19 所示。

```
File  Edit  View  Search  Terminal  Help
  1 CentOS is an Enterprise-class
  2 Linux Distribution derived from sources freely provided to the public by Red
     Hat,
  3 Inc. for Red Hat Enterprise Linux.
  4 CentOS conforms fully with the upstream vendors redistribution policy and ai
    ms to be functionally compatible.
  5 CentOS mainly changes packages to remove upstream vendor branding and artwor
    k.
  6 CentOS is developed by a small but growing team of core developers.
  7 In turn the core developers are supported by
  8 an active user community including
  9 system administrators, network administrators,
 10 enterprise users, managers,
 11 core Linux contributors and
 12 Linux enthusiasts from around the world.
 13 CentOS has numerous advantages including:
 14 an active and growing user community,
 15 quickly rebuilt, tested,
 16 and QA'ed errata packages,
 17 an extensive mirror network,
 18 developers who are contactable
 19 and responsive, Special Interest Groups (SIGs)
 20 to add functionality to the core CentOS distribution,
"test.txt" [readonly] 23L, 1054C                           12,1          Top
```

图 3-17　移动光标至指定位置界面

```
File  Edit  View  Search  Terminal  Help
CentOS is an Enterprise-class
Linux Distribution derived from sources freely provided to the public by Red
 Hat,
Inc. for Red Hat Enterprise Linux.
CentOS conforms fully with the upstream vendors redistribution policy and ai
ms to be functionally compatible.
CentOS mainly changes packages to remove upstream vendor branding and artwor
k.
CentOS is developed by a small but growing team of core developers.
In turn the core developers are supported by
an active user community including
system administrators, network administrators,
enterprise users, managers,
core Linux contributors and
around the world.
CentOS has numerous advantages including:
an active and growing user community,
quickly rebuilt, tested,
and QA'ed errata packages,
an extensive mirror network,
developers who are contactable
and responsive, Special Interest Groups (SIGs)
to add functionality to the core CentOS distribution,
W10: Warning: Changing a readonly file
```

图 3-18　剪切指定单词界面

```
File  Edit  View  Search  Terminal  Help
CentOS is an Enterprise-class
Linux Distribution derived from sources freely provided to the public by Red
 Hat,
Inc. for Red Hat Enterprise Linux.
CentOS conforms fully with the upstream vendors redistribution policy and ai
ms to be functionally compatible.
CentOS mainly changes packages to remove upstream vendor branding and artwor
k.
CentOS is developed by a small but growing team of core developers.
In turn the core developers are supported by
an active user community including
system administrators, network administrators,
enterprise users, managers,
core Linux contributors and
a round the world.Linux enthusiasts from
CentOS has numerous advantages including:
an active and growing user community,
quickly rebuilt, tested,
and QA'ed errata packages,
an extensive mirror network,
developers who are contactable
and responsive, Special Interest Groups (SIGs)
to add functionality to the core CentOS distribution,
                                                           12,41          Top
```

图 3-19　将剪切单词粘贴在光标处界面

## 项目小结

通过项目 3 的学习与实践，小李了解了 vim 的三种基本模式，掌握了使用 vim 新建、打开与保存文件的命令，了解了使用 vim 编辑文件的各种方法，学会了如何折叠文本内容，学会了常见的 vim 设置，学会了常见的 vim 应用技巧等，同时对 Linux 系统的命令有了深入的认识。

## 拓展阅读　雪人计划

“雪人计划”是基于全新技术架构的全球下一代互联网（IPv6）根服务器测试和运营实验项目，旨在打破现有的根服务器困局，为下一代互联网提供更多的根服务器解决方案。

“雪人计划”是 2015 年 6 月 23 日在国际互联网名称与数字地址分配机构（ICANN）第 53 届会议上正式对外发布的。发起者包括中国“下一代互联网关键技术和评测北京市工程中心”、日本 WIDE 机构、国际互联网名人堂入选者保罗·维克西博士等全球组织和个人。2019 年 6 月 26 日，工信和信息化部同意中国互联网络信息中心设立域名根服务器及运行机构。“雪人计划”于 2016 年在美国、日本、印度、俄罗斯、德国、法国等全球 16 个国家完成 25 台 IPv6 根服务器架设，其中 1 台主根和 3 台辅根都部署在我国，事实上形成了 13 台原有根加 25 台 IPv6 根的新格局，为建立多边、民主、透明的国际互联网治理体系打下坚实基础。

现有的 DNS 协议中，全球的根服务器数量只能限制在 13 个，“雪人计划”基于 IPv6 等全新技术框架，旨在打破现有国际互联网 13 个根服务器的数量限制，克服根服务器在拓展性、安全性等技术方面的缺陷，制定更完善的下一代互联网根服务器运营规则，为在全球部署下一代互联网根服务器做准备。

根服务器是国际互联网重要的战略基础设施，是互联网通信的“中枢”。“雪人计划”作为一个实验项目，目的并不在于完全改变互联网的运营模式，而在于为真正实现全球互联网的多边共治提供一种解决方案。此外，“雪人计划”通过联合全球机构来做测试和试运营，扫清技术上的障碍，不仅可以争取更多支持者，还能推动在 IETF（国际互联网工程任务组）内相应的标准化进展。

## 习　题

### 一、填空

1. vi/vim 基本共分为三种模式，分别是________、________和________。

2. 在命令模式下，按________可以进入底线命令模式，此时，可以在________后面输入 w、q 等命令对文件进行保存或关闭。

3. 文件保存的命令是________，退出的命令是________，强制保存的命令是________，强制退出的命令是________，退出并保存的组合命令是________。

4. 滚动屏幕的命令有________、________、________和________。

5. 光标上下左右移动可以使用命令________、________、________和________。

6. 设置显示行号的命令是________，显示相对行号的命令是________。

7. 剪切的命令是________，复制的命令是________，粘贴的命令是________，删除的命令是________。

8. 创建折叠的命令是________，打开折叠的命令是________，关闭折叠的命令是________。

## 二、简答

1. 简述“vim”命令的参数以及参数的作用。

2. 在命令模式下如何实现文件的保存，退出并保存，只退出不保存等操作，其具体的命令是什么?

3. 在命令模式下，按下哪些字符可以进入输入模式，常用的命令包括哪些?

4. 在 vim 中，查找和替换的命令是什么？请举例说明。

5. 在 vim 中，移动光标的快捷命令有哪些？请举例说明。

6. 在 vim 中，选中内容后可以用编辑命令对其进行编辑，举例说明有哪些编辑命令，并对命令进行说明。

7. vim 还提供几种可以重复的操作命令？举例说明有哪些命令，并说明含义。

8. 使用 vi/vim 命令用户可以方便快捷地完成哪些有关文件的操作，具体的命令是什么?

9. vim 的默认配置文件存储位置是哪？如果要实现使用 vim 打开的文件全部显示行号该如何实现?

10. vim 的配置文件中常用的属性有哪些?

# 项目 4

# Linux 网络与安全

## 4.1 项目导入

公司系统运维工程师告诉小李，作为 Linux 系统管理员，Linux 系统的网络与安全配置，是网络服务器配置的基础，要了解 Linux 的服务管理、网络配置、防火墙与远程登录等相关知识，掌握开启、关闭服务，放行具体的端口命令方便远程访问和管理，掌握获取防火墙相关信息及版本、配置防火墙等命令。通过本项目，小李将开启 Linux 网络与安全的学习与实践。

## 4.2 学习目标

- 了解服务管理的相关概念。
- 了解远程登录的配置和 Xshell 的使用。
- 了解防火墙的概念。
- 会查看、启动、停止服务。
- 会配置网络。
- 会使用 Xshell 远程登录到服务器。
- 会配置防火墙。
- 增强网络安全意识和岗位责任感。

# 4.3 相关知识

## 4.3.1 管理服务

Linux 系统的服务，是指常驻在内存中持续运行，以提供所需服务（系统或网络服务）的进程。Linux 系统的服务按管理方式主要有两大类，即独立管理服务（stand-alone）和（super-daemon）统一管理服务。

### 1. 服务分类

（1）stand-alone。这种类型的服务机制较为简单，可以独立启动服务，典型的 stand-alone 服务有 httpd 和 ftp。stand-alone 服务有以下三个特点：

①可以自行独立启动，无须通过其他机制的管理。

② stand-alone 服务一旦启动加载到内存后，就会一直占用内存空间和系统资源，直到该服务被停止。

③由于服务一直在运行，所以对 client 的请求有更快的响应速度。

（2）super-daemon。这种管理机制通过一个统一的 daemon 来负责启动和管理其他服务。在 CentOS 7.X 中，super-daemon 就是 xinetd 程序，典型的 super-daemon 服务有 telnet 等。super-daemon 服务有以下三个特点：

①所有的服务由 xinetd 控管，因此对 xinetd 可以有安全控管的机制，如网络防火墙。

② client 请求前，所需服务是未启动的；直到 client 请求服务时，xinetd 才会唤醒相应服务；一旦连接结束后，相应服务会被关闭，所以 super-daemon 服务不会一直占用系统资源。

③有请求才会启动服务，所以 server 端的响应速度不如 stand-alone 服务来得快。

### 2. 启动服务

Linux 中不同的服务都有不同的启动脚本，在服务启动前进行环境的检测、配置文件的分析、PID 文件的规划等相关操作。stand-alone 方式和 super-daemon 方式的启动脚本放置位置有所不同，启动方式自然也是有区别的。

（1）stand-alone 方式启动服务。

①启动脚本。stand-alone 方式的启动脚本位于“/etc/init.d/”目录下，事实上几乎所有的服务启动脚本都在这里，查看服务命令如下：

```
# ls /etc/init.d/
```

执行命令后，服务启动脚本列表界面如图 4-1 所示。

```
[root@localhost ~]# ls /etc/init.d/
functions  mysql  netconsole  network  README
```

图 4-1 服务启动脚本列表界面

②启动方法。由于所有的启动脚本都在“/etc/init.d/”里了，所以可以直接调用，例如调用 MySQL。输入命令如下：

```
# /etc/init.d/mysql
```

执行命令后，执行 mysql 提示信息界面如图 4-2 所示。

```
[root@localhost ~]# ls /etc/init.d/
functions  mysql  netconsole  network  README
[root@localhost ~]# /etc/init.d/mysql
Usage: /etc/init.d/mysql  {start|stop|restart|reload|force-reload|status}  [ MyS
QL server options ]
```

图 4-2　执行 mysql 提示信息界面

在执行调用后会提示“Usage…”，例如，执行“restart”命令，命令如下：

```
# /etc/init.d/mysql restart
```

执行命令后，重启 MySQL 服务提示信息界面如图 4-3 所示。

```
[root@localhost ~]# /etc/init.d/mysql restart
Shutting down MySQL. SUCCESS!
Starting MySQL. SUCCESS!
```

图 4-3　重启 MySQL 服务提示信息界面

（2）super-daemon 方式启动服务

①启动脚本。

super-daemon 方式的启动脚本放在了“/etc/xinetd.d/”中，查看该目录命令如下：

```
# ls /etc/xinetd.d/
```

执行命令后，服务启动脚本列表界面如图 4-4 所示。

```
[root@localhost ~]# ls /etc/xinetd.d/
chargen-dgram   daytime-stream  echo-dgram      telnet
chargen-stream  discard-dgram   echo-stream     time-dgram
daytime-dgram   discard-stream  tcpmux-server   time-stream
```

图 4-4　服务启动脚本列表界面

②查看 super-daemon 方式启动的服务。

- 使用 chkconfig 可以查看 xinetd based services 项中服务的启动情况。

```
# chkconfig
```

执行命令后，结果界面如图 4-5 所示。

```
[root@localhost ~]# chkconfig

注：该输出结果只显示 SysV 服务，并不包含
原生 systemd 服务。SysV 配置数据
可能被原生 systemd 配置覆盖。

      要列出 systemd 服务，请执行 'systemctl list-unit-files'。
      查看在具体 target 启用的服务请执行
      'systemctl list-dependencies [target]'。

mysql           0:关    1:关    2:开    3:开    4:开    5:开    6:关
netconsole      0:关    1:关    2:关    3:关    4:关    5:关    6:关
network         0:关    1:关    2:开    3:开    4:开    5:开    6:关

基于 xinetd 的服务：
        chargen-dgram:  关
        chargen-stream: 关
        daytime-dgram:  关
        daytime-stream: 关
        discard-dgram:  关
        discard-stream: 关
        echo-dgram:     关
        echo-stream:    关
        tcpmux-server:  关
        telnet:         开
        time-dgram:     关
        time-stream:    关
```

图 4-5　执行 chkconfig 命令结果界面

- 直接查看服务的启动脚本。

```
# grep -i 'disable' /etc/xinetd.d/*
```

执行命令后，查看服务的启动界面如图 4-6 所示。

```
[root@localhost xinetd.d]# grep -i 'disable' /etc/xinetd.d/*
/etc/xinetd.d/chargen-dgram:    disable         = yes
/etc/xinetd.d/chargen-stream:   disable         = yes
/etc/xinetd.d/daytime-dgram:    disable         = yes
/etc/xinetd.d/daytime-stream:   disable         = yes
/etc/xinetd.d/discard-dgram:    disable         = yes
/etc/xinetd.d/discard-stream:   disable         = yes
/etc/xinetd.d/echo-dgram:       disable         = yes
/etc/xinetd.d/echo-stream:      disable         = yes
/etc/xinetd.d/tcpmux-server:    disable         = yes
/etc/xinetd.d/telnet:   disable         = no
/etc/xinetd.d/time-dgram:       disable         = yes
/etc/xinetd.d/time-stream:      disable         = yes
```

图 4-6　查看服务的启动界面

**说明**

上面“disable=no”就表示该服务已开启。

③启动方法。

事实上启动脚本中有一项“disable=no”就表示该服务已开启，启动服务的步骤如下：

- 先编辑启动脚本，将需要开启的服务“disable”一项改为“no”。
- 然后重启 xinetd 服务，命令为“systemctl restart xinetd.service”（因为 xinetd 本身是 stand-alone 的服务）。

（3）Linux 服务管理的两种方式

Linux 服务管理的两种方式分别为 systemctl 和 service，具体如下：

① systemctl 命令。

systemd 是 Linux 系统最新的初始化系统，作用是提高系统的启动速度，尽可能启动较少的进程或者尽可能并发启动更多进程。systemd 对应的进程管理命令是 systemctl。

- systemctl 命令兼容了 service。即 systemctl 也会去“/etc/init.d”目录下执行相关程序，如查看 mysql 运行状态、启动和停止 mysql 等，命令如下：

```
# systemctl status mysqld
# systemctl start mysqld
# systemctl stop  mysqld
```

执行后，查询 mysql 状态和启动 mysql 运行结果信息界面如图 4-7 所示。

```
[root@localhost ~]# systemctl status mysqld
● mysqld.service - MySQL Server
   Loaded: loaded (/usr/lib/systemd/system/mysqld.service; enabled; vendor preset: disabled)
   Active: active (running) since 三 2024-12-04 15:21:27 CST; 29s ago
     Docs: man:mysqld(8)
           http://dev.mysql.com/doc/refman/en/using-systemd.html
  Process: 4823 ExecStartPre=/usr/bin/mysqld_pre_systemd (code=exited, status=0/SUCCESS)
 Main PID: 4850 (mysqld)
   Status: "Server is operational"
    Tasks: 38
   CGroup: /system.slice/mysqld.service
           └─4850 /usr/sbin/mysqld

12月 04 15:20:49 localhost.localdomain systemd[1]: Starting MySQL Server...
12月 04 15:21:27 localhost.localdomain systemd[1]: Started MySQL Server.
[root@localhost ~]# systemctl stop mysqld
[root@localhost ~]# systemctl start mysqld
[root@localhost ~]# systemctl status mysqld
● mysqld.service - MySQL Server
   Loaded: loaded (/usr/lib/systemd/system/mysqld.service; enabled; vendor preset: disabled)
   Active: active (running) since 三 2024-12-04 15:27:18 CST; 16s ago
     Docs: man:mysqld(8)
           http://dev.mysql.com/doc/refman/en/using-systemd.html
  Process: 4984 ExecStartPre=/usr/bin/mysqld_pre_systemd (code=exited, status=0/SUCCESS)
 Main PID: 5011 (mysqld)
   Status: "Server is operational"
    Tasks: 38
   CGroup: /system.slice/mysqld.service
           └─5011 /usr/sbin/mysqld

12月 04 15:27:14 localhost.localdomain systemd[1]: Starting MySQL Server...
12月 04 15:27:18 localhost.localdomain systemd[1]: Started MySQL Server.
```

图 4-7　查询 mysql 状态和启动 mysql 运行结果信息界面

- systemctl 命令管理 systemd 的资源 Unit。systemd 的 Unit 放在目录“/usr/lib/systemd/system(Centos)”或“/etc/systemd/system(Ubuntu)”下。

② service 命令。

service 命令其实是在“/etc/init.d”目录下执行相关程序。使用 service 命令查看和启动 mysql 脚本。

- 查看 mysql 的运行状态，命令如下：

```
# service mysqld status
```

执行命令后，查看 mysql 的运行状态界面如图 4-8 所示。

```
[root@localhost ~]# service mysqld status
Redirecting to /bin/systemctl status mysqld.service
● mysqld.service - MySQL Server
   Loaded: loaded (/usr/lib/systemd/system/mysqld.service; enabled; vendor preset: disabled)
   Active: active (running) since 三 2024-12-04 15:27:18 CST; 2min 18s ago
     Docs: man:mysqld(8)
           http://dev.mysql.com/doc/refman/en/using-systemd.html
  Process: 4984 ExecStartPre=/usr/bin/mysqld_pre_systemd (code=exited, status=0/SUCCESS)
 Main PID: 5011 (mysqld)
   Status: "Server is operational"
    Tasks: 37
   CGroup: /system.slice/mysqld.service
           └─5011 /usr/sbin/mysqld

12月 04 15:27:14 localhost.localdomain systemd[1]: Starting MySQL Server...
12月 04 15:27:18 localhost.localdomain systemd[1]: Started MySQL Server.
```

图 4-8　查看 mysql 的运行状态界面

- 启动运行 mysql，命令如下：

```
# service mysqld start
```

执行启动命令，启动 mysql 服务界面如图 4-9 所示。

```
[root@localhost ~]# service mysqld start
Redirecting to /bin/systemctl start mysqld.service
```

图 4-9　启动 mysql 服务界面

3. 查看正在运行的服务

Linux 的 ps 命令用于显示当前进程（process）的状态。语法如下：

语法

```
ps [options] [--help]
```

ps 可使用选项的说明如表 4-1 所示。

表 4-1　ps 选项说明

| 选　项 | 说　明 |
| --- | --- |
| -A | 列出所有的行程 |
| -w | 显示加宽可以显示较多的信息 |
| -a | 显示现行终端机下的所有进程，包括其他用户的进程 |
| -u | 以用户为主的进程状态 |
| x | 通常与 a 这个参数一起使用，可列出较完整信息 |
| -au | 显示较详细的信息 |
| -aux | 显示所有包含其他使用者的行程 |
| au(x) | 按格式输出，格式为：USER PID %CPU %MEM VSZ RSS TTY STAT START TIME COMMAND。列的说明如下：<br>USER：行程拥有者<br>PID：pid<br>%CPU：占用的 CPU 使用率<br>%MEM：占用的记忆体使用率<br>VSZ：占用的虚拟记忆体大小<br>RSS：占用的记忆体大小<br>TTY：终端的次要装置号码（minor device number of tty）<br>STAT：该行程的状态，说明如下：<br>D：不可中断的静止<br>R：正在执行中<br>S：静止状态<br>T：暂停执行<br>Z：不存在但暂时无法消除<br>W：没有足够的记忆体分页可分配<br><：高优先序的行程<br>N：低优先序的行程<br>L：有记忆体分页分配并锁在记忆体内<br>START：行程开始时间<br>TIME：执行的时间<br>COMMAND：所执行的指令 |

（1）使用 ps 命令列出所有的行程，命令如下：

```
# ps -A
```

执行该命令显示了进程的信息，显示部分进程信息界面如图 4-10 所示。

```
[root@localhost ~]# ps -A
  PID TTY          TIME CMD
    1 ?        00:00:04 systemd
    2 ?        00:00:00 kthreadd
    3 ?        00:00:00 ksoftirqd/0
    5 ?        00:00:00 kworker/0:0H
    7 ?        00:00:00 migration/0
    8 ?        00:00:00 rcu_bh
    9 ?        00:00:00 rcu_sched
   10 ?        00:00:00 lru-add-drain
   11 ?        00:00:00 watchdog/0
   13 ?        00:00:00 kdevtmpfs
   14 ?        00:00:00 netns
   15 ?        00:00:00 khungtaskd
   16 ?        00:00:00 writeback
   17 ?        00:00:00 kintegrityd
   18 ?        00:00:00 bioset
   19 ?        00:00:00 kblockd
   20 ?        00:00:00 md
   21 ?        00:00:00 edac-poller
   27 ?        00:00:00 kswapd0
   28 ?        00:00:00 ksmd
   29 ?        00:00:00 khugepaged
   30 ?        00:00:00 crypto
   38 ?        00:00:00 kthrotld
```

图 4-10　显示部分进程信息界面

（2）使用 ps 命令列出显示指定进程用户信息，例如显示 root 进程用户信息命令如下：

```
# ps -u root
```

执行该命令后，显示 root 进程用户信息界面如图 4-11 所示。

```
[root@localhost ~]# ps -u root
  PID TTY          TIME CMD
    1 ?        00:00:05 systemd
    2 ?        00:00:00 kthreadd
    3 ?        00:00:00 ksoftirqd/0
    5 ?        00:00:00 kworker/0:0H
    7 ?        00:00:00 migration/0
    8 ?        00:00:00 rcu_bh
    9 ?        00:00:00 rcu_sched
   10 ?        00:00:00 lru-add-drain
   11 ?        00:00:00 watchdog/0
   13 ?        00:00:00 kdevtmpfs
   14 ?        00:00:00 netns
   15 ?        00:00:00 khungtaskd
   16 ?        00:00:00 writeback
   17 ?        00:00:00 kintegrityd
   18 ?        00:00:00 bioset
   19 ?        00:00:00 kblockd
   20 ?        00:00:00 md
   21 ?        00:00:00 edac-poller
   27 ?        00:00:00 kswapd0
   28 ?        00:00:00 ksmd
   29 ?        00:00:00 khugepaged
   30 ?        00:00:00 crypto
   38 ?        00:00:00 kthrotld
```

图 4-11　显示 root 进程用户信息界面

（3）显示所有进程信息，连同命令行，命令如下：

```
# ps -ef
```

执行该命令后，显示部分进程信息，如图 4-12 所示。

```
[root@localhost ~]# ps -ef
UID          PID   PPID  C STIME TTY          TIME CMD
root           1      0  0 19:14 ?        00:00:05 /usr/lib/systemd/systemd --swi
root           2      0  0 19:14 ?        00:00:00 [kthreadd]
root           3      2  0 19:14 ?        00:00:00 [ksoftirqd/0]
root           5      2  0 19:14 ?        00:00:00 [kworker/0:0H]
root           7      2  0 19:14 ?        00:00:00 [migration/0]
root           8      2  0 19:14 ?        00:00:00 [rcu_bh]
root           9      2  0 19:14 ?        00:00:00 [rcu_sched]
root          10      2  0 19:14 ?        00:00:00 [lru-add-drain]
root          11      2  0 19:14 ?        00:00:00 [watchdog/0]
```

图 4-12　显示部分进程信息的界面

4. 停止服务

Linux 的 kill 命令用于删除执行中的程序或工作。

**语法**

```
kill [-s <信息名称或编号>] [程序]
```

或

```
kill [-l <信息编号>]
```

kill 命令可使用的选项说明如表 4-2 所示。

表 4-2　kill 的选项说明

| 选　项 | 说　明 |
| --- | --- |
| -l <信息编号> | 若不加 <信息编号> 选项，则 -l 参数会列出全部的信息名称 |
| -s <信息名称或编号> | 指定要送出的信息 |
| [程序] | 可以是程序的 PID 或 PGID，也可以是工作编号 |

（1）假设存在 PID 为 123456 的进程，可以对该进程操作如下：

①杀死进程 123456，输入如下命令：

```
# kill 123456
```

②发送 SIGHUP 信号，可以使用如下命令：

```
# kill -HUP 123456
```

③彻底杀死进程 123456，输入如下命令：

```
# kill -9 123456
```

（2）显示信号，输入如下命令：

```
# kill -l
```

执行该命令后，显示信号界面如图 4-13 所示。

```
[root@localhost ~]# kill -l
 1) SIGHUP       2) SIGINT       3) SIGQUIT      4) SIGILL       5) SIGTRAP
 6) SIGABRT      7) SIGBUS       8) SIGFPE       9) SIGKILL     10) SIGUSR1
11) SIGSEGV     12) SIGUSR2     13) SIGPIPE     14) SIGALRM     15) SIGTERM
16) SIGSTKFLT   17) SIGCHLD     18) SIGCONT     19) SIGSTOP     20) SIGTSTP
21) SIGTTIN     22) SIGTTOU     23) SIGURG      24) SIGXCPU     25) SIGXFSZ
26) SIGVTALRM   27) SIGPROF     28) SIGWINCH    29) SIGIO       30) SIGPWR
31) SIGSYS      34) SIGRTMIN    35) SIGRTMIN+1  36) SIGRTMIN+2  37) SIGRTMIN+3
38) SIGRTMIN+4  39) SIGRTMIN+5  40) SIGRTMIN+6  41) SIGRTMIN+7  42) SIGRTMIN+8
43) SIGRTMIN+9  44) SIGRTMIN+10 45) SIGRTMIN+11 46) SIGRTMIN+12 47) SIGRTMIN+13
48) SIGRTMIN+14 49) SIGRTMIN+15 50) SIGRTMAX-14 51) SIGRTMAX-13 52) SIGRTMAX-12
53) SIGRTMAX-11 54) SIGRTMAX-10 55) SIGRTMAX-9  56) SIGRTMAX-8  57) SIGRTMAX-7
58) SIGRTMAX-6  59) SIGRTMAX-5  60) SIGRTMAX-4  61) SIGRTMAX-3  62) SIGRTMAX-2
63) SIGRTMAX-1  64) SIGRTMAX
```

图 4-13　显示信号界面

（3）杀死指定用户所有进程。

例如，杀死 hnlinux 用户进程，输入命令如下：

```
# kill -9 $(ps -ef | grep hnlinux)
```

或

```
# kill -u hnlinux
```

**练一练**

1. 实践要求

使用服务操作常用命令完成服务操作，要求实现以下功能：

（1）查看正在运行的所有服务。

（2）找到防火墙服务并停止服务。

（3）重新启动防火墙服务。

2. 实践建议

（1）使用 ps -A 命令查看正在运行的所有服务。

（2）使用 kill 命令杀掉防火墙服务。

（3）使用 service 命令启动防火墙服务。

（4）使用 service 命令停止防火墙服务。

### 4.3.2　配置网络

1. 修改网络配置文件

（1）定向到 network-scripts 目录，命令如下：

```
# cd /etc/sysconfig/network-scripts
```

（2）为了数据安全，在修改配置文件时，事先对配置文件进行备份，命令如下：

```
#cp ifcfg-ens33  ./ifcfg-ens33.bak
```

（3）以 ifcfg-ens33 网络配置文件为例，按步骤进行配置。

① ifcfg-ens33 配置内容以及说明如下：

DEVICE=ens33——网卡设备名。

HWADDR=00:0C:29:01:4D:22——MAC 地址。

TYPE=Ethernet——类型为以太网。

UUID=39b9e1b8-73b2-4eb3-bb79-72cdbacdd997——唯一识别码。

ONBOOT=yes——是否启动网络服务，ens33 生效。

NM_CONTROLLED=yes——是否可以由 network manager 图形管理工具托管。

BOOTPROTO=static——是否自动获取 ip（none、static、dhcp）。

IPADDR=192.168.0.118——具体 ip 地址。

NETMASK=255.255.255.0——子网掩码设置。

GATEWAY=192.168.0.1——网关。

DNS1=114.114.114.114——DNS。

IPV6INIT=no——IPV6 未开启。

USERCTL=no——禁止非 root 用户控制网卡。

②配置好网络，保存退出，命令如下：

```
:wq
```

③重新启动网络配置，命令如下：

```
# service network restart
```

### 2. 修改主机名配置

修改主机名的主要作用是方便访问计算机。

（1）修改主机名，命令如下：

```
# vi  /etc/hostname
```

将主机名称修改为“master”。

（2）主机名查询静态表配置步骤如下：

①编辑 hosts 文件，命令如下：

```
# vi  /etc/hosts
```

②追加如下配置：

```
192.168.1.100  master
```

## 练一练

### 1. 实践要求

使用网络配置常用命令完成服务操作，要求实现以下功能：

（1）修改网卡配置文件，改为启用状态，并修改为自动获取 IP。

（2）保存并重启网络服务。

（3）查看 ip 分配情况。

### 2. 实践建议

（1） 使用 vim 修改网卡配置文件。

（2）使用 service 命令重启网络服务。

（3）使用 ip addr 命令查看 ip 分配情况。

### 4.3.3　远程登录

Xshell 是一个强大的安全终端模拟软件，它支持 SSH1、SSH2，以及 Microsoft Windows 平台的 TELNET 协议。Xshell 通过互联网连接到远程主机，以及它创新性的设计和特色帮助用户在复杂的网络环境中享受他们的工作。

Xshell 可以在 Windows 界面下访问远端不同系统下的服务器，从而比较好地达到远程控制终端的目的。除此之外，其还有丰富的外观配色方案以及样式选择。

#### 1. 查看 IP 地址

在进行远程连接的时候，需要事先知道目标计算机的 IP 地址，可使用以下命令获取计算机的 IP 地址，命令如下：

```
# ip addr
```

执行当前命令，获取目标计算机的地址信息界面如图 4-14 所示。

```
[root@localhost ~]# ip addr
1: lo: <LOOPBACK,UP,LOWER_UP> mtu 65536 qdisc noqueue state UNKNOWN group defaul
t qlen 1000
    link/loopback 00:00:00:00:00:00 brd 00:00:00:00:00:00
    inet 127.0.0.1/8 scope host lo
       valid_lft forever preferred_lft forever
    inet6 ::1/128 scope host
       valid_lft forever preferred_lft forever
2: ens33: <BROADCAST,MULTICAST,UP,LOWER_UP> mtu 1500 qdisc pfifo_fast state UP g
roup default qlen 1000
    link/ether 00:0c:29:b9:6b:1e brd ff:ff:ff:ff:ff:ff
    inet 192.168.200.6/24 brd 192.168.200.255 scope global noprefixroute dynamic
 ens33
       valid_lft 1757sec preferred_lft 1757sec
    inet6 fe80::300a:110d:b0f3:4825/64 scope link noprefixroute
       valid_lft forever preferred_lft forever
3: virbr0: <NO-CARRIER,BROADCAST,MULTICAST,UP> mtu 1500 qdisc noqueue state DOWN
 group default qlen 1000
    link/ether 52:54:00:a9:89:bd brd ff:ff:ff:ff:ff:ff
    inet 192.168.122.1/24 brd 192.168.122.255 scope global virbr0
       valid_lft forever preferred_lft forever
4: virbr0-nic: <BROADCAST,MULTICAST> mtu 1500 qdisc pfifo_fast master virbr0 sta
te DOWN group default qlen 1000
    link/ether 52:54:00:a9:89:bd brd ff:ff:ff:ff:ff:ff
```

图 4-14　获取目标计算机的地址信息界面

#### 2. 在 Xshell 中配置目标计算机连接信息

使用 Xshell 进行远程连接时，需要事先对 Xshell 进行连接配置，配置步骤如下：

（1）运行 Xshell，单击“新建”按钮，添加连接对象。在打开的对话框中填写名称、协议、主机和端口号。其中协议选择“SSH”，端口为“22”，单击“确定”按钮。界面如图 4-15 所示。

（2）单击“连接”按钮，输入用户名和密码就可以连接到 Linux 系统了。SSH 用户名对话框界面如图 4-16 所示，密码输入对话框界面如图 4-17 所示。

新建会话 (3)属性
类别(C):
连接
用户身份验证
登录提示符
登录脚本
SSH
安全性
隧道
SFTP
TELNET
RLOGIN
SERIAL
代理
终端
键盘
VT 模式
高级
外观
边距
高级
跟踪
日志记录
ZMODEM
连接
常规
名称(N): 测试
协议(P): SSH
主机(H): 192.168.200.6
端口号(O): 22
保持活动状态
连接会话期间发送保持活动状态消息(S)
间隔(I): 60 秒
网络空闲时发送字符串(R)
间隔(E): 0 秒 字符串(G):
网络为空闲状态时发送TCP保持活动数据包(T)
重新连接
连接异常关闭时自动重新连接(A)
间隔(V): 0 秒 限制(L): 0 分钟
确定
取消

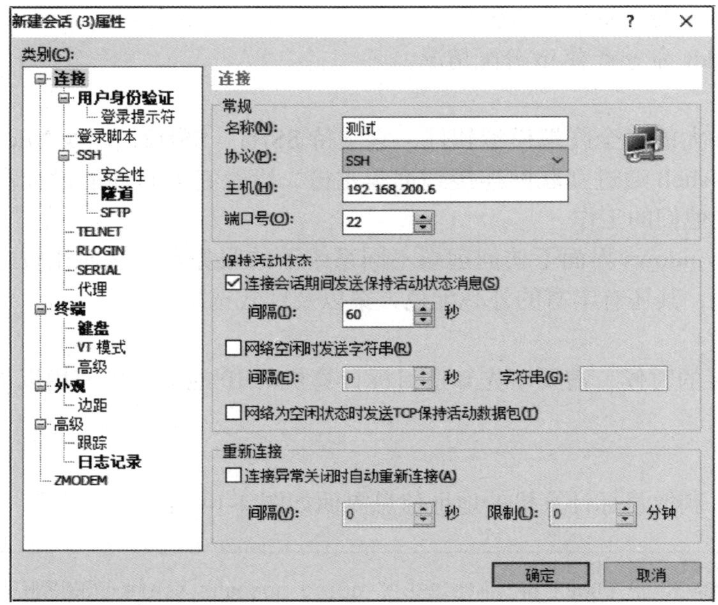

图 4-15　对话框界面

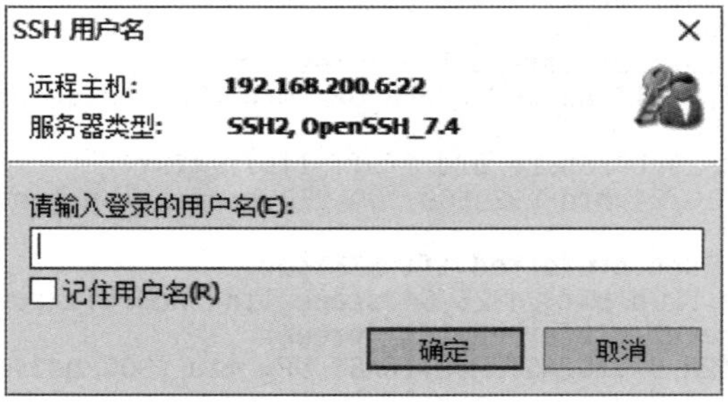

SSH 用户名
远程主机: 192.168.200.6:22
服务器类型: SSH2, OpenSSH_7.4
请输入登录的用户名(E):
记住用户名(R)
确定
取消

图 4-16　SHH 用户名输入对话框界面

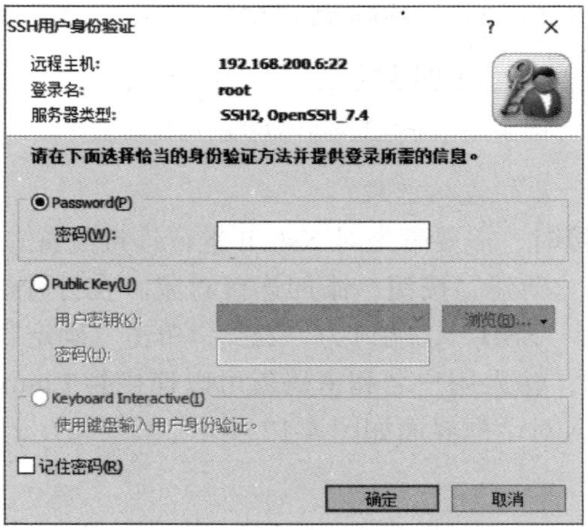

SSH用户身份验证
远程主机: 192.168.200.6:22
登录名: root
服务器类型: SSH2, OpenSSH_7.4
请在下面选择恰当的身份验证方法并提供登录所需的信息。
Password(P)
密码(W):
Public Key(U)
用户密钥(K):
浏览(B)...
密码(H):
Keyboard Interactive(I)
使用键盘输入用户身份验证。
记住密码(R)
确定
取消

图 4-17　密码输入对话框界面

3. 文件上传与下载

需要上传或者下载文件，可以单击“新建文件传输”按钮，弹出“文件上传”对话框，进行文件的上传，文件上传对话框界面如图 4-18 所示。

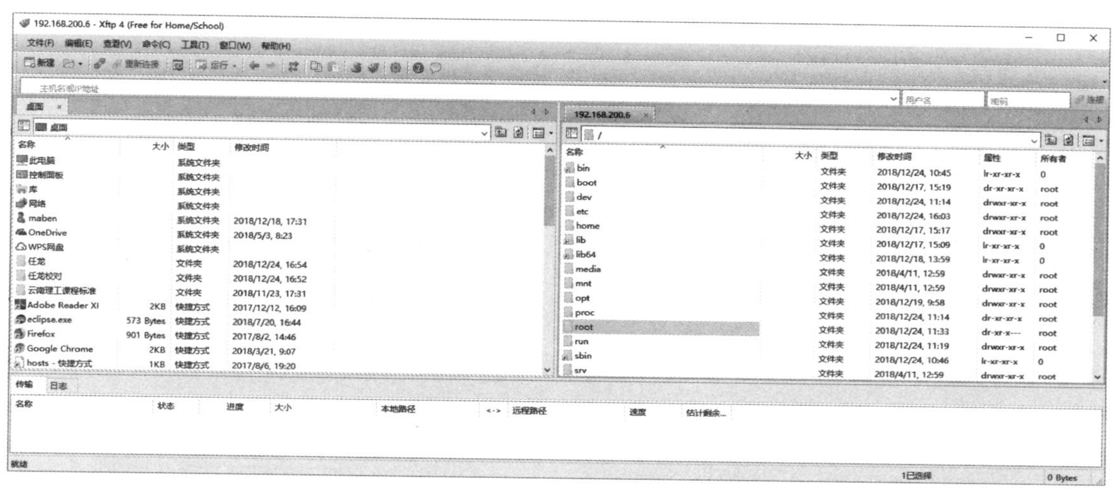


图 4-18　文件上传窗口界面

**注意：**

文件的上传与下载，需安装 Xftp。

4.SSH 配置与 Xshell 设置

SSH 登录提供两种认证方式：口令（密码）认证方式和密钥认证方式。其中口令（密码）认证方式是最常用的一种，这里介绍密钥认证方式登录到 linux/unix 的方法。使用密钥登录分为三步：生成密钥（公钥与私钥）；放置公钥到服务器“~/.ssh/authorized_key”文件中；配置 SSH 客户端使用密钥登录。

（1）生成密钥（公钥与私钥）。

①打开 Xshell，在菜单栏单击“工具”→“新建用户密钥生成向导”命令，“新建用户密钥生成向导”菜单界面如图 4-19 所示。

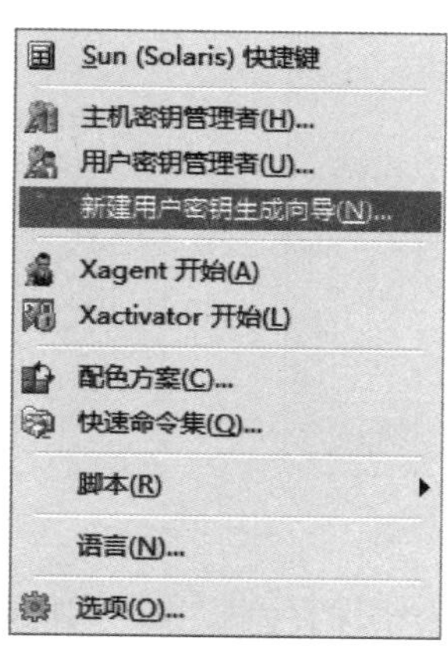


图 4-19　“新建用户密钥生成向导”菜单界面

②弹出“新建用户密钥生成向导”对话框，在“密钥类型”中选择“DSA”（公钥加密算法），“密钥长度”选择任意密钥长度，长度越长，安全性越高，“新建用户密钥生成向导”对话框界面如图 4-20 所示。

③单击“下一步”按钮，等待密钥生成，“生成公钥对”对话框界面如图 4-21 所示。

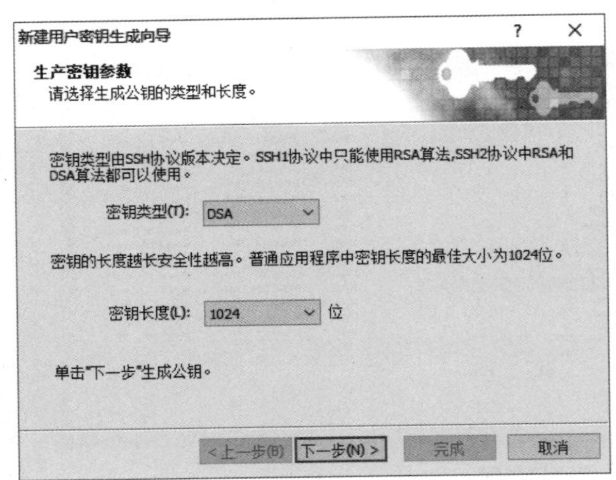


图 4-20　“新建用户密钥生成向导”对话框界面

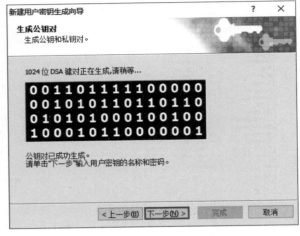

新建用户密钥生成向导
生成公钥对
生成公钥和私钥对。
1024 位 DSA 键对正在生成,请稍等...
0011011111100000
0010101101110110
0101010001100100
1000101100000001
公钥对已成功生成。
请单击"下一步"输入用户密钥的名称和密码。
< 上一步(B)　下一步(N) >　完成　取消

图 4-21　“生成公钥对”对话框界面

④继续单击“下一步”按钮，在“密钥名称”中输入 Key 的文件名称，这里为“id_dsa_1024”；在“密码”处输入加密私钥，并再次输入密码确认，“用户密钥信息”对话框界面如图 4-22 所示。

⑤单击“下一步”按钮，密钥生成完毕（Public key Format 选择 SSH2-OpenSSH 格式），这里显示的是公钥，可以复制公钥然后再保存，也可以直接保存公钥到文件，“公钥注册”对话框界面如图 4-23 所示。

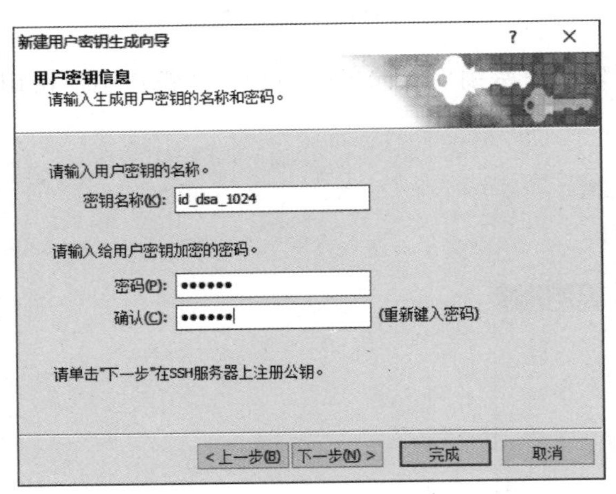


图 4-22　“用户密钥信息”对话框界面

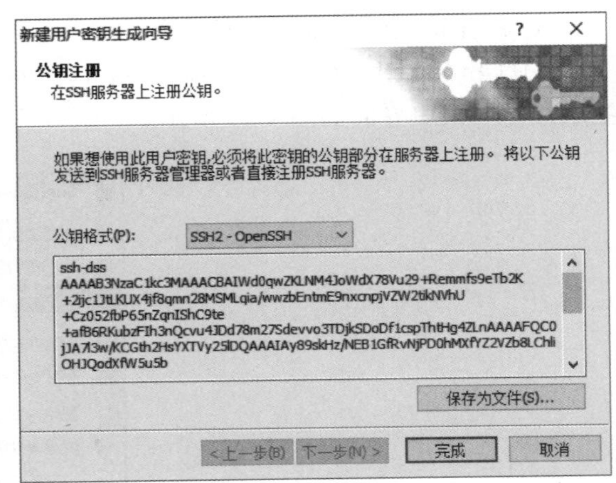


图 4-23　“公钥注册”对话框界面

⑥单击“保存为文件”按钮，将公钥保存到磁盘，文件名为“id_dsa_1024.pub”，以供备用，最后单击“完成”按钮即可。

⑦公钥保存完后，接下来为私钥文件。单击“导出”，导出为私钥文件，用来打开刚才的公钥，请妥善保管，导出私钥文件界面如图 4-24 所示。

⑧单击“保存”按钮后，会弹出“密码”对话框，输入刚才设置的密码，再单击“确定”按钮即可，“密码”对话框界面如图 4-25 所示。

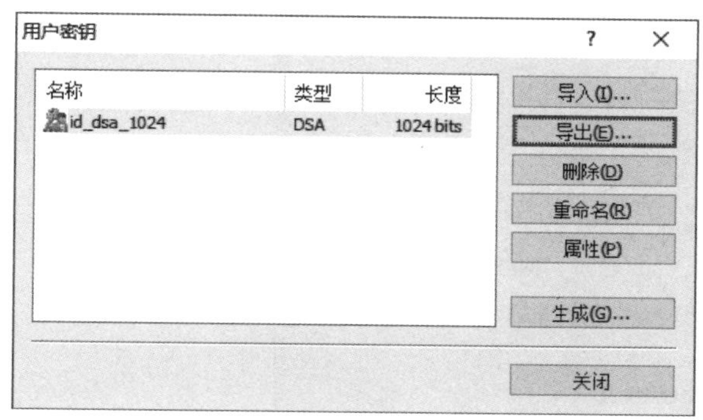


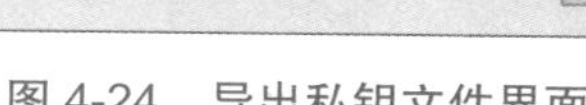

图 4-24 导出私钥文件界面

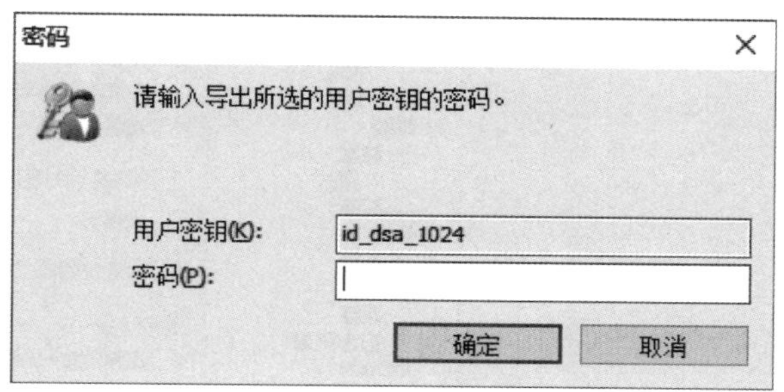


图 4-25 “密码”对话框界面

**注意：**

上面的步骤只是生成公钥和私钥的过程，接下来就是要将刚才生成的公钥放到要管理的服务器上。

（2）放置公钥到服务器“~/.ssh/authorized_key”文件中。

使用 Xshell 登录到服务器，进入“/root/.ssh/”目录，将 key.pub 发送到服务器，然后运行如下命令，将公钥导入到“authorized_keys”文件，命令如下：

```
# cat id_dsa_1024.pub >authorized_keys
# cat authorized_keys
# chmod 600 authorized_keys
```

执行命令后，将公钥导入到“authorized_keys”文件界面如图 4-26 所示。

```
[root@localhost .ssh]# ls
id_dsa_1024.pub
[root@localhost .ssh]# cat id_dsa_1024.pub >authorized_keys
[root@localhost .ssh]# cat authorized_keys
ssh-dss AAAAB3NzaC1kc3MAAACBAIWd0qwZKLNM4JoWdX78Vu29+Remmfs9eTb2K+2ijc1JtLKUX4jf
8qmn28MSMLqia/wwzbEntmE9nxcnpjVZW2tikNVhU+Cz052fbP65nZqnIShC9te+afB6RKubzFIh3nQc
vu4JDd78m27Sdevvo3TDjkSDoDf1cspThtHg4ZLnAAAAFQC0jJA7l3w/KCGth2HsYXTVy25lDQAAAIAy
89skHz/NEB1GfRvNjPD0hMXfYZ2VZb8LChliOHJQodXfW5u5b+WpN3w53963yHeXWh/bXKKQIeIS7kKz
NXtUEK3wGFVauHZkTRfxXUwDSvbBidmNQ2hRgSZSjtbd1uG7Sn1fTSWGAf29nqw5wY7RWb0GqX13WbpL
jFBGloHBQAAAAIBgWFdEBMfAMCLcWF34d+iyqJrLFkKQt7xOCjkiEIsK43KIr1S9+pnW1t2ImPDgHfRh
ZlMCvV8dydQUoPi7BmPzFM+WYABoym3JhYxwFTnaYKY7xcv8LeFKk1szgrP4Yh9rCSY1iBdmiz9hoouj
ttYazdVfeudOYfP9G9L6dB05MQ==[root@localhost .ssh]#
[root@localhost .ssh]# chmod 600 authorized keys
```

图 4-26 公钥导入到“authorized_keys”文件界面

（3）配置 SSH 客户端使用密钥登录。

①打开 Xshell，单击“新建”按钮，弹出“New Session Properties”对话框，在“连接”栏目中，输入刚刚配置好公钥的计算机 IP 地址和端口，输入目标计算机的 IP 与端口号，界面如图 4-27 所示。

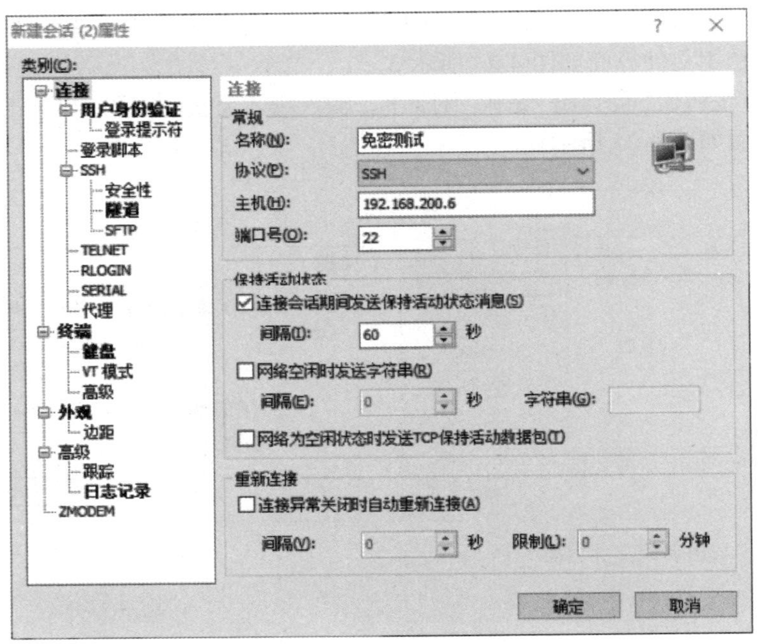


图 4-27　输入目标计算机的 IP 与端口号界面

②在用户身份认证的窗口输入认证方法为“public key”，用户可使用“root”，从用户密钥处选择刚生成的私钥文件，并在下面的密码框中输入设置的密码，输入完成后单击“确认”按钮，并进行连接。“用户身份验证”对话框界面如图 4-28 所示。

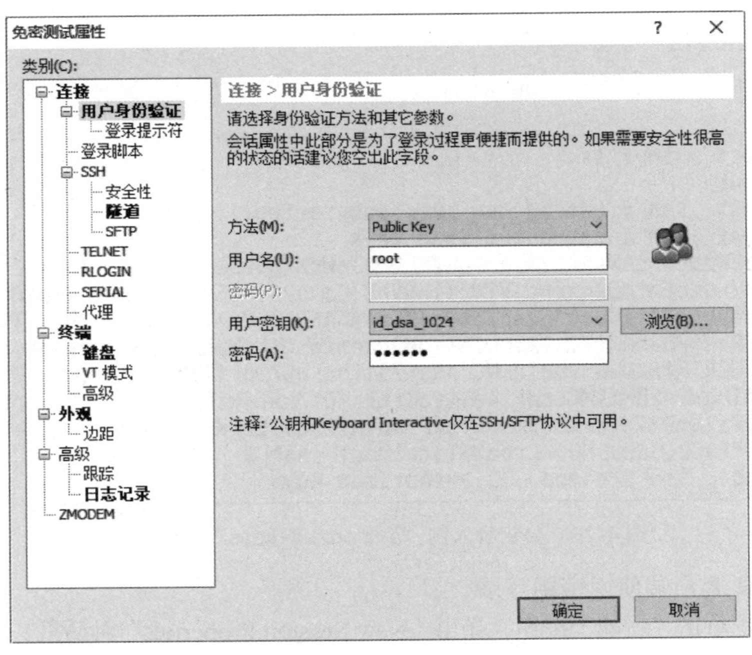


图 4-28　“用户身份验证”对话框界面

练一练

1. 实践要求

使用 Xshell 完成远程操作，要求实现以下功能：

（1）配置 Xshell，并远程登录到 Linux 中。

（2）实现 Xshell，并进行文件上传与下载。

（3）配置 SSH，使用 Xshell 通过 SSH 远程登录。

2. 实践建议

（1）在 Linux 中设置好账号与密码，并查看 IP 地址。

（2）在 Xshell 配置好远程登录的 IP 以及账号与密码，登录到 Linux 中。

（3）在 Xshell 中上传文件和下载文件的目录。

（4）在 Linux 中免密，并使用 Xshell 进行免密登录。

### 4.3.4　配置防火墙和网络安全

1.firewalld 服务的基本使用

（1）查看防火墙状态，命令如下：

```
# systemctl status firewalld
```

执行命令后，执行查看防火墙状态命令输出信息界面如图 4-29 所示。

```
[root@localhost ~]# systemctl status firewalld
● firewalld.service - firewalld - dynamic firewall daemon
   Loaded: loaded (/usr/lib/systemd/system/firewalld.service; disabled; vendor preset:
enabled)
   Active: inactive (dead)
     Docs: man:firewalld(1)
```

图 4-29　执行查看防火墙状态命令输出信息界面

（2）开启防火墙，命令如下：

```
# systemctl start firewalld
```

执行开启防火墙命令后，再查看防火墙状态，开启和查看防火墙输出信息界面如图 4-30 所示。

```
[root@localhost ~]# systemctl start firewalld
[root@localhost ~]# systemctl status firewalld
● firewalld.service - firewalld - dynamic firewall daemon
   Loaded: loaded (/usr/lib/systemd/system/firewalld.service; disabled; vendor preset:
enabled)
   Active: active (running) since 一 2018-12-24 18:37:55 PST; 3s ago
     Docs: man:firewalld(1)
 Main PID: 4162 (firewalld)
    Tasks: 2
   CGroup: /system.slice/firewalld.service
           └─4162 /usr/bin/python -Es /usr/sbin/firewalld --nofork --nopid

12月 24 18:37:54 localhost.localdomain systemd[1]: Starting firewalld - dynamic fi....
12月 24 18:37:55 localhost.localdomain systemd[1]: Started firewalld - dynamic fir....
Hint: Some lines were ellipsized, use -l to show in full.
```

图 4-30　启动和查看防火墙输出信息界面

（3）关闭防火墙，命令如下：

```
# systemctl stop firewalld
```

（4）开机启用防火墙，命令如下：

```
# systemctl enable firewalld
```

（5）开机禁用防火墙，命令如下：

```
# systemctl disable firewalld
```

（6）重启防火墙服务，命令如下：

```
# systemctl restart firewalld
```

（7）查看防火墙服务是否开机启动，命令如下：

```
# systemctl is-enabled firewalld
```

（8）查看已启动的服务列表，命令如下：

```
# systemctl list-unit-files|grep enabled
```

（9）查看启动失败的服务列表，命令如下：

```
# systemctl --failed
```

### 2.firewalld-cmd 使用

（1）查看防火墙版本，命令如下：

```
# firewall-cmd --version
```

执行命令后，防火墙版本信息界面如图 4-31 所示。

```
[root@localhost ~]# firewall-cmd --version
0.4.4.4
[root@localhost ~]#
```

图 4-31　防火墙版本信息界面

（2）查看帮助，命令如下：

```
# firewall-cmd --help
```

（3）显示状态，命令如下：

```
# firewall-cmd --state
```

（4）更新防火墙规则，命令如下：

```
# firewall-cmd --reload
```

（5）查看区域信息，命令如下：

```
# firewall-cmd --get-active-zones
```

（6）查看指定接口所属区域，命令如下：

```
# firewall-cmd --get-zone-of-interface=ens33
```

（7）拒绝所有包，命令如下：

```
# firewall-cmd --panic-on
```

（8）取消拒绝状态，命令如下：

```
# firewall-cmd --panic-off
```

（9）查看是否拒绝，命令如下：

```
# firewall-cmd --query-panic
```

3. 开启端口

（1）添加端口命令如下：

```
# firewall-cmd  --zone=public  --add-port=80/tcp --permanent
//permanent永久生效，没有此参数重启后失效
```

（2）重新载入防火墙命令如下：

```
# firewall-cmd --reload
```

（3）查看端口命令如下：

```
# firewall-cmd  --zone=public  --query-port=80/tcp
```

（4）删除端口命令如下：

```
# firewall-cmd  --zone=public  --remove-port=80/tcp  --permanent
```

练一练

1. 实践要求

使用防火墙相关命令完成网络安全配置操作，要求实现以下功能：

（1）开启与关闭防火墙。

（2）查看防火墙版本信息以及查看帮助。

（3）开启一个 8080 端口，并查看端口。

2. 实践建议

（1）使用“systemctl status firewalld”命令查看防火墙状态，使用“systemctl start firewalld”命令开启防火墙，使用“systemctl stop firewalld”命令关闭防火墙。

（2）使用“firewall-cmd --version”查看防火墙版本信息，使用“firewall-cmd --help”查看帮助。

（3）使用命令“firewall-cmd --zone=public --add-port=8080/tcp --permanent”开启一个 8080 端口。

## 4.4 项目准备

### 4.4.1 需求说明

（1）在图形配置界面中设置网卡 1 的网络接口配置，重启网络服务。IP 地址：192.168.100.10/24，默认网关：192.168.100.2，DNS 地址：192.168.100.2。

（2）添加一块网卡 2，编辑网卡 2 的配置文件，各参数同上，重启网络服务。

（3）查看 IP 配置是否成功，并检测网络是否联通。

（4）远程登录到服务器，查询防火墙版本、帮助。

（5）为防火墙开启端口 8081，查看防火墙状态，如果防火墙是开启的，则关闭防火墙。

### 4.4.2 实现思路

（1）使用 nmtui 命令进行图形配置，将指定 IP 地址配置给网卡 1，重启网络服务。

（2）利用 vi 编辑器修改网卡 2 配置文件的内容，重启网络服务。

（3）用 ipconfig、ping 命令查看 IP 配置情况、网络联通情况。

（4）使用 Xshell 工具远程连接 Linux 服务器，使用命令“firewall-cmd --version”“firewall-cmd --help”查看防火墙版本、帮助，使用命令“systemctl status firewalld”查询防火墙的状态，最后关闭防火墙。

## 4.5 项目实施

### 4.5.1 设置 IP 地址，实现与互联网的连接

1. 设置为 NAT 网络连接模式和子网 IP 地址

视 频

配置网络实践项目

（1）在“虚拟机设置”界面，单击“硬件”选项卡中“网络适配器”选项，在右边网络连接分组中单击“NAT 模式”单选按钮，单击“确定”按钮，如图 4-32 所示。

图 4-32 “虚拟机设置”界面

（2）单击“编辑”→“虚拟网络编辑器”命令，打开“虚拟网络编辑器”界面，单击“NAT 模式”单选按钮，将子网 IP 设置为 192.168.100.0，单击“确定”按钮，如图 4-33 和图 4-34 所示。

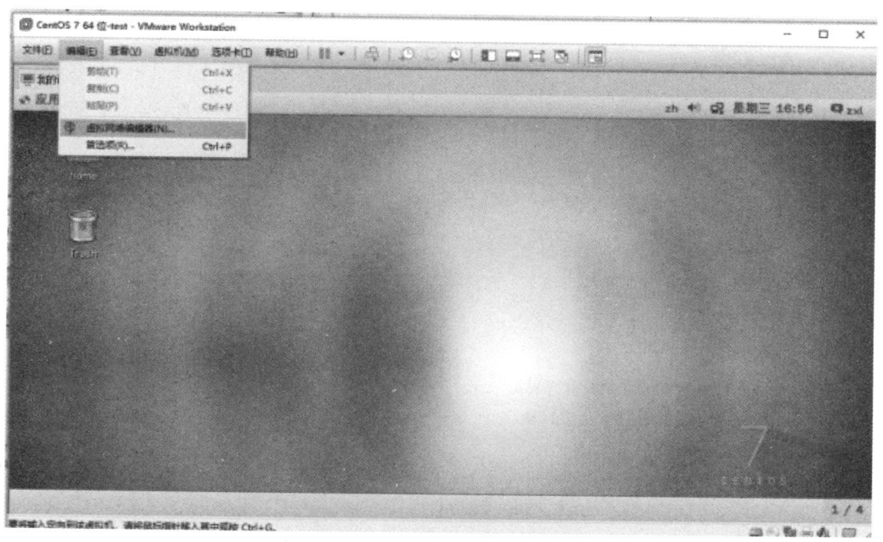


图 4-33　“编辑”菜单界面

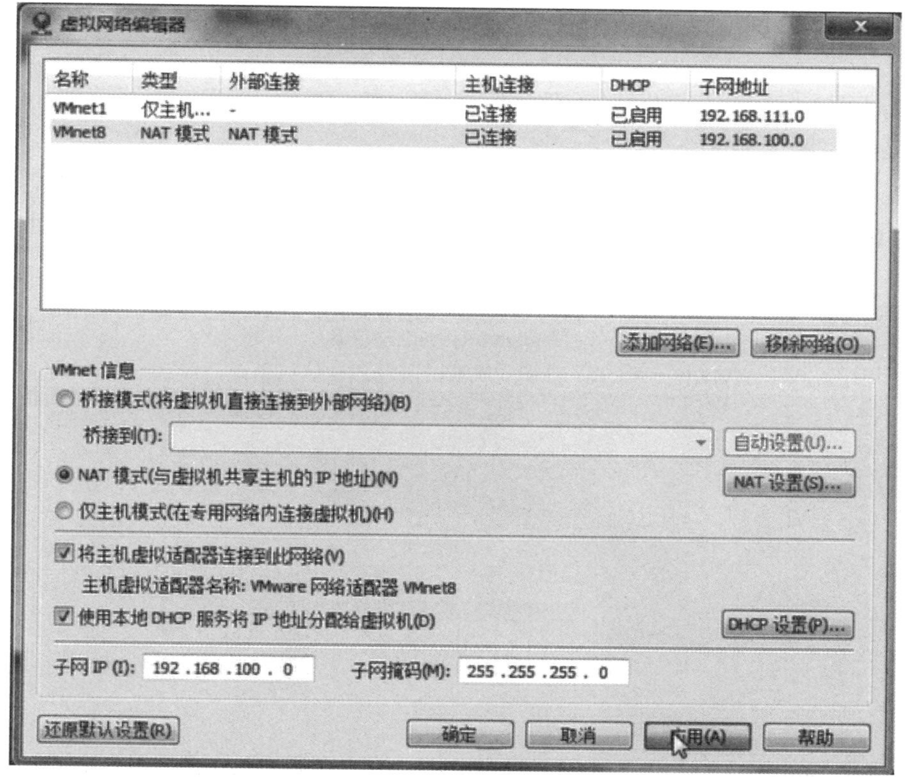


图 4-34　“虚拟网络编辑器”界面

（3）在图 4-34 中单击“NAT 设置”，打开“NAT 设置”界面，查看“网关”IP 为 192.168.100.2，如图 4-35 所示。

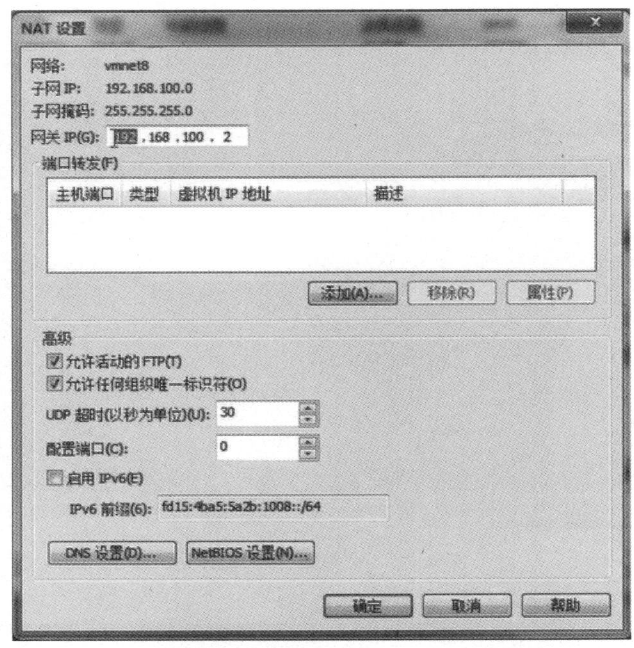


图 4-35 “NAT 设置”界面

2. 使用 nmtui 命令设置 IP 地址

（1）在命令行输入如下命令：

```
# nmtui
```

打开“网络管理”界面，如图 4-36 所示，选择第一个选项“Edit a connection”时，按【Enter】键，打开网卡 1 设置界面，如图 4-37 所示。

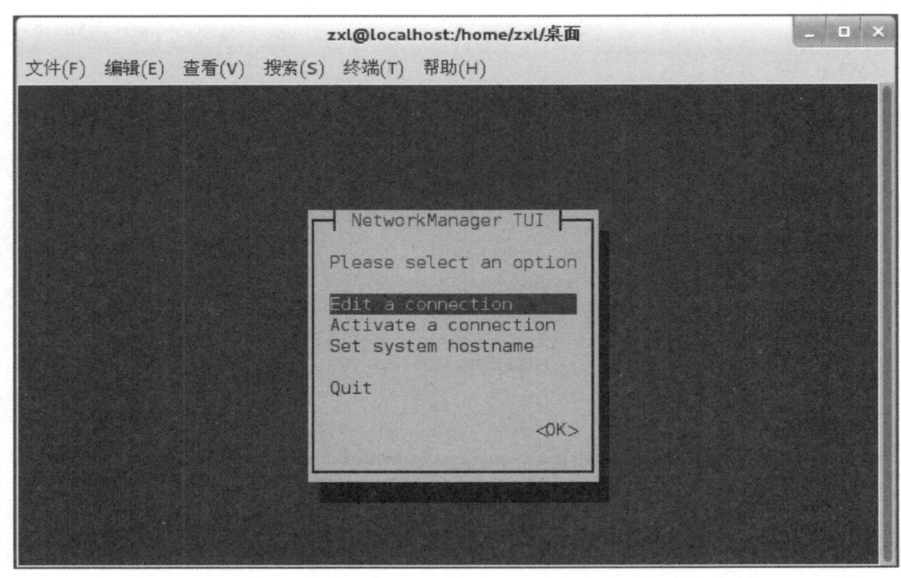


图 4-36 “网络管理”界面

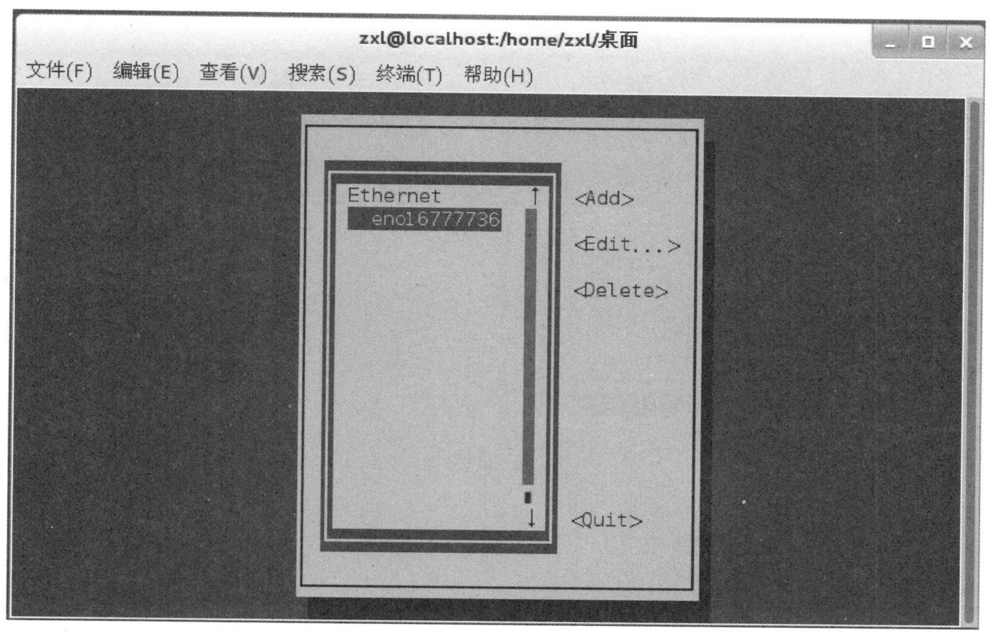


图 4-37　“网卡设置”界面

（2）在图 4-37 中，使用方向键向下按键选中“Edit”，按【Enter】键，打开 IP 设置界面，如图 4-38 所示。使用向下按键选中“IPv4 CONFIGURATION<Automatic>”选项，按【Enter】键，将 <Automatic> 改为 <Manual>, 即将 IP 地址获取方式由“自动”改为“手动”，如图 4-39 所示。

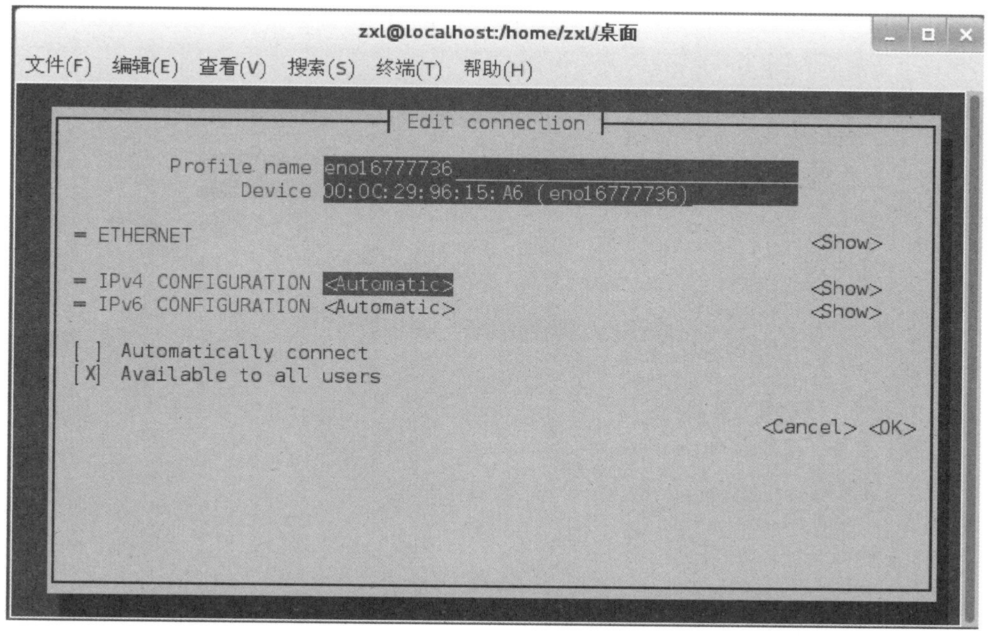


图 4-38　IP 设置界面

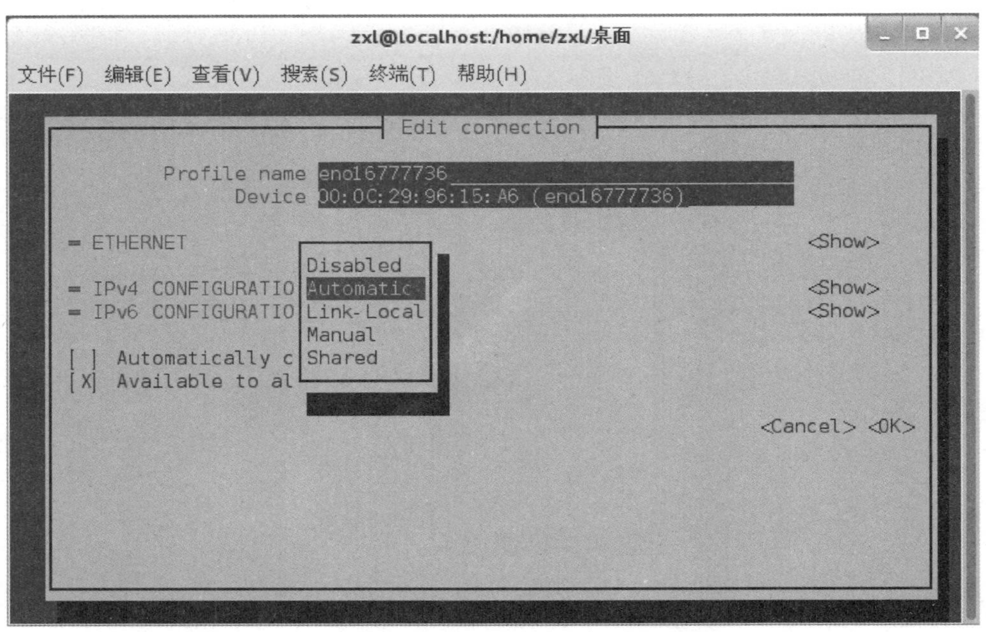


图 4-39 修改 IP 获取方式的界面

（3）在图 4-39 中，使用向下按键选中“Show”，按【Enter】键，显示 IPv4 设置组，如图 4-40 所示。使用向下按键选中“Add”，按【Enter】键，开始添加 IP 地址。IP 地址及子网掩码、网关、DNS 服务器地址设置情况如图 4-41 所示。

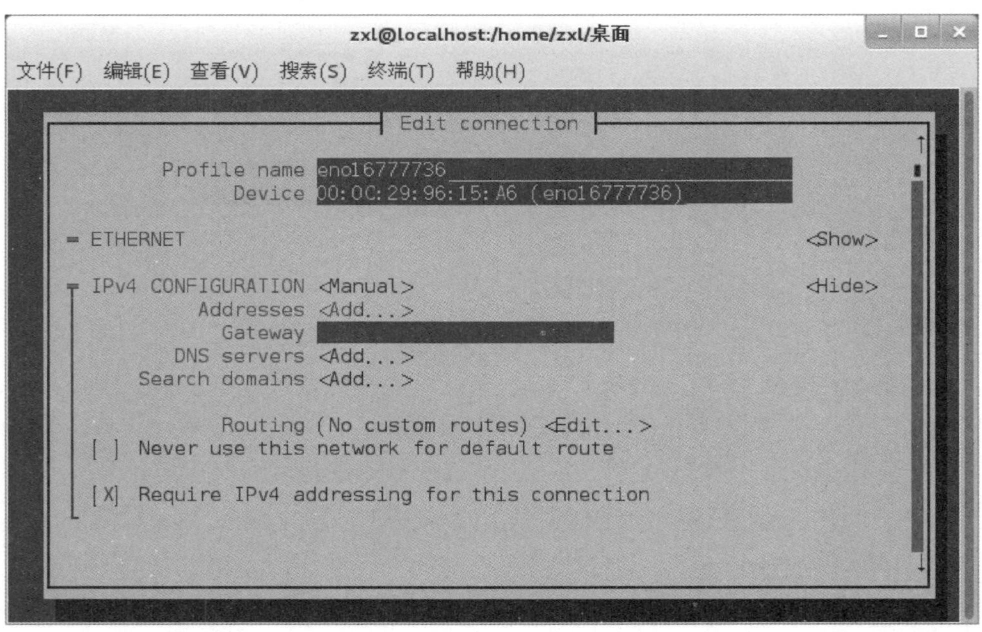


图 4-40 “显示 IPv4 设置组”界面

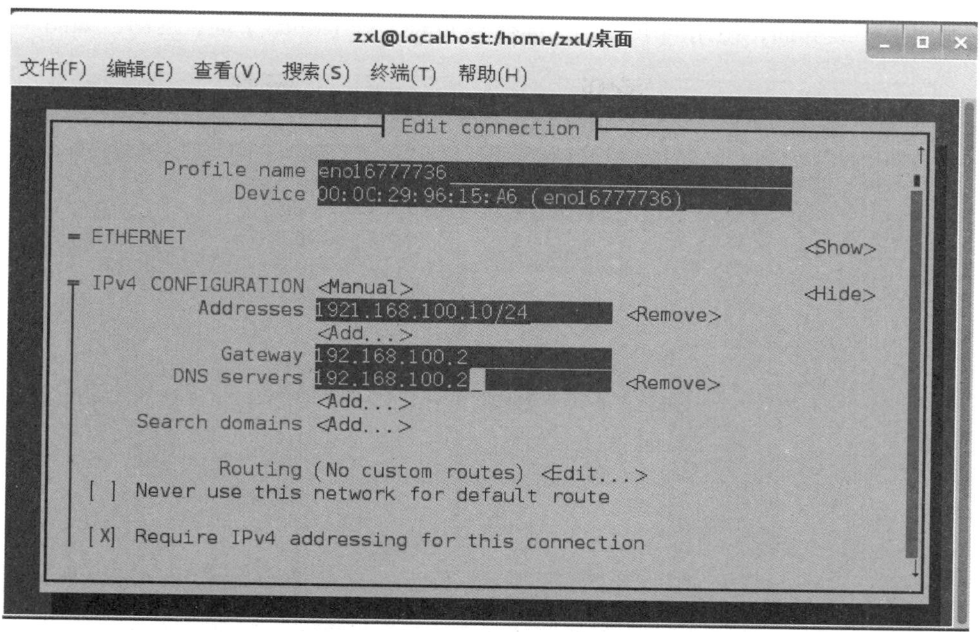


图 4-41　IP 各参数设置情况的界面

（4）在图 4-41 中，持续用向下按键选中“Automatically connect”，使用空格键，出现 [X] 状态，如图 4-42 所示，即设置为自动连接。继续用向下按键，选择 <OK> 按键，按【Enter】键，确认并保存所有设置项。

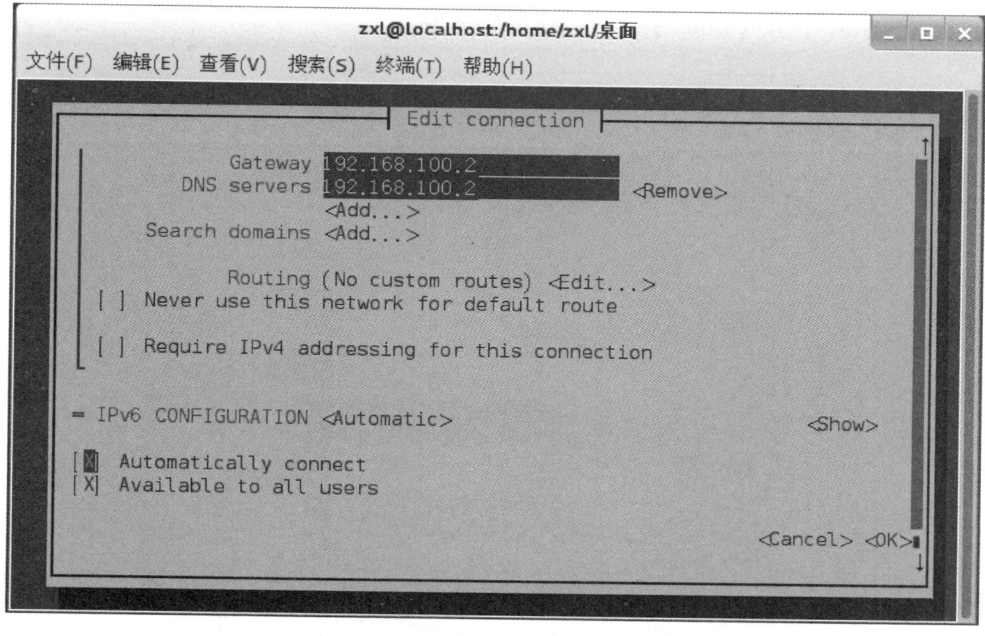


图 4-42　设置“自动连接”界面

（5）返回上一级界面，使用向下按键，选择 <Quit>，按【Enter】键，退出，如图 4-43 所示。

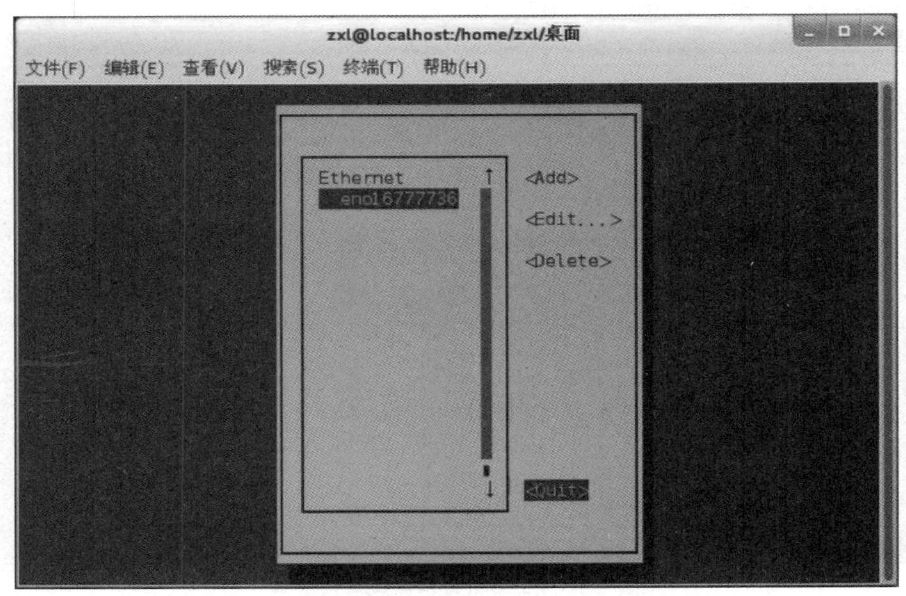


图 4-43 “网卡设置”界面

（6）此时，需要重启网卡，再次使用 nmtui 命令，进入“网络管理”界面，使用向下按键，选择第二个选项“Activate a connection”时，如图 4-44 所示，按【Enter】键，打开网卡 1 激活界面，如图 4-45 所示。连接两次按下回车键，禁用和重启网卡 1，使此网卡获取新配置的 IP 地址。使用向下按键，选择 <Quit>，按【Enter】键，退出回到命令行。

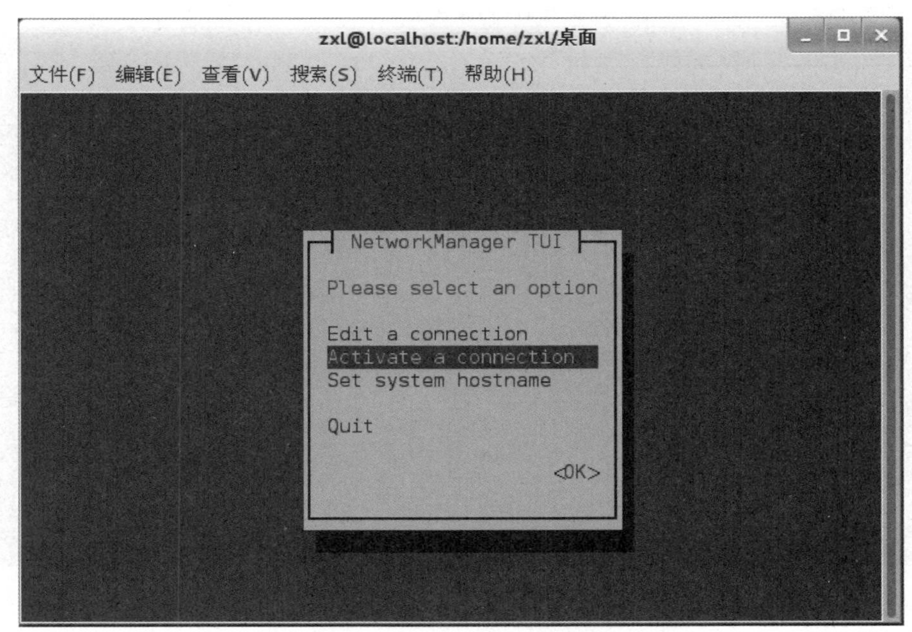


图 4-44 选择“激活网卡”选项界面

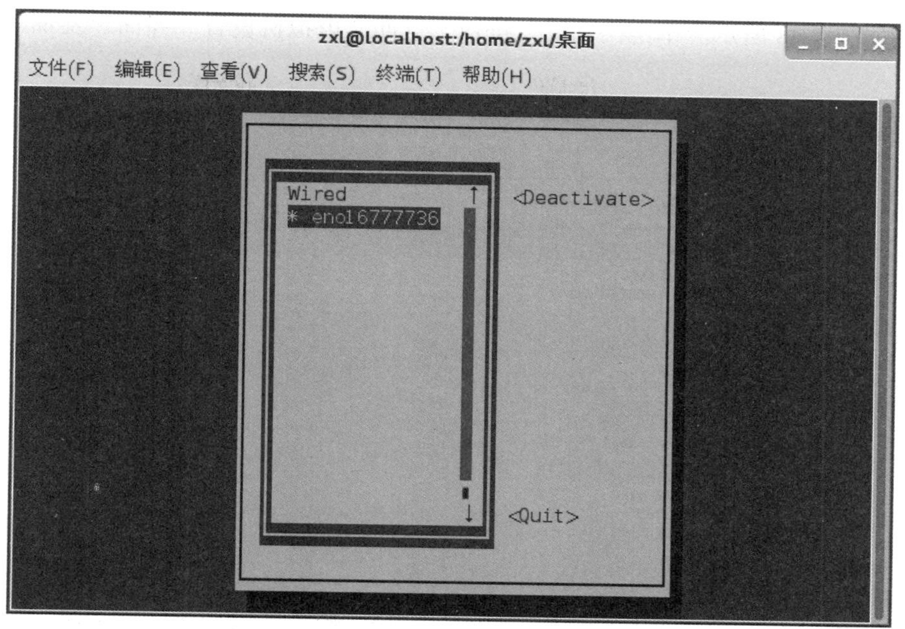


图 4-45　“激活网卡”界面

（7）查看 IP 地址获取情况，在命令行输入如下命令：

```
# ifconfig
```

如图 4-46 所示，成功获取指定 IP 地址：192.168.100.10，子网掩码：255.255.255.0。

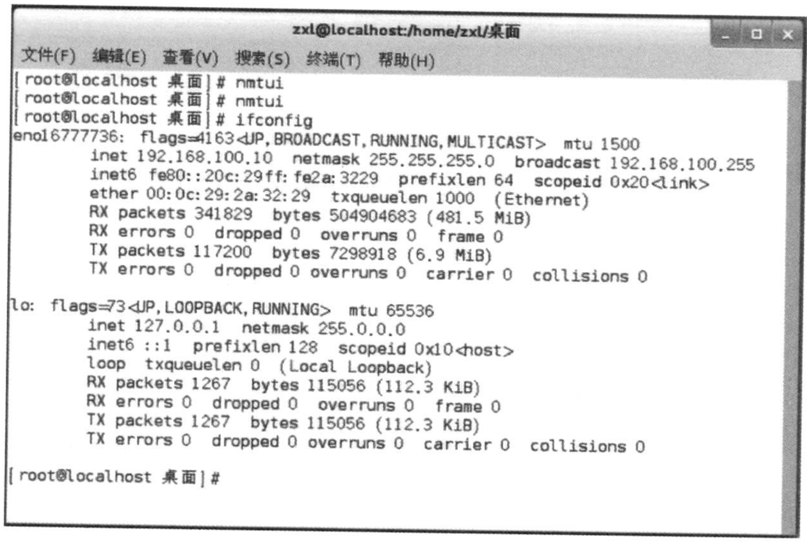


图 4-46　获取 IP 地址的界面

3. 修改网卡配置文件，设置 IP 地址

（1）添加网卡 2，在“虚拟机设置”界面，单击“添加”按钮，在“添加硬件向导”界面，单击“网络适配器”硬件类型，如图 4-47 所示。在“网络适配器类型”界面，使用默认设置“NAT 模式”和“启

动时连接”，如图 4-48 所示。单击“完成”按钮，返回“虚拟机设置”界面，发现成功添加网络适配器 2。

图 4-47 “虚拟机设置”界面

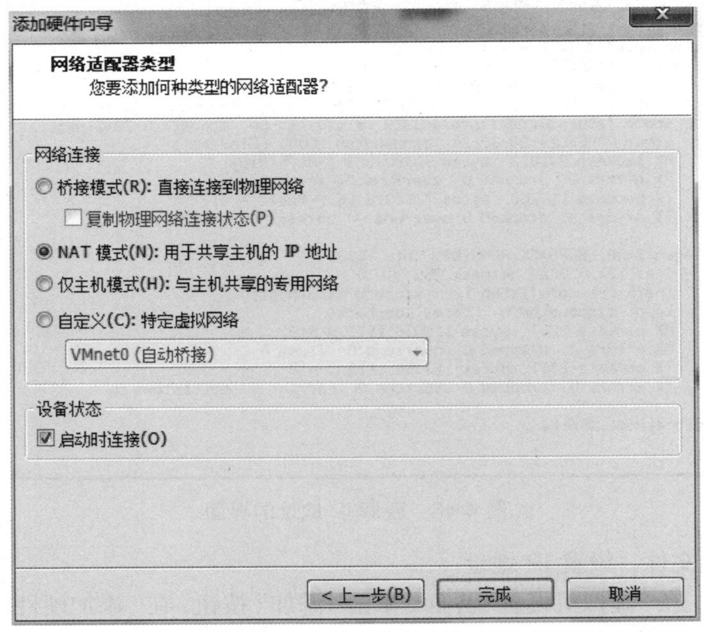


图 4-48 “网络适配器类型”界面

（2）进入网卡配置文件存放目录，在命令行输入如下命令：

```
# cd /etc/sysconfig/network-scripts
# ls
```

此时看到新增的网卡 2 配置文件：ifcfg-Wired_connection_1，如图 4-49 所示。用 vim 打开此文件，输入命令如下：

```
# vim ifcfg-Wired_connection_1
```

输入 i，进入文件编辑状态。

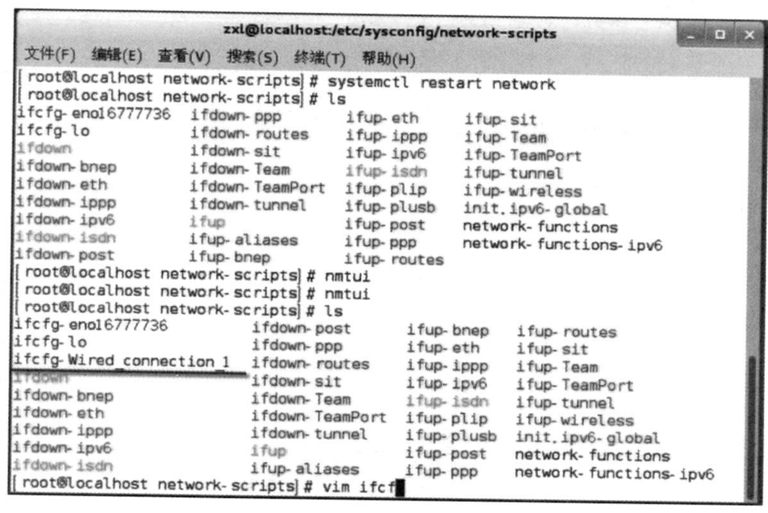


图 4-49　网卡配置文件存放目录的界面

（3）编辑网卡配置文件，将参数 BOOTPROTO 设置为 static，添加参数：IPADDR=192.168.100.10，PREFIX=24，DNS=192.168.100.2，GATEWAY=192.168.100.2，切换到末行模式，输入 wq，保存退出，如图 4-50 所示。

```
zxl@localhost:/home/zxl/桌面
文件(F) 编辑(E) 查看(V) 搜索(S) 终端(T) 帮助(H)
TYPE=Ethernet
BOOTPROTO=static
DEFROUTE=yes
IPV4_FAILURE_FATAL=yes
IPV6INIT=yes
IPV6_AUTOCONF=yes
IPV6_DEFROUTE=yes
IPV6_FAILURE_FATAL=no
NAME=eno16777736
UUID=d5f9c015-6f1c-44e7-9e0e-224c159fec0c
ONBOOT=yes
HWADDR=00:0C:29:96:15:A6
IPADDR=192.168.100.10
PREFIX=24
GATEWAY=192.168.100.2
DNS=192.168.100.2
IPV6_PEERDNS=yes
IPV6_PEERROUTES=yes
~
~
~
~
:wq
```

图 4-50　网卡配置文件中设置界面

（4）重启网络服务，输入如下命令：

```
# systemctl restart network
```

无异常，查看 IP 地址获取情况，继续输入如下命令：

```
# ifconfig
```

如图 4-51 所示，成功获取指定 IP 地址：192.168.100.10，子网掩码：255.255.255.0。

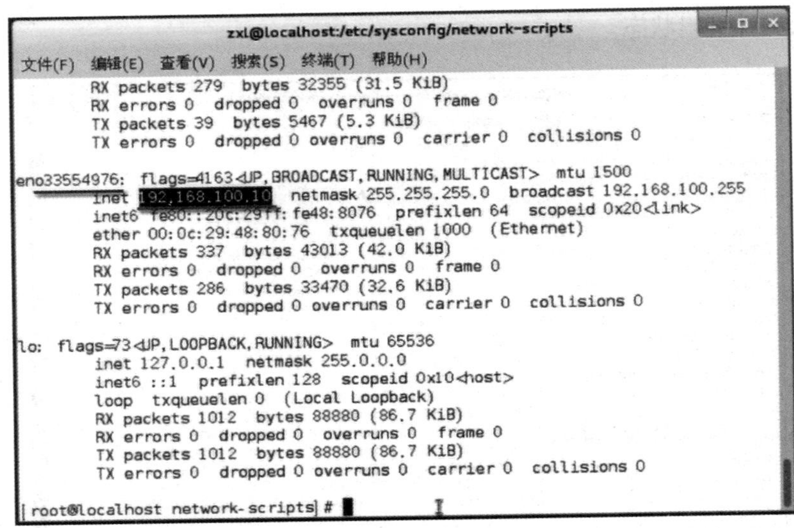

图 4-51 获取 IP 地址的界面

4. 查看网络连通情况

（1）查看与物理机连通情况，在命令行输入如下命令：

```
# ping 192.168.100.1
```

如图 4-52 所示，成功与物理机连通。Linux 中的 ping 命令持续运行，使用【Ctrl+C】组合键强制停止。

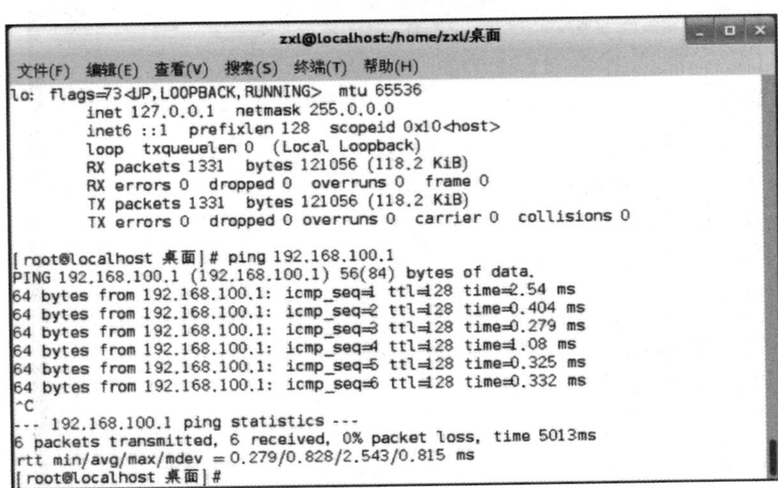

图 4-52 与物理机连通情况的界面

（2）查看与互联网连通情况，在命令行输入如下命令：

```
# ping 8.8.8.8
```

如图 4-53 所示，成功与互联网连通。

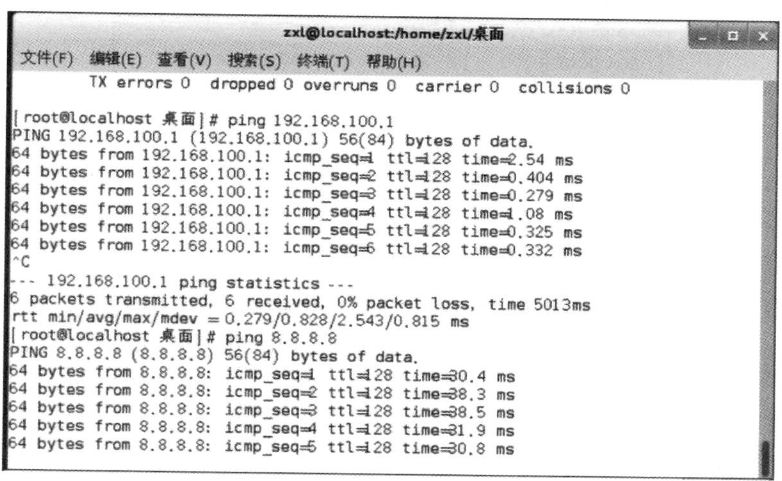


图 4-53　与互联网连通情况的界面

### 4.5.2　远程登录服务器，查询防火墙版本、帮助

（1）双击打开 Xshell 远程连接工具，如图 4-54 所示，在主机后的文本框中输入 Linux 虚拟机 IP，端口设置为 22，其他均为默认设置，单击“确定”按钮。

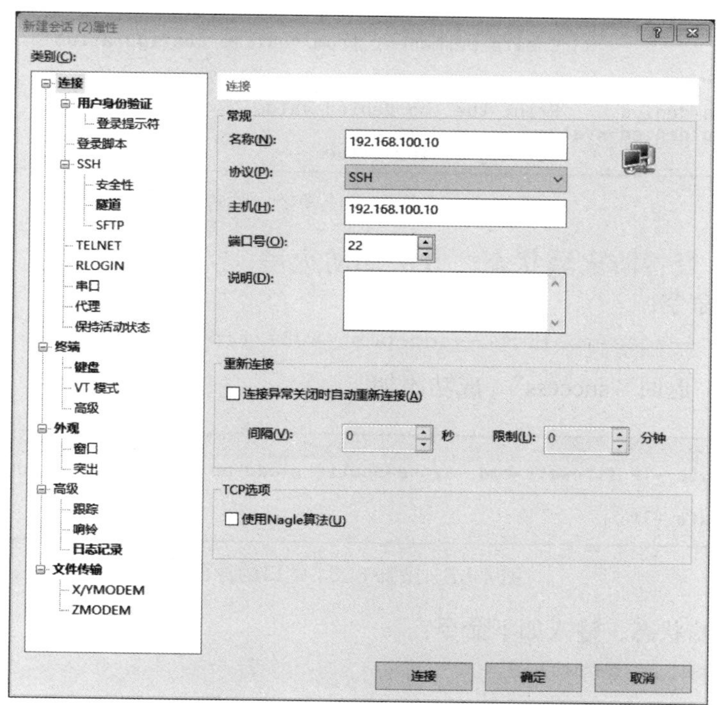


图 4-54　Xshell 连接虚拟机界面

（2）进入命令行，输入如下命令：

```
# firewall-cmd  --version
```

查看防火墙版本信息，如图 4-55 所示。

```
File  Edit  View  Search  Terminal  Help
[root@compute ~]# firewall-cmd --version
0.4.4.4
[root@compute ~]# 
```

图 4-55　查看防火墙版本信息界面

输入如下命令：

```
# firewall-cmd --help
```

查看防火墙帮助文档界面如图 4-56 所示。

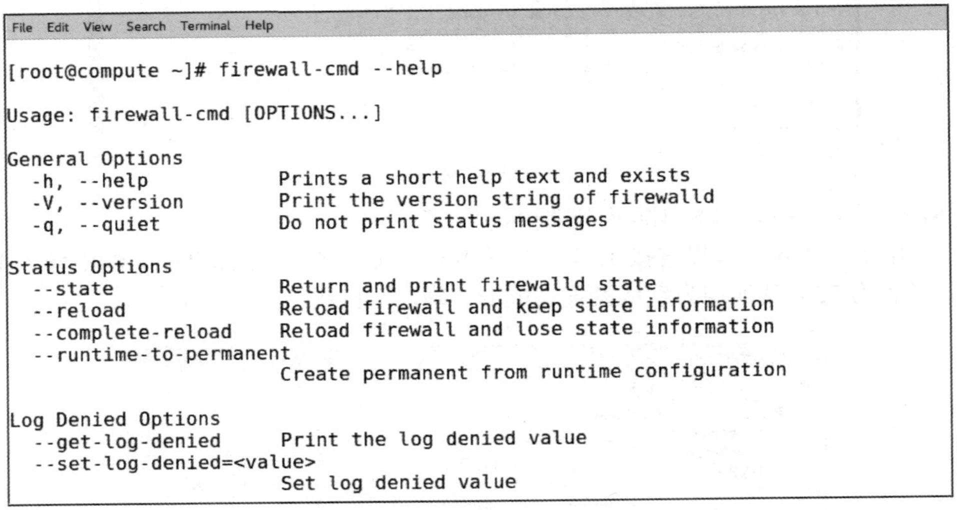

```
File  Edit  View  Search  Terminal  Help

[root@compute ~]# firewall-cmd --help

Usage: firewall-cmd [OPTIONS...]

General Options
  -h, --help             Prints a short help text and exists
  -V, --version          Print the version string of firewalld
  -q, --quiet            Do not print status messages

Status Options
  --state                Return and print firewalld state
  --reload               Reload firewall and keep state information
  --complete-reload      Reload firewall and lose state information
  --runtime-to-permanent
                         Create permanent from runtime configuration

Log Denied Options
  --get-log-denied       Print the log denied value
  --set-log-denied=<value>
                         Set log denied value
```

图 4-56　查看防火墙帮助文档界面

### 4.5.3　添加端口，查看防火墙状态，并关闭防火墙

（1）输入如下命令：

```
# firewall-cmd --zone=public  --add-port=8081/tcp --permanent
```

如图 4-57 所示，返回“success”，成功添加。

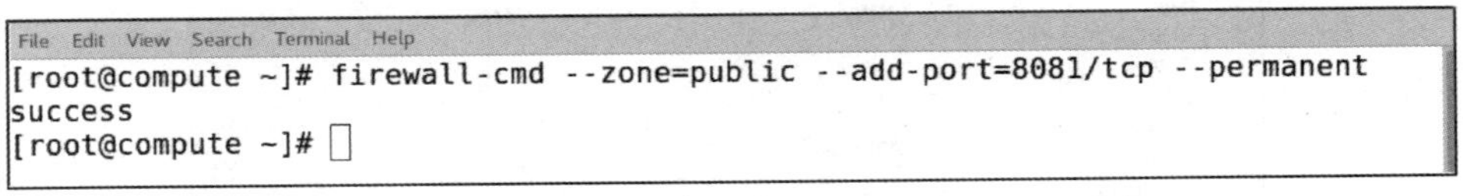

```
File  Edit  View  Search  Terminal  Help
[root@compute ~]# firewall-cmd --zone=public --add-port=8081/tcp --permanent
success
[root@compute ~]# 
```

图 4-57　添加 8081 端口的界面

（2）查看防火墙状态，输入如下命令：

```
# systemctl status firewalld
```

如图 4-58 所示，绿色文字“active（running）”说明目前防火墙是开启状态。

```
File  Edit  View  Search  Terminal  Help
[root@compute ~]# systemctl status firewalld
● firewalld.service - firewalld - dynamic firewall daemon
   Loaded: loaded (/usr/lib/systemd/system/firewalld.service; enabled; vendor pr
eset: enabled)
   Active: active (running) since Fri 2021-10-29 15:04:49 CST; 22s ago
     Docs: man:firewalld(1)
 Main PID: 27562 (firewalld)
   CGroup: /system.slice/firewalld.service
           └─27562 /usr/bin/python -Es /usr/sbin/firewalld --nofork --nopid

Oct 29 15:04:49 compute firewalld[27562]: WARNING: COMMAND_FAILED: '/usr/sbi....
Oct 29 15:04:49 compute firewalld[27562]: WARNING: COMMAND_FAILED: '/usr/sbi....
Oct 29 15:04:49 compute firewalld[27562]: WARNING: COMMAND_FAILED: '/usr/sbi....
Oct 29 15:04:49 compute firewalld[27562]: WARNING: COMMAND_FAILED: '/usr/sbi....
Oct 29 15:04:49 compute firewalld[27562]: WARNING: COMMAND_FAILED: '/usr/sbi....
Oct 29 15:04:49 compute firewalld[27562]: WARNING: COMMAND_FAILED: '/usr/sbi....
Oct 29 15:04:49 compute firewalld[27562]: WARNING: COMMAND_FAILED: '/usr/sbi....
Oct 29 15:04:50 compute firewalld[27562]: WARNING: COMMAND_FAILED: '/usr/sbi....
Oct 29 15:04:50 compute firewalld[27562]: WARNING: COMMAND_FAILED: '/usr/sbi....
Oct 29 15:04:50 compute firewalld[27562]: WARNING: COMMAND_FAILED: '/usr/sbi....
Hint: Some lines were ellipsized, use -l to show in full.
```

图 4-58　查看防火墙状态界面

（3）输入如下命令：

```
# systemctl stop firewalld
```

如图 4-59 所示，关闭防火墙。

```
File  Edit  View  Search  Terminal  Help
[root@compute ~]# systemctl stop firewalld
[root@compute ~]# 
```

图 4-59　关闭防火墙界面

## 项目小结

通过项目 4 的学习与实践，小李了解了 Linux 网络、服务、防火墙的相关知识，学会了服务管理的常用命令，掌握了以太网卡对应的网络配置文件的配置，掌握了开启、关闭、查看服务命令，端口添加、重新载入、查看和删除命令以及 Xshell 的远程访问和管理方法，学会了如何配置防火墙。通过本项目学习小李对 Linux 的网络与安全有了进一步的认识。

## 拓展阅读　常用网络安全防范措施

常用网络安全防范措施有：

### 1. 防火墙技术

防火墙是一种用来保护内部网络操作环境的网络安全部件，其功能是加强网络之间的访问控制，防止外部网络用户以非法手段通过外部网络进入内部网络或访问内部网络资源。防火墙系统一方面可以保护自身网络资源不受外部的入侵，另一方面还能拦截被保护网络向外传输的重要相关信息。

2. 数据加密技术

数据加密技术是通过变换和置换等方法将被保护的信息转换成密文，然后再对信息进行存储或传送，既可以防止信息在存储或传输过程中被非授权人员截获，也可以保护信息不被他人识别，很大程度上提高了其安全性，是一种最基本的网络安全防护技术，它是信息安全的核心。

3. 网络入侵检测技术

它是一种通过硬件或软件对网络上的数据流进行实时检测，并与系统中的入侵特征数据库进行验证，能有效将入侵的数据包进行过滤与抵挡的网络实时监控技术。入侵检测对入侵行为进行警报处理是其最明显的技术特点。但它只是网络安全防护的一个重要部件之一，一般情况下还需要通过和防火墙系统进行结合，以达到最佳的实时防护效果。

4. 网络安全扫描技术

此技术的主要防护功能是通过对网络的全面系统扫描，网络管理员能在有效了解网络安全配置与运行的应用服务的情况下，及时发现安全漏洞，即时进行风险等级评估，并采取相应的防护措施进行处理以降低系统的安全风险。安全扫描技术与防火墙、入侵检测系统的互相配合，能有效提高网络安全的技术防范机制与安全性。

5. 防病毒技术

普遍使用的防病毒软件，因其功能的不同一般分为网络防病毒软件和单机防病毒软件两大类。网络防病毒软件侧重于一旦有病毒入侵或从网络向其他资源传染，就可以即时检测到并及时进行删除清理。单机防病毒软件一般是对本地和本地工作站连接的远程资源进行分析扫描检测并清除病毒。

## 习　题

一、填空

1. 服务主要分两类：________和________。
2. 启动服务的方式有________、________和________。
3. 查看服务的命令是________，杀死服务的命令是________。
4. 修改主机名的命令是________，添加一行 IP 与主机名的映射其代码是________。
5. 启动和停止防火墙的命令分别是________和________。
6. 查看 IP 地址的命令是________。
7. 查看正在服务状态的命令是________。
8. 主机名配置文件存储在________目录中。

二、简答

1. 在 Linux 中服务分为哪些类，各种服务有什么样的特点？
2. 在 Linux 中常用的服务命令有哪些？其含义是什么？
3. 网络配置文件的存储路径是什么？启动、关闭、重启以及查看网络的状态的命令是什么？
4. Xshell 是一个强大的安全终端模拟软件，具体支持哪些平台下的哪些协议？
5. firewall-cmd 命令的作用是什么？列举常用的 firewall-cmd 命令并说明其含义。

6. 查看正在运行的服务和停止服务的命令语法有哪些?

7. 在 CentOS 7.4 中网络配置文件所在的目录是什么？并说明其中的配置选项含义。

8. 如何修改主机名配置和配置主机名查询静态表？请举例说明。

# 项目 5

# Linux 服务器配置

## 5.1 项目导入

小李升任公司系统运维工程师，需要将公司项目发布上线，并将数据库部署在 MySQL 服务器中。同时需要使用 FTP 服务将 Web 应用程序上传并发布到 Tomcat 服务器上。在项目上线后还需要使用 Nginx 服务来实现负载均衡缓解服务器压力。于是，小李开始学习在 Linux 操作系统下 MySQL 服务、Tomcat 服务、FTP 服务、DHCP 服务、Samba 服务和 Nginx 服务的安装和配置，希望早日实现项目的成功发布。

## 5.2 学习目标

- 了解 MySQL 服务的功能、应用环境等。
- 理解 Tomcat 服务的工作原理。
- 理解 FTP 服务的工作模式及传输模式、用户类型等。
- 理解 DHCP 服务的功能、工作原理、服务端与客户端等。
- 了解 Samba 服务的功能及发展。
- 了解 Nginx 服务的功能、架构及特点。
- 会安装并登录 MySQL 服务。
- 会安装 MySQL Workbench 客户端管理工具，并连接数据库。
- 会安装与配置 Tomcat 服务，实现项目部署。
- 会安装与配置 FTP 服务。

- 会安装与配置 DHCP 服务，并测试。
- 会安装与配置 Samba 服务。
- 安装 Nginx 服务，并配置负载均衡。
- 树立项目管理意识，培养项目实施能力。

## 5.3 相关知识

### 5.3.1 MySQL 服务

MySQL 由瑞典 MySQL AB 公司开发，目前属于 Oracle 旗下产品。MySQL 是最流行的关系型数据库管理系统之一，在 Web 应用方面，MySQL 是最好的 RDBMS（Relational Database Management System，关系数据库管理系统）应用软件。

MySQL 是一种关系数据库管理系统，关系数据库将数据保存在不同的表中，而不是将所有数据放在一个大仓库内，这样就增加了速度并提高了灵活性。

MySQL 所使用的 SQL 语言是用于访问数据库的最常用标准化语言。MySQL 软件采用了双授权政策，分为社区版和企业版，由于其体积小、速度快且总体拥有成本低，尤其是开放源码这一特点，使得一般中小型网站的开发都选择 MySQL 作为网站数据库。

由于其社区版的性能卓越，搭配 PHP 和 Apache 可组成良好的开发环境。

1. 应用环境

通过 MySQL 与其他数据库的比较以及 MySQL 版本之间的区别介绍，就能确定 MySQL 的应用环境，具体介绍如下：

（1）比较 MySQL 与其他数据库。

MySQL 与其他大型数据库管理系统，如 Oracle、DB2 以及 SQL Server 等相比，MySQL 规模小且功能有限，但是它体积小、速度快以及成本低，且它提供的功能对稍微复杂的应用已经够用，这些特性使得 MySQL 成为世界上最受欢迎的开放源代码数据库之一。

目前 MySQL 被广泛应用在 Internet 上的中小型网站中，许多中小型应用为了降低网站总体拥有成本而选择 MySQL。当然 MySQL 也有它的不足之处，如规模小且功能有限（MySQL Cluster 的功能和效率都相对比较差）等，但是这丝毫也没有减少它受欢迎的程度。一般对于个人使用者和中小型企业来说，MySQL 提供的功能已经绰绰有余。目前 Internet 上流行的网站架构方式是 LAMP（Linux+Apache+MySQL+PHP），即使用 Linux 作为操作系统，Apache 作为 Web 服务器，MySQL 作为数据库，PHP 作为服务器脚本解释器。由于这四款软件都是免费或开放源码软件，因此使用这种方式不用花一分钱（除开人工成本）即可建立一个稳定且免费的网站系统。

（2）MySQL 版本介绍。

针对不同的用户，MySQL 分为两种不同的版本：

① MySQL Community Server（社区版）。该版本完全免费，但是官方不提供技术支持，用户可以自由下载使用。

② MySQL Enterprise Server（企业版）。该版本为企业提供商业数据库应用，并支持 ACID 事务处理，提供完整的提交、回滚崩溃恢复和行政锁定功能。该版本需要支付费用，由官方提供技

术支持，提供定期的服务和升级包。

2. 安装 MySQL 的步骤

（1）下载 MySQL 安装包文件。

官方下载地址为 https://www.mysql.com/downloads/。

（2）卸载 CentOS 7.4 中 MySQL 相关的依赖，具体步骤如下：

①查看安装的 MySQL 依赖，命令如下，结果如图 5-1 所示。

```
# rpm -qa | grep mysql
# rpm -qa | grep MySQL
```

```
[root@localhost ~]# rpm -qa | grep mysql
mysql-community-release-el7-5.noarch
[root@localhost ~]# rpm -qa | grep MySQL
[root@localhost ~]#
```

图 5-1　查看“mysql 依赖”效果界面

②卸载已安装的 MySQL 依赖，命令如下：

```
# rpm -e --nodeps 'rpm -qa | grep mysql'
```

③安装 MySQL 服务端和客户端，命令如下：

```
# rpm -ivh MySQL-server-5.1.73-1.glibc23.x86_64.rpm
# rpm -ivh MySQL-client-5.1.73-1.glibc23.x86_64.rpm
```

④启动 MySQL 服务，命令如下：

```
# service mysqld start
```

视 频

安装MySQL

⑤设置开机启动项，命令如下：

```
# chkconfig mysql on
```

⑥登录 MySQL，命令如下（初次使用时 MySQL 是没有密码的）：

```
# mysql -u root
```

⑦显示数据库，命令如下，结果如图 5-2 所示。

```
show databases;
```

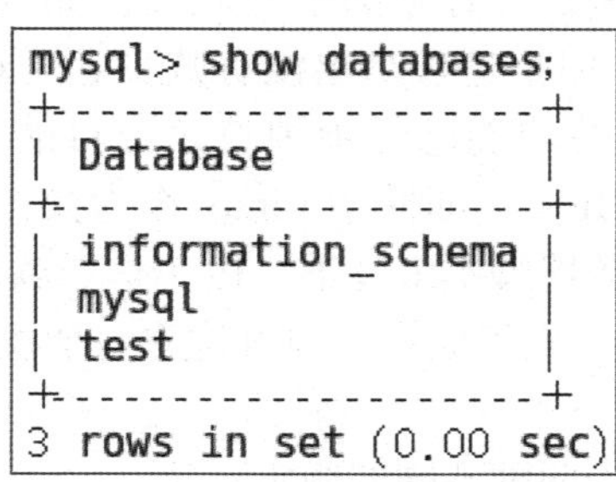

```
mysql> show databases;
+--------------------+
| Database           |
+--------------------+
| information_schema |
| mysql              |
| test               |
+--------------------+
3 rows in set (0.00 sec)
```

图 5-2　“显示数据库”效果界面

⑧修改 root 账号的密码，命令如下：

```
set password for 'root'@'localhost' =password('123456');
```

⑨支持 root 用户允许远程连接 MySQL 数据库，命令如下：

```
    grant all privileges on *.* to 'root'@'%' identified by '123456' with grant
option;
    flush privileges;
```

说明

打开远程连接的目的在于方便在其他机器上进行远程访问。

### 3.MySQL Workbench 客户端管理工具

MySQL Workbench 是为 MySQL 设计的 ER/ 数据库建模工具，是著名的数据库设计工具 DBDesigner4 的继任者，具有设计和创建新的数据库图示、建立数据库文档以及进行复杂的 MySQL 迁移的作用。

安装 MySQL Workbench 客户端工具与测试连接 MySQL 步骤如下：

（1）由于 MySQL 被 Oracle 收购了，所以 CentOS 7.4 的 yum 源中不再有正常安装 mysql 时的 mysql-sever 文件，此时需要去官网上下载。下载与安装命令如下：

```
# wget http://dev.mysql.com/get/mysql-community-release-el7-5.noarch.rpm
# rpm -ivh mysql-community-release-el7-5.noarch.rpm
# yum install epel-release.noarch
```

下载过程如图 5-3 所示。

```
[root@localhost ~]# wget http://dev.mysql.com/get/mysql-community-release-el7-5.noarch.
rpm
--2019-01-01 18:13:40--  http://dev.mysql.com/get/mysql-community-release-el7-5.noarch.
rpm
正在解析主机 dev.mysql.com (dev.mysql.com)... 137.254.60.11
正在连接 dev.mysql.com (dev.mysql.com)|137.254.60.11|:80... 已连接。
已发出 HTTP 请求，正在等待回应... 301 Moved Permanently
位置：https://dev.mysql.com/get/mysql-community-release-el7-5.noarch.rpm [跟随至新的 UR
L]
--2019-01-01 18:13:43--  https://dev.mysql.com/get/mysql-community-release-el7-5.noarch
.rpm
正在连接 dev.mysql.com (dev.mysql.com)|137.254.60.11|:443... 已连接。
已发出 HTTP 请求，正在等待回应... 302 Found
位置：https://repo.mysql.com//mysql-community-release-el7-5.noarch.rpm [跟随至新的 URL]
--2019-01-01 18:13:44--  https://repo.mysql.com//mysql-community-release-el7-5.noarch.r
pm
正在解析主机 repo.mysql.com (repo.mysql.com)... 23.53.253.129
正在连接 repo.mysql.com (repo.mysql.com)|23.53.253.129|:443... 已连接。
已发出 HTTP 请求，正在等待回应... 200 OK
长度：6140 (6.0K) [application/x-redhat-package-manager]
正在保存至：“mysql-community-release-el7-5.noarch.rpm.2”

100%[======================================>] 6,140       --.-K/s 用时 0s

2019-01-01 18:13:47 (748 MB/s) - 已保存 “mysql-community-release-el7-5.noarch.rpm.2” [6
140/6140])
```

图 5-3 “下载 mysql-community-release-el7-5.noarch.rpm”界面

（2）安装 MySQL Workbench，命令如下：

```
# yum install mysql-workbench-community
```

安装完成后，应用启动图标如图 5-4 所示。

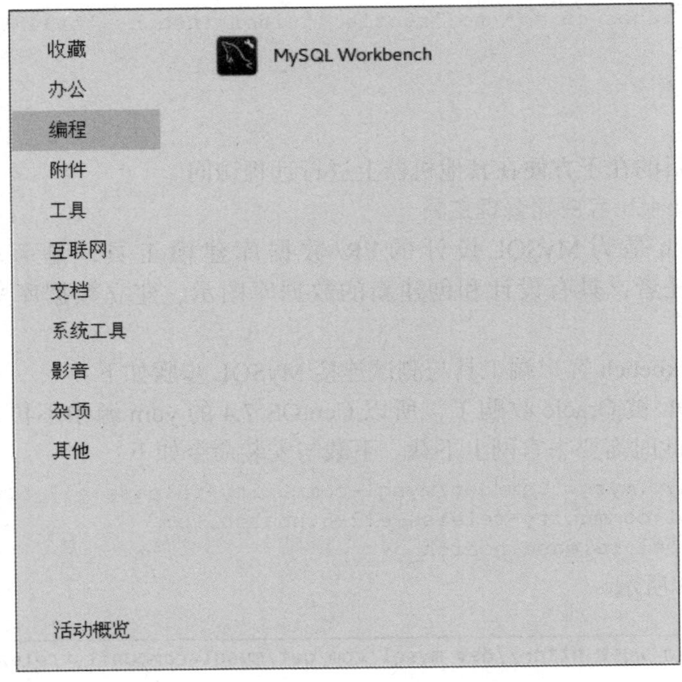


图 5-4　“MySQL Workbench 启动图标”界面

（3）使用 MySQL Workbench 连接 MySQL。

①启动 MySQL Workbench 的界面如图 5-5 所示，单击“MySQL Connections”按钮，添加连接。

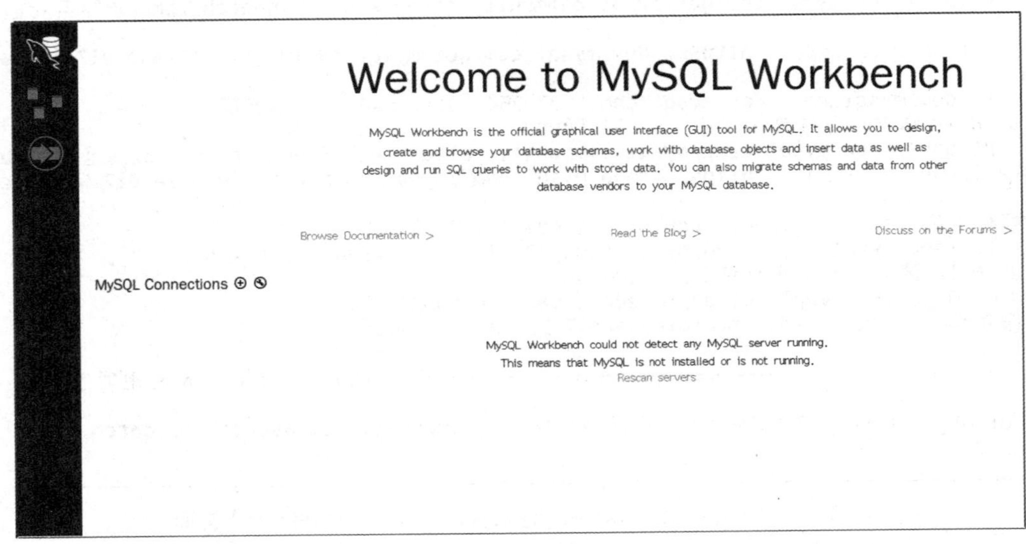


图 5-5　启动 MySQL Workbench 界面

②在“设置新连接”界面，如图 5-6 所示，添加连接信息，包括连接名称、主机名、端口号、用户名、密码等，单击“Test Connection”按钮，测试连接。

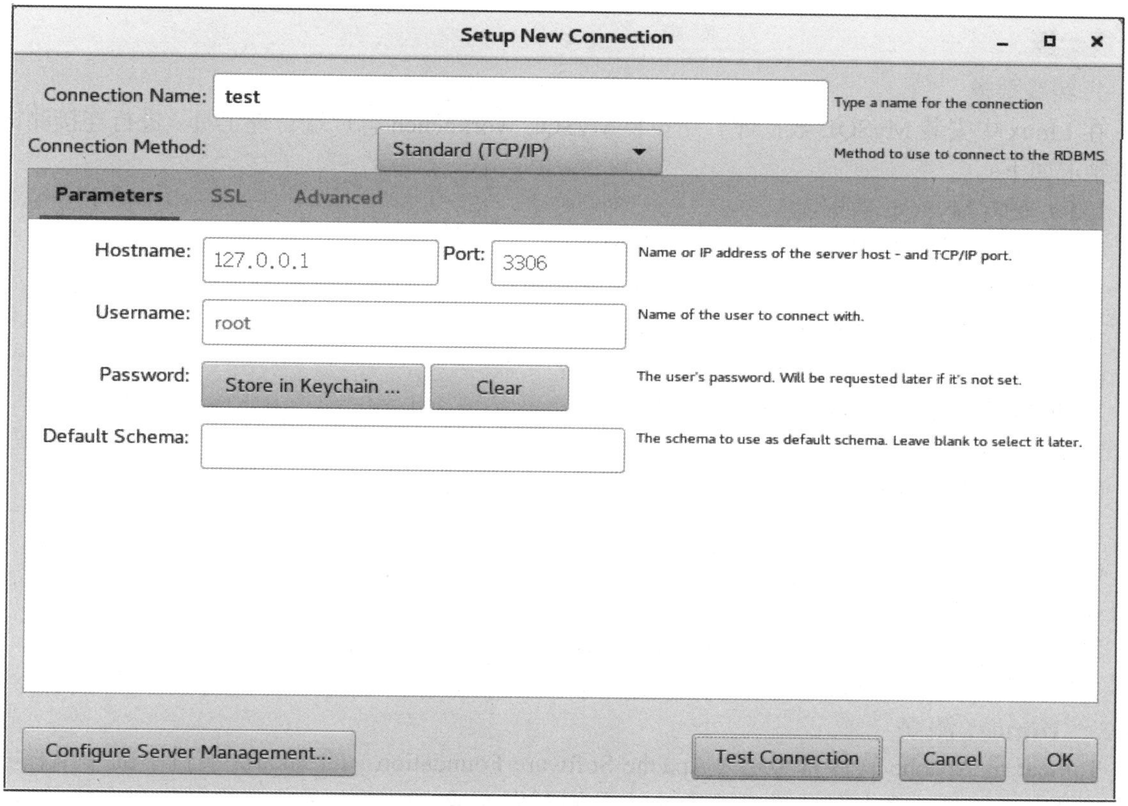

图 5-6　“设置新连接”界面

③出现“Successfully made the MySQL connection”提示，连接成功，如图 5-7 所示。

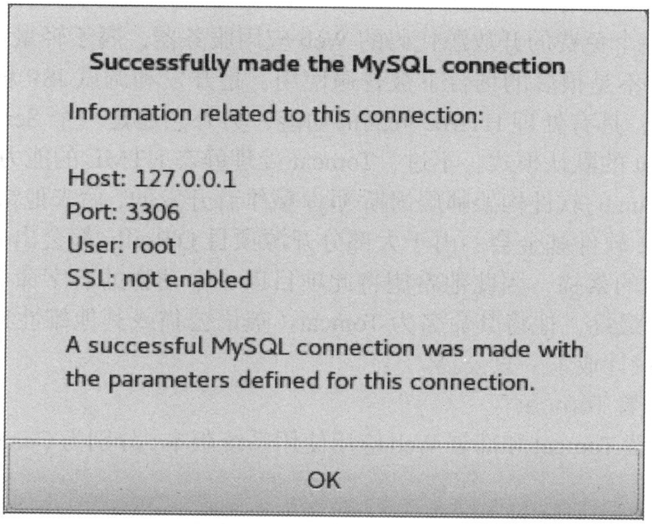

图 5-7　连接成功界面

练一练

1. 实践要求

在 Linux 中安装 MySQL 数据库，并安装 MySQL Workbench 客户端管理工具，进行连接测试，功能要求如下：

（1）安装 MySQL 数据库。

（2）安装 MySQL Workbench 客户端管理工具。

2. 实践建议

（1）安装 MySQL 数据库，主要步骤如下：

①查看安装的 MySQL 依赖。

②卸载已安装的 MySQL 依赖。

③安装 MySQL 服务端和客户端。

④启动 MySQL 服务。

⑤设置开机启动项。

⑥登录 MySQL。

⑦修改 root 账号的密码。

⑧支持 root 用户允许远程连接 MySQL 数据库。

（2）安装 MySQL Workbench 客户端管理工具。

### 5.3.2 Tomcat 服务

Tomcat 是 Apache 软件基金会（Apache Software Foundation）的 Jakarta 项目中的一个核心项目，由 Apache、Sun 和其他一些公司及个人共同开发而成。由于有了 Sun 的参与和支持，Servlet 和 JSP 规范总是能在 Tomcat 中得到体现，Tomcat 5 支持最新的 Servlet 2.4 和 JSP 2.0 规范。因为 Tomcat 技术先进、性能稳定且免费，因而深受 Java 爱好者的喜爱，并得到了部分软件开发商的认可，成为目前比较流行的 Web 应用服务器。

Tomcat 服务器是一个免费的开放源代码的 Web 应用服务器，属于轻量级应用服务器，在中小型系统和并发访问用户不是很多的场合下被普遍使用，是开发和调试 JSP 程序的首选。Tomcat 和 IIS 等 Web 服务器一样，具有处理 HTML 页面的功能，另外它还是一个 Servlet 和 JSP 容器，独立的 Servlet 容器是 Tomcat 的默认模式。不过，Tomcat 处理静态 HTML 的能力不如 Apache 服务器。

Tomcat 最初是由 Sun 的软件构架师詹姆斯·邓肯·戴维森开发的，后来他帮助将其变为开源项目，并由 Sun 贡献给 Apache 软件基金会。由于大部分开源项目 O'Reilly 都会出一本相关的书，并且将其封面设计成某个动物的素描，因此他希望将此项目以一个动物的名字命名。因为他希望这种动物能够自己照顾自己，最终，他将其命名为 Tomcat（英语公猫或其他雄性猫科动物）。而 Tomcat 的 Logo 兼吉祥物也被设计成了一只公猫。

1. 在 Linux 安装配置 Tomcat

在 Linux 中安装配置 Tomcat 和部署 Web 应用使用系统版本，分别为 CentOS 7.4 和 java 版本 1.8。步骤如下：

（1）准备环境。

使用 java -version 命令检查是否有 java 环境，没有则需要去安装并配置到环境变量中。

让 Java 运行在 Linux 系统中，因此在运行 Java 项目之前需要对当前使用的 Linux 系统进行配置，主要包括 Java 运行环境的配置，步骤如下：

①下载 JDK 安装包文件。

官方下载地址为 https://www.oracle.com/technetwork/java/javase/downloads/jdk8-downloads-2133151.html。

②卸载 CentOS-7 自带 JDK。

步骤如下：

- 查看安装的 JDK，命令如下：

```
# rpm -qa|grep jdk
```

查看安装的 JDK 如图 5-8 所示。

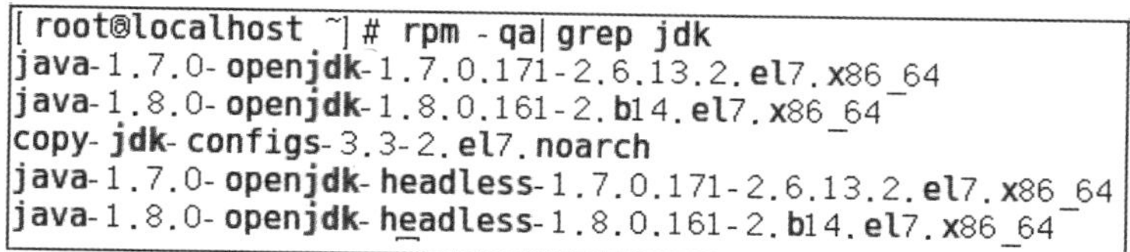


图 5-8　“查看安装的 JDK”界面

- 卸载已安装的 JDK，命令如下：

```
# yum -y remove java-1.*
```

直到提示“完毕！”，则卸载完成，如图 5-9 所示。

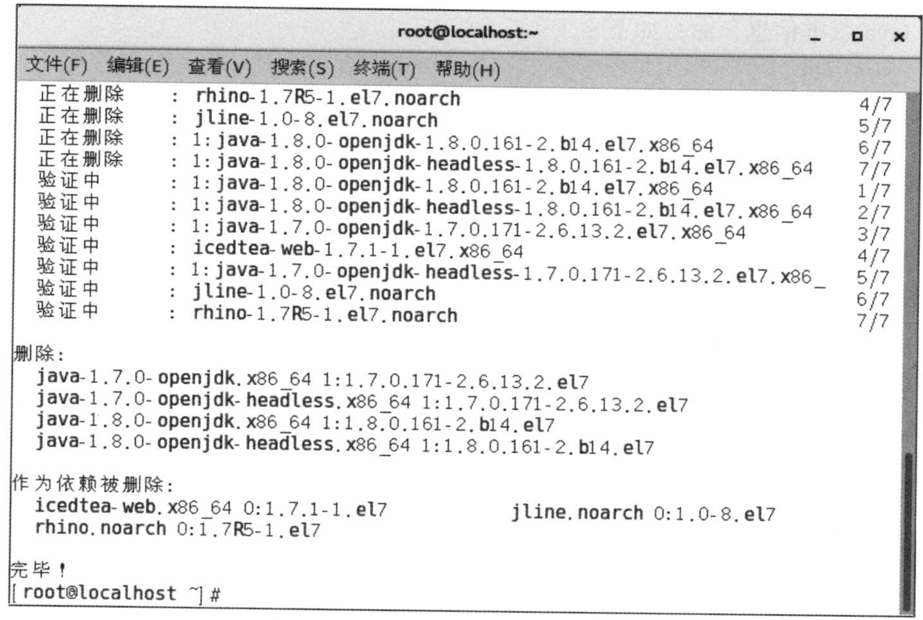


图 5-9　“卸载已安装的 JDK”效果界面

③创建目录。

将 JDK 都安装到 /opt 目录下面，其中 /opt/soft 目录存储相关安装。

● 创建 soft 目录与 data 目录，命令如下：

```
# mkdir /opt/soft
```

● 查看目录是否创建成功，命令如下：

```
# ls /opt
```

说明

创建目录并非安装 Java 运行环境必须步骤，主要目的在于方便管理软件和数据。

④配置 JDK。

● 上传 JDK 压缩文件到 soft 目录。

● 解压 JDK 压缩文件到 opt 目录，并将 jdk1.8.0_112 目录变为 jdk，命令如下：

```
# cd /opt
# tar  -zxvf  soft/jdk-8u112-linux-x64.tar.gz
# mv      jdk1.8.0_112/  jdk
```

● 配置环境变量。在 project-eco.sh 中添加相关内容后，保存并退出。命令如下：

```
# vi  /etc/profile.d/project-eco.sh
```

追加的内容如下：

```
JAVA_HOME=/opt/jdk
PATH=$JAVA_HOME/bin:$PATH
```

● 使环境变量生效，命令如下：

```
# source /etc/profile.d/project-eco.sh
```

● 查看 Java 版本信息，命令如下：

```
# java -version
```

查看 Java 版本信息，如果出现版本信息，则安装成功，如图 5-10 所示。

```
[root@localhost opt]# vi  /etc/profile.d/project-eco.sh
[root@localhost opt]# source /etc/profile.d/project-eco.sh
[root@localhost opt]# java -version
java version "1.8.0_112"
Java(TM) SE Runtime Environment (build 1.8.0_112-b15)
Java HotSpot(TM) 64-Bit Server VM (build 25.112-b15, mixed mode)
[root@localhost opt]#
```

图 5-10　查看“Java 版本信息”界面

下载 Tomcat 包，官方下载地址为：http://tomcat.apache.org/。

（2）安装 Tomcat，步骤如下：

①上传 Tomcat 压缩文件到 soft 目录。

②解压 Tomcat 压缩文件到 opt 目录，并修改目录名称，命令如下：

视频

安装Tomcat

```
# cd  /opt
# tar  -zxvf soft/apache-tomcat-8.5.35.tar.gz
# mv  apache-tomcat-8.5.35/  tomcat
```

③进入解压的 Tomcat 包的 bin 目录，并启动 tomcat，命令如下：

```
# /opt/tomcat/bin/startup.sh
```

执行上述命令，输出结果如图 5-11 所示。

```
[root@localhost opt]# /opt/tomcat/bin/startup.sh
Using CATALINA_BASE:   /opt/tomcat
Using CATALINA_HOME:   /opt/tomcat
Using CATALINA_TMPDIR: /opt/tomcat/temp
Using JRE_HOME:        /usr
Using CLASSPATH:       /opt/tomcat/bin/bootstrap.jar:/opt/tomcat/bin/tomcat-juli.jar
Tomcat started.
```

图 5-11　“Tomcat 启动成功”界面

**注意：**

./catalina.sh start 和 ./startup.sh 都能启动 tomcat。使用 ./catalina.sh stop 或 ./shutdown.sh 停止 tomcat。

④浏览器访问并解决防火墙问题。

在浏览器使用 Ip 进行访问（端口默认：8080），访问地址为 http://127.0.0.1:8080，可以看到 Tomcat 的管理界面，如图 5-12 所示。

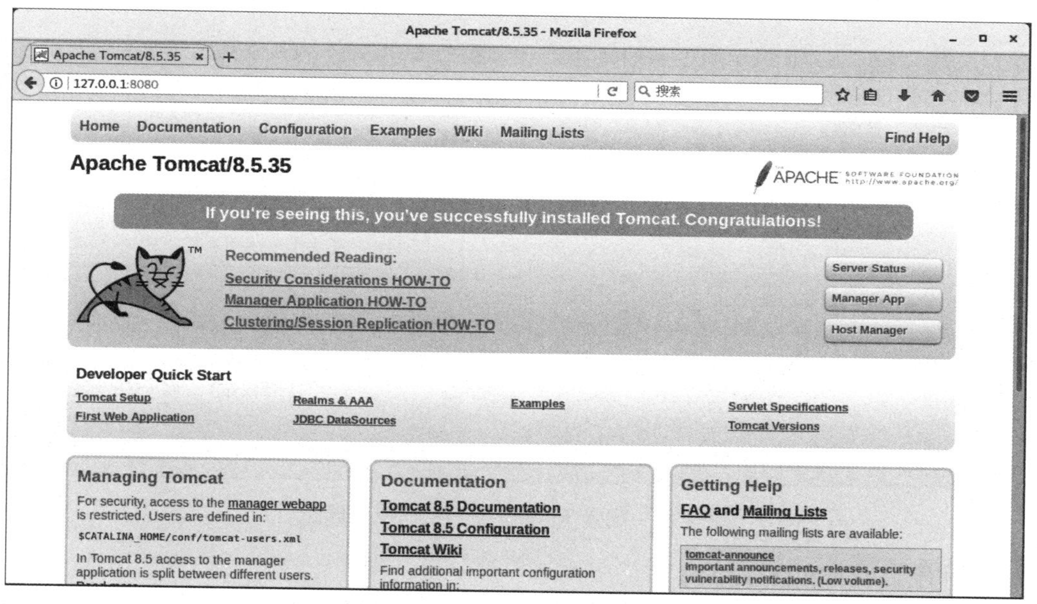


图 5-12　Tomcat 的管理界面

如果访问不到该页面，有可能是服务器防火墙问题，即 8080 端口被拦截了，于是需要打开 8080 端口，并重启防火墙，命令如下：

```
#  firewall-cmd --zone=public  --add-port=8080/tcp --permanent (--permanent永久生效)
#  firewall-cmd --reload
```

**说明**

Tomcat 访问还可以在 server.xml 配置中修改访问端口，<Connector port="8080" 修改成 80 端口，浏览器上就可以直接通过 http://127.0.0.1 进行访问。

⑤配置 Tomcat 账号密码权限（登录使用 Web 管理界面），修改 tomcat 下的配置文件 tomcat-users.xml，添加以下代码：

```
    <role rolename="tomcat"/>
    <role rolename="manager-gui"/>
    <role rolename="admin-gui"/>
    <role rolename="manager-script"/>
    <role rolename="admin-script"/>
    <user username="tomcat" password="tomcat" roles="tomcat,manager-gui,admin-
gui,admin-script,
            manager-script"/>
```

配置后，单击“Manager App”按钮，需要输入账号与密码，如图 5-13 所示。

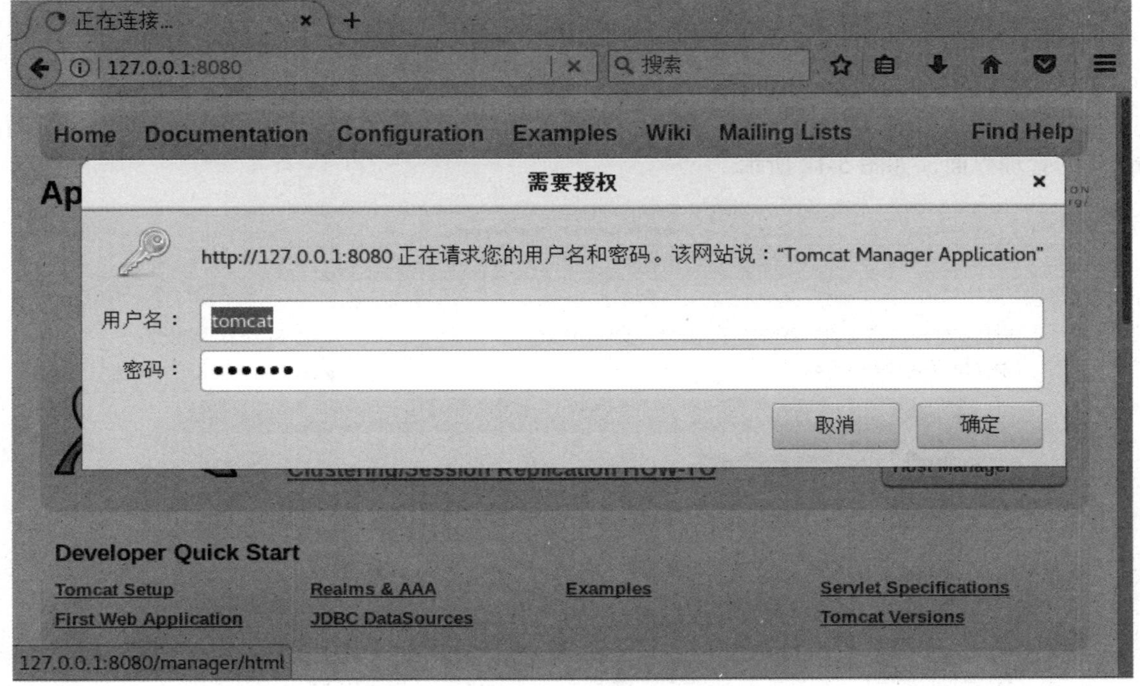


图 5-13　配置 Tomcat 账号密码权限界面

2.Tomcat 配置服务和自启动

为方便管理 Tomcat，可编写脚本实现，例如，编写 Tomcat 启动、停止和重启服务的脚本。

（1）Tomcat 配置服务。

①新建服务脚本，并添加脚本到文件中，命令与内容如下：

命令如下：

```
# vim /etc/init.d/tomcat
```

脚本内容如下：

```
#!/bin/bash
# description: Tomcat7 Start Stop Restart
# processname: tomcat7
# chkconfig: 234 20 80
CATALINA_HOME=/opt/tomcat/
case $1 in
```

```
        start)
                sh $CATALINA_HOME/bin/startup.sh
                ;;
        stop)
                sh $CATALINA_HOME/bin/shutdown.sh
                ;;
        restart)
                sh $CATALINA_HOME/bin/shutdown.sh
                sh $CATALINA_HOME/bin/startup.sh
                ;;
        *)
                echo 'please use : tomcat {start | stop | restart}'
        ;;
esac
exit 0
```

②执行脚本，启动、停止和重启服务，命令如下：

- 启动：service tomcat start
- 停止：service tomcat stop
- 重启：service tomcat restart

执行效果如图 5-14 所示。

```
[root@localhost /]# vim /etc/init.d/tomcat
[root@localhost /]# service tomcat start
env: /etc/init.d/tomcat: 权限不够
[root@localhost /]# chmod +x /etc/init.d/tomcat
[root@localhost /]# service tomcat start
Using CATALINA_BASE:   /opt/tomcat
Using CATALINA_HOME:   /opt/tomcat
Using CATALINA_TMPDIR: /opt/tomcat/temp
Using JRE_HOME:        /
Using CLASSPATH:       /opt/tomcat/bin/bootstrap.jar:/opt/tomcat/bin/tomcat-juli.jar
Tomcat started.
[root@localhost /]# service tomcat stop
Using CATALINA_BASE:   /opt/tomcat
Using CATALINA_HOME:   /opt/tomcat
Using CATALINA_TMPDIR: /opt/tomcat/temp
Using JRE_HOME:        /
Using CLASSPATH:       /opt/tomcat/bin/bootstrap.jar:/opt/tomcat/bin/tomcat-juli.jar
```

图 5-14　执行脚本输出结果的界面

（2）Tomcat 配置开机自启动。

① Tomcat 自动启动服务，命令如下：

```
# systemctl enable tomcat
```

②查看 tomcat 的启动状态，命令如下：

```
# systemctl status tomcat
```

执行上述命令，Tomcat 状态如图 5-15 所示。

```
[root@localhost /]# systemctl status tomcat
● tomcat.service - SYSV: Tomcat7 Start Stop Restart
   Loaded: loaded (/etc/rc.d/init.d/tomcat; bad; vendor preset: disabled)
   Active: active (exited) since 四 2018-12-27 22:14:37 PST; 3s ago
     Docs: man:systemd-sysv-generator(8)
  Process: 13711 ExecStart=/etc/rc.d/init.d/tomcat start (code=exited, status=0/SUCCESS
)

12月 27 22:14:37 localhost.localdomain systemd[1]: Starting SYSV: Tomcat7 Start St....
12月 27 22:14:37 localhost.localdomain tomcat[13711]: Using CATALINA_BASE:   /opt/...t
12月 27 22:14:37 localhost.localdomain tomcat[13711]: Using CATALINA_HOME:   /opt/...t
12月 27 22:14:37 localhost.localdomain tomcat[13711]: Using CATALINA_TMPDIR: /opt/...p
12月 27 22:14:37 localhost.localdomain tomcat[13711]: Using JRE_HOME:        /usr
12月 27 22:14:37 localhost.localdomain tomcat[13711]: Using CLASSPATH:       /opt/...r
12月 27 22:14:37 localhost.localdomain tomcat[13711]: Tomcat started.
12月 27 22:14:37 localhost.localdomain systemd[1]: Started SYSV: Tomcat7 Start Sto....
Hint: Some lines were ellipsized, use -l to show in full.
```

图 5-15 “Tomcat 状态”效果界面

3. 部署 Web 项目

（1）进入 Tomcat 下的 webapps 目录，并新建一个目录为 Web 项目的主目录，命令如下：

```
# cd /tomcat/webapps
# mkdir sam
# ls
```

（2）在 sam 目录下添加 index.html 页面，命令如下：

```
# echo "hello world">index.html
```

浏览器访问 http://127.0.0.1:8080/sam/index.html，可访问到 sam 目录下的 index.html。页面中显示“hello world”, 如图 5-16 所示。

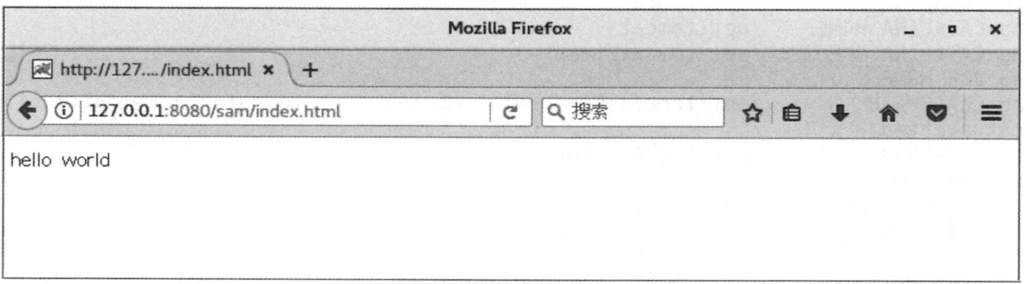


图 5-16 “访问 index.html 页面”效果界面

说明

sam 目录为项目的目录，现在把 Web 项目打包出来的 war 包拷贝并解压到 sam 目录下。这里直接用最简单的方式，即使用 index.html 来代替 Web 项目的 war 包做测试。

练一练

1. 实践要求

在 Linux 中安装 Tomcat 服务，编辑配置文件和编写页面，进行访问测试，功能要求如下：

（1）安装 Java 运行环境。

（2）安装 Tomcat 服务。

（3）部署 Web 项目，并连接测试。

2. 实践建议

（1）安装 Java 运行环境，主要步骤如下：

①上传 JDK 压缩文件到 soft 目录。

②解压 JDK 压缩文件到 opt 目录，并将 jdk1.8.0_112 目录变为 jdk。

③配置环境变量。

④使环境变量生效。

⑤查看 Java 版本信息。

（2）安装 Tomcat 服务以及设置 Tomcat 服务。

（3）部署 Web 项目，主要步骤如下：

①进入 Tomcat 下的 webapps 目录，并新建一个目录为 Web 项目的主目录。

②在主目录下添加 index.html 页面。

③在浏览器中输入访问地址，打开网站。

### 5.3.3　FTP 服务

1.FTP 介绍

FTP（File Transfer Protocol，文件传输协议）用于 Internet 上控制文件的双向传输。同时，它也是一个应用程序（Application）。基于不同的操作系统有不同的 FTP 应用程序，而所有这些应用程序都遵守同一种协议以传输文件。在 FTP 的使用当中，用户经常遇到“下载”（Download）和“上传”（Upload）这两个概念。“下载”文件就是从远程主机拷贝文件至自己的计算机上；“上传”文件就是将文件从自己的计算机中拷贝至远程主机上。用 Internet 语言来说，用户可通过客户机程序向（从）远程主机上传（下载）文件。

视 频

FTP工作原理

视 频

FTP的认证模式

（1）FTP 运行机制。

①FTP 服务器。简单地说，支持 FTP 协议的服务器就是 FTP 服务器。与大多数 Internet 服务一样，FTP 也是一个客户机 / 服务器系统。用户通过一个支持 FTP 协议的客户机程序，连接到在远程主机上的 FTP 服务器程序。用户通过客户机程序向服务器程序发出命令，服务器程序执行用户所发出的命令，并将执行的结果返回到客户机。比如说，用户发出一条命令，要求服务器向用户传送某一个文件的一份拷贝，服务器会响应这条命令，将指定文件送至用户的机器上。客户机程序代表用户接收到这个文件，将其存放在用户目录中。

②匿名 FTP。使用 FTP 时必须先登录，在远程主机上获得相应的权限以后，方可下载或上传文件。也就是说，要想同哪一台计算机传送文件，就必须具有哪一台计算机的适当授权。换言之，除非有用户 ID 和口令，否则便无法传送文件。这种情况违背了 Internet 的开放性，Internet 上的 FTP 主机何止千万，不可能要求每个用户在每一台主机上都拥有账号。匿名 FTP 就是为解决这个问题而产生的。

视 频

匿名用户访问FTP

匿名 FTP 是这样一种机制：用户可通过它连接到远程主机上，并从其下载文件，而无须成为其注册用户。系统管理员建立了一个特殊的用户 ID，名为 anonymous，Internet 上的任何人在任何地方都可使用该用户 ID。

通过 FTP 程序连接匿名 FTP 主机的方式同连接普通 FTP 主机的方式差不多，只是在要求提供用户标识ID时必须输入anonymous，该用户ID的口令可以是任意的字符串。习惯上，用自己的E-mail地址作为口令，使系统维护程序能够记录下来谁在存取这些文件。

值得注意的是，匿名 FTP 不适用于所有 Internet 主机，它只适用于那些提供了这项服务的主机。

当远程主机提供匿名 FTP 服务时，会指定某些目录向公众开放，允许匿名存取。系统中的其余目录则处于隐匿状态。作为一种安全措施，大多数匿名 FTP 主机都允许用户从其下载文件，而不允许用户向其上传文件，也就是说，用户可将匿名 FTP 主机上的所有文件全部拷贝到自己的机器上，但不能将自己机器上的任何一个文件拷贝至匿名 FTP 主机上。即使有些匿名 FTP 主机确实允许用户上传文件，用户也只能将文件上传至某一指定上传目录中。随后，系统管理员会去检查这些文件，他会将这些文件移至另一个公共下载目录中，供其他用户下载，利用这种方式，远程主机的用户得到了保护，避免了有人上传有问题的文件，如带病毒的文件。

（2）用户分类。

FTP 用户大致可分为如下几种类型：

① Real 账户。这类用户是指在 FTP 服务上拥有账号。当这类用户登录 FTP 服务器的时候，其默认的主目录就是其账号命名的目录。但是，其还可以变更到其他目录中去，如系统的主目录等。

② Guest 用户。在 FTP 服务器中，我们往往会给不同的部门或者某个特定的用户设置一个账户。但是，这个账户有个特点，就是其只能够访问自己的主目录。服务器通过这种方式来保障 FTP 服务上其他文件的安全性。这类账户，在 Vsftpd 软件中就叫作 Guest 用户。拥有这类用户的账户，只能够访问其主目录下的目录，而不得访问主目录以外的文件。

③ Anonymous（匿名）用户。这也是我们通常所说的匿名访问。这类用户是指在 FTP 服务器中没有指定账户，但是其仍然可以进行匿名访问某些公开的资源。

在组建 FTP 服务器的时候，就需要根据用户的类型，对用户进行归类。默认情况下，Vsftpd 服务器会把建立的所有账户都归属为 Real 用户。但是，这往往不符合企业安全的需要。因为这类用户不仅可以访问自己的主目录，还可以访问其他用户的目录。这就给其他用户所在的空间带来一定的安全隐患。所以，企业要根据实际情况，修改用户所在的类别。

（3）FTP 优点。

FTP 传输文件的优势大致有如下两点：

①完全基于网络，具有网络文件的上传与下载特性，如支持断点续传，不受工作组与 IP 地址限制等。

②安全性高，可以进行数据的加密传输，更好保护隐私。

（4）FTP 使用方式。

TCP/IP 协议中，FTP 标准命令 TCP 端口号为 21，Port 方式数据端口为 20。FTP 的任务是从一台计算机将文件传送到另一台计算机，不受操作系统的限制。

需要进行远程文件传输的计算机必须安装和运行 FTP 客户程序。在 Windows 操作系统的安装过程中，通常都安装了 TCP/IP 协议软件，其中就包含了 FTP 客户程序。但是该程序是字符界面而不是图形界面，这就必须以命令提示符的方式进行操作，很不方便。

启动 FTP 客户程序工作的另一途径是使用浏览器，用户只需要在地址栏中输入如下格式的 url 地址：ftp：//[ 用户名：口令 @]ftp 服务器域名：[ 端口号 ]

通过浏览器启动 FTP 的方法尽管可以使用，但是速度较慢，还会将密码暴露在浏览器中而不安全。因此一般都安装并运行专门的 FTP 客户程序，使用方式如下：

①在本地计算机上登录到国际互联网。

②搜索有文件共享主机或者个人计算机。

③当与远程主机或者对方的个人计算机建立连接后，用对方提供的用户名和口令登录到该主机或对方的个人计算机。

④在远程主机或对方的个人计算机登录成功后，就可以上传你想跟别人分享的文件或者下载别人授权共享的文件。

⑤完成工作后关闭 FTP 下载软件，切断连接。

（5）支持模式。

FTP 支持两种模式，即 Standard（PORT 方式，主动方式）和 Passive（PASV，被动方式）。

① Port 模式。FTP 客户端首先和服务器的 TCP 21 端口建立连接，用来发送命令，客户端需要接收数据的时候在这个通道上发送 PORT 命令。PORT 命令包含了客户端用什么端口接收数据。在传送数据的时候，服务器端通过自己的 TCP 20 端口连接至客户端的指定端口发送数据。FTP server 必须和客户端建立一个新的连接用来传送数据。

② Passive 模式。建立控制通道和 Standard 模式类似，但建立连接后发送 Pasv 命令。服务器收到 Pasv 命令后，打开一个临时端口（端口号大于 1023 小于 65535），并且通知客户端在这个端口上传送数据的请求，客户端连接 FTP 服务器的临时端口，然后 FTP 服务器将通过这个端口传送数据。

很多防火墙在设置的时候都是不允许接受外部发起的连接的，所以许多位于防火墙后或内网的 FTP 服务器不支持 PASV 模式，因为客户端无法穿过防火墙打开 FTP 服务器的高端端口；而许多内网的客户端不能用 PORT 模式登录 FTP 服务器，因为从服务器的 TCP 20 无法和内部网络的客户端建立一个新的连接，造成无法工作。

### 2. 搭建 FTP 服务器

（1）安装与启动 vsftpd。

①安装 vsftpd，命令如下：

```
# yum install vsftpd -y
```

执行安装命令，运行安装输出信息如图 5-17 所示。

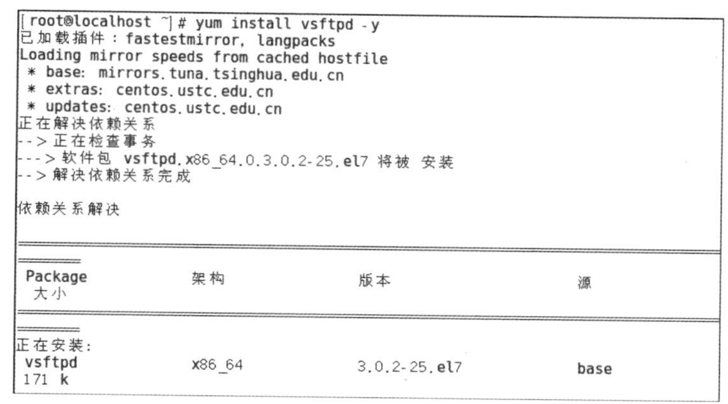

图 5-17　“安装 vsftpd 输出信息”界面

②启动 vsftpd, 命令如下：

```
# systemctl start vsftpd
```

③将 vsftpd 设置开机启动，命令如下：

```
# systemctl enable vsftpd
```

④查看 vsftpd 的运行状态，命令如下：

```
# systemctl status vsftpd
```

执行上述命令，查看 ftp 服务运行状态，如图 5-18 所示。

```
[root@localhost ~]# systemctl status vsftpd
● vsftpd.service - Vsftpd ftp daemon
   Loaded: loaded (/usr/lib/systemd/system/vsftpd.service; disabled; vendor preset: disabled)
   Active: active (running) since 五 2018-12-28 19:53:13 PST; 2min 38s ago
  Process: 3821 ExecStart=/usr/sbin/vsftpd /etc/vsftpd/vsftpd.conf (code=exited, status=0/SUCCESS)
 Main PID: 3822 (vsftpd)
    Tasks: 1
   CGroup: /system.slice/vsftpd.service
           └─3822 /usr/sbin/vsftpd /etc/vsftpd/vsftpd.conf

12月 28 19:53:13 localhost.localdomain systemd[1]: Starting Vsftpd ftp daemo...
12月 28 19:53:13 localhost.localdomain systemd[1]: Started Vsftpd ftp daemon.
Hint: Some lines were ellipsized, use -l to show in full.
```

图 5-18　查看 ftp 服务运行状态

⑤创建 ftp 根目录，命令如下：

```
#  mkdir /ftpserver
```

执行创建目录，并查看文件，如图 5-19 所示。

```
[root@localhost /]# ls
bin   dev  ftpserver  lib    media  opt   root  sbin  sys  usr
boot  etc  home       lib64  mnt    proc  run   srv   tmp  var
```

图 5-19　“创建 ftpserver 目录，并查看文件”效果界面

（2）配置 FTP。

编辑“/etc/vsftpd/vsftpd.conf”配置文件，配置内容如下：

# 显示行号

```
:set number
```

# 修改配置 12 行

```
anonymous_enable=NO
```

# 修改配置 33 行

```
anon_mkdir_write_enable=YES
```

# 修改配置 48 行

```
chown_uploads=YES
```

#修改配置 72 行
```
async_abor_enable=YES
```
#修改配置 83 行
```
ascii_upload_enable=YES
```
#修改配置 84 行
```
ascii_download_enable=YES
```
#修改配置 87 行
```
ftpd_banner=Welcome to blah FTP service.
```
#修改配置 101 行
```
chroot_local_user=YES
```
#添加下列内容到 vsftpd.conf 末尾
```
use_localtime=YES
listen_port=21
idle_session_timeout=300
guest_enable=YES
guest_username=vsftpd
user_config_dir=/etc/vsftpd/vconf
data_connection_timeout=1
virtual_use_local_privs=YES
pasv_min_port=40000
pasv_max_port=40010
accept_timeout=5
connect_timeout=1
allow_writeable_chroot=YES
```
（3）建立用户文件。

创建编辑用户文件，命令如下：
```
# vi /etc/vsftpd/virtusers
```
添加内容如下：
```
Leo
12345
```
**注意：**

第一行为用户名，第二行为密码。不能使用 root 作为用户名。

（4）生成用户数据文件。设定 PAM 验证文件，并指定对虚拟用户数据库文件进行读取，命令如下：
```
# db_load -T -t hash -f /etc/vsftpd/virtusers /etc/vsftpd/virtusers.db
# chmod 600 /etc/vsftpd/virtusers.db
```
（5）修改 /etc/pam.d/vsftpd 文件。

①修改前注意先备份，以防后期恢复，命令如下：
```
# cp /etc/pam.d/vsftpd /etc/pam.d/vsftpd.bak
```
②编辑“/etc/pam.d/vsftpd”文件。命令如下：
```
# vi /etc/pam.d/vsftpd
```

内容修改如下：先将配置文件中原有的 auth 及 account 的所有配置行均注释掉，然后添加下列内容。

```
auth sufficient /lib64/security/pam_userdb.so db=/etc/vsftpd/virtusers
account sufficient /lib64/security/pam_userdb.so db=/etc/vsftpd/virtusers
```

**注意：**

如果系统为 32 位，请将以上对应内容改为 lib。

（6）新建系统用户 vsftpd，用户目录为 /home/vsftpd。用户登录终端设为 /bin/false（使之不能登录系统），命令如下：

```
# useradd vsftpd -d /home/vsftpd -s /bin/false
# chown -R vsftpd:vsftpd /home/vsftpd
```

（7）建立虚拟用户个人配置文件。

①创建目录，并切换到创建的目录，命令如下：

```
# mkdir /etc/vsftpd/vconf
# cd /etc/vsftpd/vconf
```

②这里建立虚拟用户 leo 配置文件，并编辑添加如下内容，命令如下：

```
# touch leo
# vi leo
```

内容如下：

```
local_root=/home/vsftpd/leo/
write_enable=YES
anon_world_readable_only=NO
anon_upload_enable=YES
anon_mkdir_write_enable=YES
anon_other_write_enable=YES
```

③建立 leo 用户根目录，命令如下：

```
# mkdir -p /home/vsftpd/leo/
```

（8）防火墙设置，命令如下：

```
# firewall-cmd --zone=public --add-service=ftp -permanent
# firewall-cmd --zone=public --add-port=21/tcp --permanent
# firewall-cmd --zone=public --add-port=40000-40010/tcp --permanent
```

（9）重启 vsftpd 服务器，命令如下：

```
# systemctl restart vsftpd.service
```

使用客户端登录，效果如图 5-20 所示。

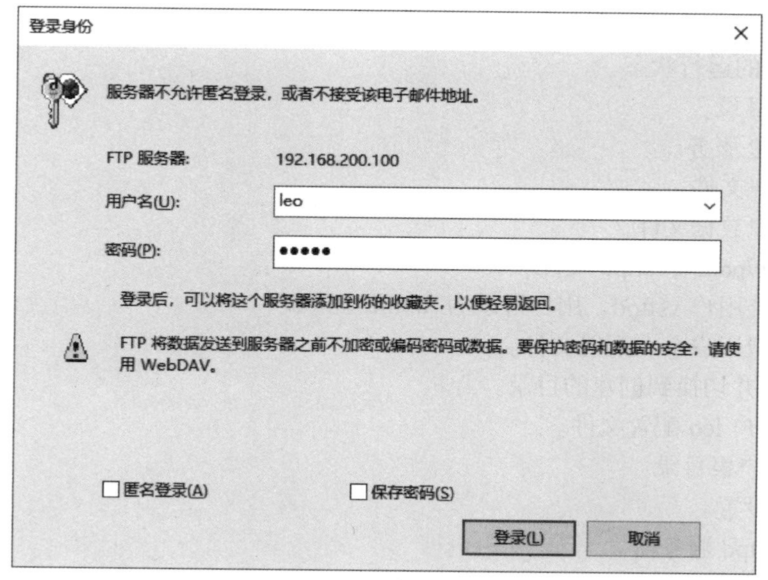


图 5-20　“客户端进行 FTP 连接”界面

**注意：**

进行 FTP 的工具连接时，会发现客户端是可以连接到服务端的，但是传输文件的时候，会发现文件上传和下载都会出现 500、503、200 等状态，这时可以进行以下操作：

将 SELINUX 改为 disabled 或 SELINUX，不对 vsftp 做任何限制，命令如下：

```
# setsebool -P ftpd_connect_all_unreserved 1
```

**练一练**

1. 实践要求

在 Linux 中安装 FTP 服务，并使用客户端进行访问，功能要求如下：

（1）安装与启动 vsftpd。

（2）配置 FTP 服务。

（3）建立用户文件。

（4）生成用户数据文件。

（5）修改 /etc/pam.d/vsftpd 文件。

（6）新建系统用户 vsftpd，用户目录为 /home/vsftpd。

（7）建立虚拟用户个人配置文件。

（8）防火墙设置。

（9）重启 vsftpd 服务器。

视 频

FTP服务器实践项目

2. 实践建议

（1）安装与启动 vsftpd，步骤如下：

①安装 vsftpd。

②启动 vsftpd。

③将 vsftpd 设置开机启动。

④查看 vsftpd 的运行状态。

⑤创建 ftp 根目录。

（2）配置 FTP 服务。

（3）建立用户文件。

（4）生成用户数据文件。

（5）修改 /etc/pam.d/vsftpd 文件。

（6）新建系统用户 vsftpd，用户目录为 /home/vsftpd。

（7）建立虚拟用户个人配置文件。

①创建目录，并切换到创建的目录。

②建立虚拟用户 leo 配置文件。

③建立 leo 用户根目录。

（8）防火墙设置。

（9）重启 vsftpd 服务器。

### 5.3.4 DHCP 服务

动态主机设置协议（Dynamic Host Configuration Protocol，DHCP）是一个局域网的网络协议，使用 UDP 协议工作，主要有两个用途：用于内部网或网络服务供应商自动分配 IP 地址；给用户用于内部网管理员作为对所有计算机作中央管理的手段。

1. 功能概述

DHCP 通常被应用在大型的局域网络环境中，主要作用是集中的管理和分配 IP 地址，使网络环境中的主机动态地获得 IP 地址、Gateway 地址和 DNS 服务器地址等信息，并能够提升地址的使用率。

DHCP 协议采用客户端 / 服务器模型，主机地址的动态分配任务由网络主机驱动。当 DHCP 服务器接收到来自网络主机申请地址的信息时，才会向网络主机发送相关的地址配置等信息，以实现网络主机地址信息的动态配置。DHCP 具有以下功能：

（1）保证任何 IP 地址在同一时刻只能由一台 DHCP 客户机使用。

（2）DHCP 应当可以给用户分配永久固定的 IP 地址。

（3）DHCP 应当可以同用其他方法获得 IP 地址的主机共存（如手工配置 IP 地址的主机）。

（4）DHCP 服务器应当向现有的 BOOTP 客户端提供服务。

DHCP 有三种机制分配 IP 地址：

（1）自动分配方式（Automatic Allocation），DHCP 服务器为主机指定一个永久性的 IP 地址，一旦 DHCP 客户端第一次成功从 DHCP 服务器端租用到 IP 地址后，就可以永久性地使用该地址。

（2）动态分配方式（Dynamic Allocation），DHCP 服务器给主机指定一个具有时间限制的 IP 地址，时间到期或主机明确表示放弃该地址时，该地址可以被其他主机使用。

（3）手工分配方式（Manual Allocation），客户端的 IP 地址是由网络管理员指定的，DHCP 服务器只是将指定的 IP 地址告诉客户端主机。

三种地址分配方式中，只有动态分配可以重复使用客户端不再需要的地址。

DHCP 消息的格式是基于 BOOTP（Bootstrap Protocol）消息格式的，这就要求设备具有

BOOTP 中继代理的功能，并能够与 BOOTP 客户端和 DHCP 服务器实现交互。BOOTP 中继代理的功能，使得没有必要在每个物理网络都部署一个 DHCP 服务器。

2. 相关介绍

（1）DHCP 客户端。在支持 DHCP 功能的网络设备上将指定的端口作为 DHCP Client，通过 DHCP 协议从 DHCP Server 动态获取 IP 地址等信息，来实现设备的集中管理。一般应用于网络设备的网络管理接口上。DHCP 客户端可以带来如下好处：

①降低了配置和部署设备时间。

②降低了发生配置错误的可能性。

③可以集中化管理设备的 IP 地址分配。

（2）DHCP 服务器。DHCP 服务器指的是由服务器控制一段 IP 地址范围，客户端登录服务器时就可以自动获得服务器分配的 IP 地址和子网掩码。

（3）DHCP 中继代理。DHCPRelay（DHCPR）中继也叫作 DHCP 中继代理。DHCP 中继代理，就是在 DHCP 服务器和客户端之间转发 DHCP 数据包。当 DHCP 客户端与服务器不在同一个子网上，就必须有 DHCP 中继代理来转发 DHCP 请求和应答消息。DHCP 中继代理的数据转发，与通常路由转发是不同的，通常的路由转发相对来说是透明传输的，设备一般不会修改 IP 包内容。而 DHCP 中继代理接收到 DHCP 消息后，重新生成一个 DHCP 消息，然后转发出去。在 DHCP 客户端看来，DHCP 中继代理就像 DHCP 服务器；在 DHCP 服务器看来，DHCP 中继代理就像 DHCP 客户端，如图 5-21 所示。

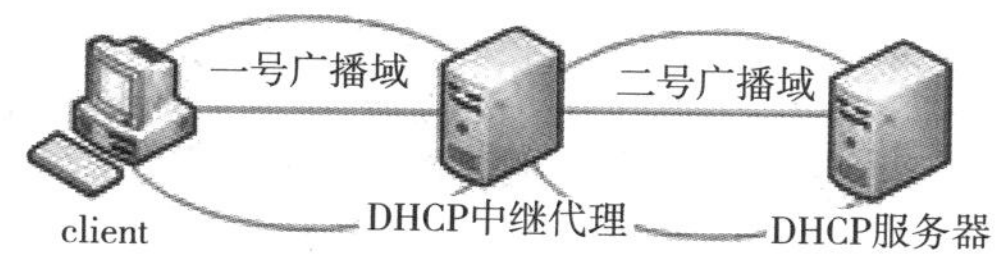


图 5-21　“DHCP 中继代理”示意图

3. 工作原理

DHCP 使用客户端 / 服务器模型，网络管理员建立一个 DHCP 服务器来为客户端分配 IP，同时 DHCP 服务器以地址租约的形式将该配置提供给发出请求的客户端。工作顺序如下：

（1）发现阶段：客户机以广播方式发送 DHCP discover 报文来寻找 DHCP 服务器。

（2）提供阶段：DHCP 服务器在网络中接收到 DHCP discover 报文后会做出响应，它从尚未出租的 IP 地址中挑选一个分配给 DHCP 客户机，向 DHCP 客户机发送一个包含出租的 IP 地址和其他设置的 DHCP offer 报文。

（3）选择阶段：如果有多台 DHCP 服务器向 DHCP 客户机发来 DHCP offer 提供报文，则 DHCP 客户机只接收第一个收到的 DHCP offer 提供报文，然后它就以广播方式回答一个 DHCP request 请求报文，该报文中包含向它所选定的 DHCP 服务器请求 IP 地址的内容。

（4）确认阶段：DHCP 服务器收到 DHCP 客户机回答的 DHCP request 请求报文之后，它便向 DHCP 客户机发送一个包含它所提供的 IP 地址和其他设置的 DHCP ack 确认报文，告诉 DHCP 客户机可以使用它所提供的 IP 地址。

（5）重新登录：以后 DHCP 客户机每次重新登录网络时，就不需要再发送 DHCP discover 发现报文了，而是直接发送包含前一次所分配的 IP 地址的 DHCP request 请求报文。

（6）更新租约：DHCP 服务器向 DHCP 客户机出租的 IP 地址一般都有一个租借期限，期满后 DHCP 服务器便会收回出租的 IP 地址。

4.DHCP 服务器的简单配置

在本次测试中使用两台虚拟机，选择其中的一台主机作为 DHCP 服务机，另一台作为测试机。需要达到以下目的：

① DHCP 主机的 IP：192.168.200.101/24。

② DHCP 动态分配的 IP 范围：192.168.200.100/24—192.168.200.200/24。

③ DHCP 客户端的网关设置：192.168.200.6。

（1）DHCP 服务机的 IP 设置。

①安装 DHCPD 软件，命令如下：

```
# yum install dhcp
```

②查询网卡 ens33 是否绑定 IP 地址，命令如下：

```
# ip addr show dev
```

查询结果如图 5-22 所示。

```
[root@localhost ~]# ip addr show dev ens33
2: ens33: <BROADCAST,MULTICAST,UP,LOWER_UP> mtu 1500 qdisc pfifo_fast state UP g
roup default qlen 1000
    link/ether 00:0c:29:b9:6b:1e brd ff:ff:ff:ff:ff:ff
    inet6 fe80::300a:110d:b0f3:4825/64 scope link noprefixroute
       valid lft forever preferred lft forever
```

图 5-22　查询 IP 绑定情况的界面

③为网卡配置 IP 为 192.168.200.101/24，命令如下：

```
# ip addr add 192.168.200.101/24 brd +  dev ens33
# ip addr show dev ens33
```

执行命令后，结果如图 5-23 所示。

```
[root@localhost ~]# ip addr add 192.168.200.101/24 brd +  dev ens33
[root@localhost ~]# ip addr show dev ens33
2: ens33: <BROADCAST,MULTICAST,UP,LOWER_UP> mtu 1500 qdisc pfifo_fast state UP g
roup default qlen 1000
    link/ether 00:0c:29:b9:6b:1e brd ff:ff:ff:ff:ff:ff
    inet 192.168.200.101/24 brd 192.168.200.255 scope global ens33
       valid lft forever preferred lft forever
```

图 5-23　为网卡绑定 IP 地址的界面

④ DHCP 服务器软件配置，编辑 DHCP 后台软件的配置文件，路径为“/etc/dhcp/dhcpd.conf”，配置内容如下：

```
# 不要更新DDNS的设定
#ddns-update-style none;
# Use this to send dhcp log messages to a different log file (you also
# have to hack syslog.conf to complete the redirection).
```

```
log-facility local7;
# 内部子网的配置
subnet 192.168.200.0 netmask 255.255.255.0 {
  # 地址范围
  range 192.168.200.100 192.168.200.200;
  # DHCP客户端的默认的转发地址
  option routers 192.168.200.6;
  # 预设租期为3天
  default-lease-time 259200;
  # 最大租期为6天
  max-lease-time 518400;
}
```

⑤将 DHCP 服务器绑定在“ens33”网卡上，在“/etc/sysconfig/dhcpd”文件末尾添加如下内容：

```
DHCPDARGS="ens33"
```

⑥开启 DHCP 服务，并进行测试，命令如下：

```
# systemctl start dhcpd.service
# systemctl status dhcpd.service
```

执行命令后，结果如图 5-24 所示。

```
[root@localhost ~]# systemctl status dhcpd.service
● dhcpd.service - DHCPv4 Server Daemon
   Loaded: loaded (/usr/lib/systemd/system/dhcpd.service; disabled; vendor prese
t: disabled)
   Active: active (running) since 四 2018-12-27 23:20:06 PST; 9s ago
     Docs: man:dhcpd(8)
           man:dhcpd.conf(5)
 Main PID: 3480 (dhcpd)
   Status: "Dispatching packets..."
    Tasks: 1
   CGroup: /system.slice/dhcpd.service
           └─3480 /usr/sbin/dhcpd -f -cf /etc/dhcp/dhcpd.conf -user dhcpd -gr...

12月 27 23:20:06 localhost.localdomain dhcpd[3480]: No subnet declaration fo...
12月 27 23:20:06 localhost.localdomain dhcpd[3480]: ** Ignoring requests on ...
12月 27 23:20:06 localhost.localdomain dhcpd[3480]:    you want, please writ...
12月 27 23:20:06 localhost.localdomain dhcpd[3480]:    in your dhcpd.conf fi...
12月 27 23:20:06 localhost.localdomain dhcpd[3480]:    to which interface vi...
12月 27 23:20:06 localhost.localdomain dhcpd[3480]:
12月 27 23:20:06 localhost.localdomain dhcpd[3480]: Listening on LPF/ens33/0...
12月 27 23:20:06 localhost.localdomain dhcpd[3480]: Sending on   LPF/ens33/0...
12月 27 23:20:06 localhost.localdomain dhcpd[3480]: Sending on   Socket/fall...
12月 27 23:20:06 localhost.localdomain systemd[1]: Started DHCPv4 Server Dae...
Hint: Some lines were ellipsized, use -l to show in full.
```

图 5-24　“开启 DHCP 服务”的界面

（2）测试另一台机器是否能够成功自动获取到 IP 和查看路由转发表。

当 DHCP 服务器成功开启之后，测试另一台机器是否能够成功自动获取到 IP 和查看路由转发表，均发现 IP 为“192.168.200.100”，路由为“192.168.200.6”，结果如图 5-25 所示。

```
[root@localhost /]# ip addr show dev ens33
2: ens33: <BROADCAST,MULTICAST,UP,LOWER_UP> mtu 1500 qdisc pfifo_fast state UP group de
fault qlen 1000
    link/ether 00:0c:29:89:d4:a6 brd ff:ff:ff:ff:ff:ff
    inet 192.168.200.100/24 brd 192.168.200.255 scope global noprefixroute dynamic ens3
3
       valid_lft 258839sec preferred_lft 258839sec
    inet6 fe80::8bd7:d7fb:4608:6fe5/64 scope link noprefixroute
       valid_lft forever preferred_lft forever
[root@localhost /]# ip route show
default via 192.168.200.6 dev ens33 proto dhcp metric 100
192.168.122.0/24 dev virbr0 proto kernel scope link src 192.168.122.1
192.168.200.0/24 dev ens33 proto kernel scope link src 192.168.200.100 metric 100
```

图 5-25　获取客户端 IP 与路由信息的界面

练一练

1. 实践要求

熟练在 Linux 中安装 DHCP 服务，并使用客户机进行访问，功能要求如下：

视 频

DHCP服务器实践项目

（1）DHCP 服务机的 IP 设置。

（2）测试另一台机器是否能够成功自动获取到 IP 和查看路由转发表。

2. 实践建议

（1）DHCP 服务机的 IP 设置。

①安装 DHCPD 软件。

②查询网卡“ens33”是否绑定 IP 地址。

③为网卡配置 IP 为 192.168.200.101/24。

④ DHCP 服务器软件配置，编辑 DHCP 后台软件的配置文件，路径为“/etc/dhcp/dhcpd.conf”。

⑤将 DHCP 服务器绑定在“ens33”网卡上。

⑥开启 DHCP 服务，并进行测试。

（2）测试另一台机器是否能够成功自动获取到 IP 和查看路由转发表。

### 5.3.5　Samba 服务

1.Samba 服务的介绍

Samba 是在 Linux 和 UNIX 系统上实现 SMB 协议的一个免费软件，由服务器及客户端程序构成。SMB（Server Messages Block，信息服务块）是一种在局域网上共享文件和打印机的一种通信协议，它为局域网内的不同计算机之间提供文件及打印机等资源的共享服务。SMB 协议是客户机 / 服务器型协议，客户机通过该协议可以访问服务器上的共享文件系统、打印机及其他资源。通过设置“NetBIOS over TCP/IP”使得 Samba 不但能与局域网络主机分享资源，还能与全世界的计算机分享资源。

视 频

Samba工作原理与配置流程

2.Samba 服务的发展

在早期网络世界当中，档案数据在不同主机之间的传输大多是使用 FTP 这个服务器软件来进行传送。不过，使用 FTP 传输档案却有个小问题，就是无法直接修改主机上面的档案数据，也就是说用户想要更改 Linux 主机上的某个档案时，必需要由服务器端将该档案下载到客户端后才能修改，也因此该档案在服务器与客户端都会存在。

如果修改了某个档案，却忘记将数据上传回主机，经过一段时间后，用户可能就无法知道哪个档案才是最新的。

视 频

Samba服务器的实践项目

既然有这样的问题，如果在客户端的机器上面直接取用服务器里的档案，并可以在客户端直接进行服务器端档案的存取，那么客户端就不需要存该档案数据了，也就是说，只要服务器里有档案资料存在就可以。NFS（Network File System）就是这样的档案系统之一，用户只要在客户端将服务器所提供分享的目录挂载进来，那么在客户的机器上面就可以直接取用服务器上的档案数据，而且，该数据就像客户端上面的 partition 一样，除了可以让类 UNIX 的机器互相分享档案的 NFS 服务器之外，在微软上面也有类似的档案系统，那就是 CIFS（Common Internet File System，通用 Internet 文件系统）。CIFS 可以认为是目前常见的“网上邻居”。Windows 系统的计算机可以通过桌面上的“网上邻居”来分享别人所提供的档案数据。不过，NFS 仅能实现 Unix 系统之间的沟通，CIFS 仅能实现 Windows 系统之间的沟通。那么是否有让 Windows 与类 UNIX 这两个不同的平台相互分享档案数据的档案系统？

1991 年一个名叫 Andrew Tridgwell 的大学生 Tridgwell 就自行写了一个 program 去侦测当 DOS 与 DEC 的 Unix 系统在进行数据分享传送时所使用到的通信协议信息，然后将这些重要的信息撷取下来，基于上述所找到的通信协议而开发出 Server Message Block（SMB）档案系统，而这套 SMB 软件就能够让 Unix 与 DOS 互相分享数据。

**注意：**

在 Linux 系统上面可以分享档案数据的文件系统是 NFS，在 Windows 上面使用的“网络邻居”所使用的档案系统为 CIFS。

因此 Tridgwell 就去申请了 SMBServer 这个名字来作为他撰写的这个软件的商标，可惜的是，因为 SMB 是没有意义的文字，因此没有办法达成注册。于是改用 Samba，其中刚好含有 SMB，又是一种拉丁舞蹈的名称，因此最终用这个名字作为商标。如此，这便是我们今天所使用的 SAMBA 的由来。

### 3.Samba 服务搭建与访问

视 频

安装与启动Samba服务器

（1）Samba 的安装。使用 yum 进行包的安装，目的在于可以解决包之间的依赖关系，当然也可以使用 rpm 的方式进行单个安装，命令如下：

```
yum -y install samba samba-commom samba-client
```

（2）查看 Samba 服务，命令如下：

```
rpm -qa | grep samba
```

查询 Samba 的安装结果如图 5-26 所示。

```
[root@localhost ~]# rpm -qa | grep samba
samba-4.8.3-4.el7.x86_64
samba-client-libs-4.8.3-4.el7.x86_64
samba-libs-4.8.3-4.el7.x86_64
samba-common-4.8.3-4.el7.noarch
samba-common-libs-4.8.3-4.el7.x86_64
samba-common-tools-4.8.3-4.el7.x86_64
samba-client-4.8.3-4.el7.x86_64
```

图 5-26　查询 Samba 安装结果的界面

说明

如果安装了 Samba 服务，可以使用“yum remove -y 包名”命令卸载软件。同时为了实验的方便，需要将防火墙关闭，并设置“selinux=disabled”。

视 频

配置Samba服务器

视 频

访问Samba服务器

（3）Samba 服务的软件结构和配置文件说明。

Samba 相关结构、Samba global 配置内容以及 Samba share 的文件设置参数分别见表 5-1~ 表 5-3。

表 5-1　Samba 软件结构

| 配置文件 | 说　明 |
| --- | --- |
| /etc/samba/smb.conf | samba 服务的主要配置文件 |
| /etc/samba/lmhosts | samba 服务的域名设定，主要设置 IP 地址对应的域名，类似 Linux 系统的 /etc/hosts |
| /var/log/samba | samab 服务存放日志文件 |
| /var/lib/samba/private/{passdb.tdb,secrets.tdb} | 存放 samba 的用户账号和密码数据库文档 |

表 5-2　Samba global 配置

| 参　数 | 说　明 |
| --- | --- |
| config file=/etc/samba/smb.conf.%U | 可以让用户使用另一个配置文件来覆盖缺省的配置文件。如果文件不存在，则该项无效 |
| workgroup=WORKGROUP | 工作组名称 |
| Server string=Samba Server Version %v | 主机的简易说明 |
| netbios name=MYSERVER | 主机的 netBIOS 名称，如果不填写，则默认服务器 DNS 的一部分，workgroup 和 netbios name 名字相同 |
| interfaces=lo eth0 192.168.12.2/24 192.168.13.2/24 | 设置 samba 服务器监听网卡，可以写网卡名称或 IP 地址，默认注释 |
| hosts allow=127.0.0.1 | 设置允许连接到 samba 服务器的客户端，默认注释 |
| hosts deny=192.168.12.0/255.255.255.0 | 设置不允许连接到 samba 服务器的客户端，默认注释 |
| log level=1 | 日志文件安全级别，0~10 级别，默认为 0 |
| log file=/var/log/samba/%m | 产生日志文件的命名，默认以访问者 IP 地址命名 |
| max log size=50 | 日志文件最大容量为 50，默认为 50，单位为 KB，0 表示不限制 |
| security=share | 设置用户访问 samba 服务器的验证方式，一共有四种：<br>1.share：用户访问 samba 服务器不需要提供用户名和口令，安全性能较低。<br>2.user：samba 服务器共享目录只能被授权的用户访问，由 samba 服务器负责检查账号和密码的正确性。账号和密码要在本 samba 服务器中建立。<br>3.server：依靠 samba 服务器来验证用户的账号和密码，是一种代理验证。此种安全模式下，系统管理员可以把所有的 Windows 用户和口令集中到一个 NT 系统上，使用 Windows NT 进行 samba 认证，远程服务器可以自动认证全部用户和口令，如果认证失败，samba 将使用用户级安全模式作为替代方式。<br>4.domain：域安全级别，使用主域控制器（PDC）来完成认证 |

续上表

| 参　数 | 说　明 |
| --- | --- |
| passdb backend=tdbsam | 定义用户后台类型：<br>1.smbpasswd：使用 SMB 服务，smbpasswd 命令给系统用户设置 SMB 密码。<br>2.tdbsam：创建数据库文件，并使用 pdbedit 建立 SMB 独立用户，smbpasswd-a username 建立 Samba 用户，并设置密码，不过建立 Samba 用户<br>必须先建立系统用户，也可以使用 pdbedit 命令来建立 samba 用户，命令如下：<br>pdbedit-a username：新建 samba 账户<br>pdbedit-x username：删除 samba 账户<br>pdbedit-L：列出 samba 用户列表，读取 passdb.tdb 数据库文件<br>pdbedit-Lv：列出 samba 用户列表的详细信息<br>pdbedit-c "[D]" -u username：暂停该 samba 用户的账号<br>pdbedit-c "[]" -u username：恢复该 samba 用户的账号<br>3.ldapsam：基于 LDAP 服务进行账户验证 |
| username map=/etc/samba/smbusers | 配合 /etc/samba/smbusers 文件设置虚拟用户 |

表 5-3　Samba share 配置

| 参　数 | 说　明 |
| --- | --- |
| comment=This is share software | 共享描述 |
| path=/home/testfile | 共享目录路径 |
| browseable=yes/no | 设置共享是否可浏览，如果 no，就表示隐藏，需要通过 IP+ 共享名称进行访问 |
| writable=yes/no | 设置共享是否具有可写权限 |
| read only=yes/no | 设置共享是否具有只读权限 |
| admin users=root | 设置共享的管理员，如果 security =share 时，引项无效，多用户中间使用逗号隔开，例如 admin users=root,user1,user2 |
| valid users=username | 设置允许访问共享的用户，例如 valid users=user1,user2,@group1,@group2（多用户或组使用逗号隔开，@group 表示 group 用户组） |
| invalid users=username | 设置不允许访问共享的用户 |
| write list=username | 设置在共享具有写入权限的用户，例如 write list =user1,user2,@group1,@group2（多用户或组使用逗号隔开，@group 表示 group 用户组） |
| public=yes/no | 设置共享是否允许 guest 账户访问 |
| guest ok=yes/no | 功能同 public 一样 |
| create mask=0700 | 创建的文件权限为 700 |
| directory mode=0700 | 创建的文件目录权限为 700 |

（4）配置需要账号密码访问共享文件夹。

①配置 global 文件，配置内容如下：

```
workgroup=WORKGROUP                   #工作组名称
server string=Samba Server Version %v  #主机的简易说明
```

```
log level=1                                  #日志文件安全级别，0~10级别，默认为0
log file=/var/log/samba/%m                   #产生日志文件的命名
max log size=50                              #日志文件最大容量为50，默认为50
security=user                                #授权的访问用户
passdb backend=tdbsam                        #定义用户后台类型
```

②配置 share 文件，配置内容如下：

```
comment=Home Directories                     #共享描述
path=/home/shareuser                         #共享目录路径
browseable=yes                               #设置共享是否可浏览
writable=yes                                 #设置共享是否具有可写权限
admin users =test                            #设置共享的管理员，例如test
valid users =test                            #设置允许访问共享的用户，例如test
create mask=0777                             #创建的文件权限
directory mask=0777                          #创建的文件目录权限
```

③创建配置文件中对应的共享目录，并为目录赋权。目录为“/home/shareuser”，权限为“0777”，创建步骤如下：

- 创建“/home/shareuser”目录，命令如下：

```
mkdir /home/shareuser
```

- 修改“/home/shareuser”目录权限为“777”，命令如下：

```
chmod 777 /home/shareuser
```

④创建测试用户“test”，将系统用户“test”添加为 Samba 用户，并设置 Samba 用户的登录密码。

- 创建测试用户“test”，命令如下：

```
useradd test
```

- 将系统用户“test”添加为 Samba 用户，并设置 Samba 用户的登录密码。

```
smbpasswd -a test
```

⑤访问测试。

事先在“/home/shareuser”目录下创建一个文件，并在 Windows 的对话框中输入目标机器的地址，查看是否能够访问到该文件，如图 5-27 和图 5-28 所示。

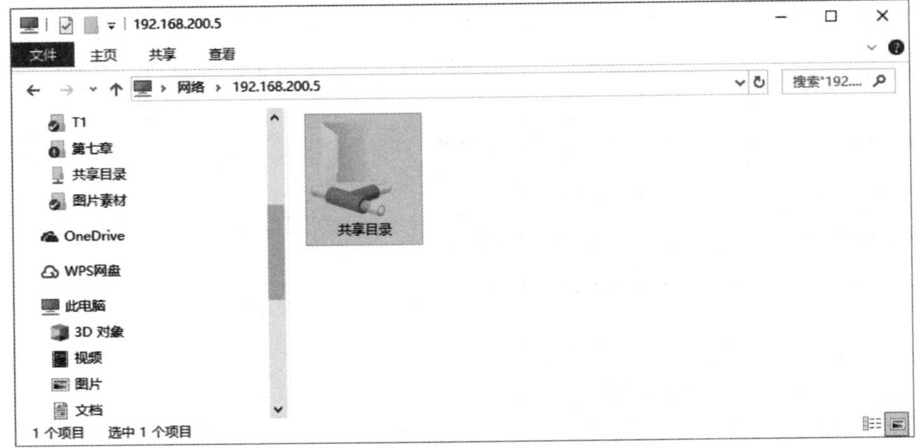


图 5-27　通过 Windows 访问共享目录的界面

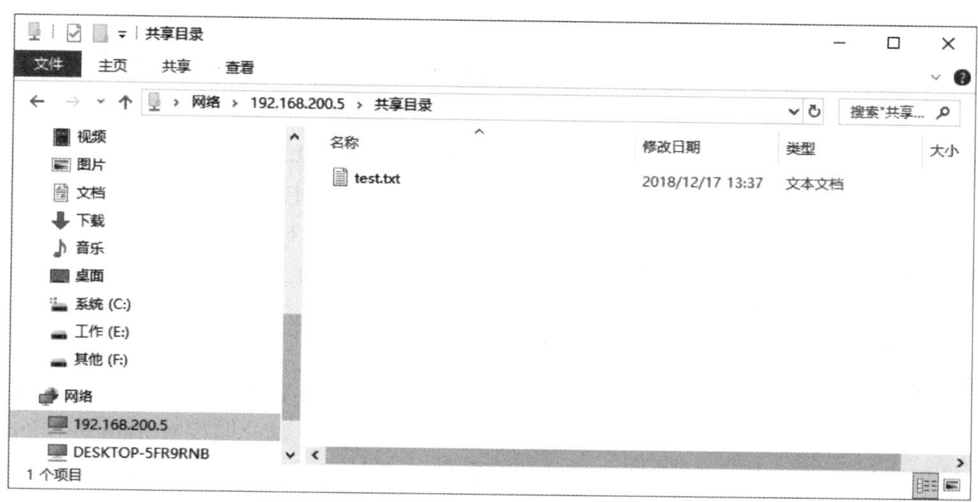


图 5-28　查看共享目录下文件列表的界面

### 5.3.6　Nginx 服务

#### 1.Nginx 服务的简介

Nginx 是一款轻量级的 Web 服务器 / 反向代理服务器及电子邮件（IMAP/POP3）代理服务器，同时 Nginx 也可以托管网站，进行 HTTP 服务处理，并在一个 BSD-like 协议下发行。Nginx 由俄罗斯的程序设计师 Igor Sysoev 开发，供俄罗斯大型的入口网站及搜索引擎 Rambler 使用。其特点是占有内存少，并发能力强。事实上，Nginx 的并发能力在同类型的网页服务器中表现较好，中国使用 Nginx 网站的用户有百度、京东、新浪、网易、腾讯和淘宝等。

代理（Proxy）也称网络代理，是一种特殊的网络服务，它指允许一个网络终端（一般为客户端）通过这个服务与另一个网络终端（一般为服务器）进行非直接的连接。一些网关、路由器等网络设备具备网络代理功能。一般认为代理服务有利于保障网络终端的隐私或安全，防止计算机被攻击。

提供代理服务的计算机系统或其他类型的网络终端称为代理服务器（Proxy Server）。一个完整的代理请求过程为客户端首先与代理服务器创建连接，接着根据代理服务器所使用的代理协议，请求对目标服务器创建连接或者获得目标服务器的指定资源（如文件）。在后一种情况中，代理服务器可能对目标服务器的资源下载至本地缓存，如果客户端所要获取的资源在代理服务器的缓存之中，则代理服务器不会向目标服务器发送请求，而是直接返回缓存了的资源。一些代理协议允许代理服务器改变客户端的原始请求和目标服务器的原始响应，以满足代理协议的需要。代理服务器的选项和设置在计算机程序中，通常包括一个“防火墙”，允许用户输入代理地址，它会遮盖用户的网络活动，允许绕过互联网过滤实现网络访问。反向代理如图 5-29 所示。

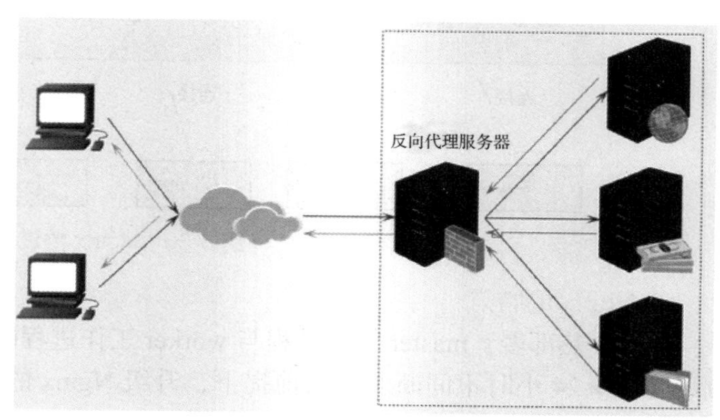


图 5-29　“反向代理”示意图

### 2.Nginx 的架构

众所周知，Nginx 性能高，而 Nginx 的高性能与其架构是分不开的。这一节主要介绍 Nginx 的框架。

Nginx 在启动后，在系统后台运行，后台进程包含一个 master 进程和多个 worker 进程。用户也可以手动地关掉后台模式，让 Nginx 在前台运行，还可以通过配置让 Nginx 取消 master 进程，从而可以使 Nginx 以单进程方式运行。正常环境下，关闭后台模式是用来调试程序的。所以，Nginx 是以多进程的方式工作的，当然 Nginx 也支持多线程的方式，只是主流的使用方式还是多进程的方式，同时也是 Nginx 的默认方式。Nginx 采用多进程的方式有诸多好处，下面主要讲解 Nginx 的多进程模式。

由于 Nginx 在启动后，会有一个 master 进程和多个 worker 进程。master 进程主要用来管理 worker 进程，包含接收来自外界的信号、向各 worker 进程发送信号以及监控 worker 进程的运行状态，当 worker 进程退出后（异常情况下），会自动重新启动新的 worker 进程。而基本的网络请求事件则是放在 worker 进程中来处理。多个 worker 进程之间是对等的，它们同等地竞争来自客户端的请求，各进程互相之间是独立的。一个请求只可能在一个 worker 进程中处理，一个 worker 进程不可能处理其他进程的请求。worker 进程的个数是可以设置的，一般会将其设置与机器 CPU 核数一致，其设置一致的原因与 Nginx 的进程模型以及事件处理模型是分不开的。

Nginx 的进程模型如图 5-30 所示。

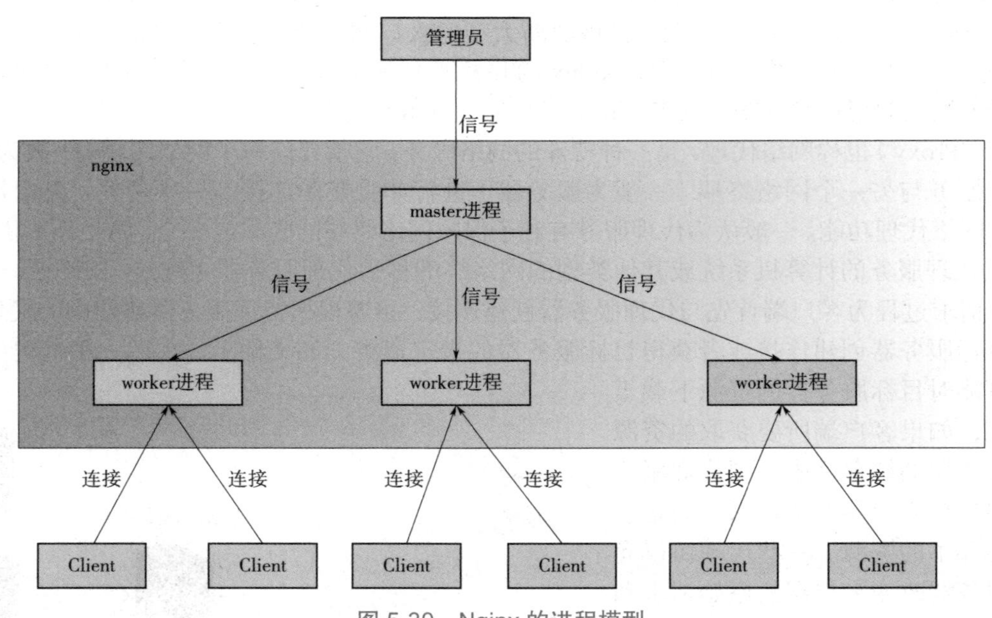


图 5-30　Nginx 的进程模型

### 3.Nginx 的特点

（1）热部署。master 管理进程与 worker 工作进程的分离设计使得 Nginx 具有热部署的功能，那么在 7×24 小时不间断服务的前提下，升级 Nginx 的可执行文件。也可以在不停止服务的情况下修改配置文件或更换日志文件。

（2）可以非阻塞、高并发连接。这是一个很重要的特性，在这个互联网快速发展的时代，互联网用户数量不断增加，一些大公司的网站都需要面对高并发请求，如果有一个能够在峰值顶住10 万以上并发请求的 Server，肯定会得到大家的青睐。理论上，Nginx 支持的并发连接上限取决于用户的内存，10 万远未封顶。

（3）低的内存消耗。在一般情况下，10 000 个非活跃的 HTTP Keep-Alive 连接在 Nginx 中仅消耗 2.5 MB 的内存，这也是 Nginx 支持高并发连接的基础。

（4）处理响应请求很快。在正常的情况下，单次请求会得到更快的响应。在高峰期，Nginx 可以比其他的 Web 服务器更快地响应请求。

（5）具有很高的可靠性。Nginx 是一个高可靠性的 Web 服务器，这也是用户选择 Nginx 的基本条件，现在很多网站都在使用 Nginx，足以说明 Nginx 的可靠性。高可靠性来自其核心框架代码的优秀设计和模块设计的简单性，并且这些模块都非常稳定。

### 4.Nginx 反向代理和 Apache 集群搭建

（1）Nginx 集群服务器配置。Nginx 反向代理与 Apache 集群配置见表 5-4。

表 5-4 Nginx 反向代理与 Apache 集群配置

| IP 地址 | 端口 | 安装程序 |
|---|---|---|
| 192.168.200.3 | 80 | Nginx |
| 192.168.200.4 | 80 | Apache |
| 192.168.200.5 | 80 | Apache |

（2）Apache 安装。Apache 程序是目前拥有很高市场占有率的 Web 服务程序之一，其跨平台和安全性被广泛认可，且拥有快速、可靠、简单的 API 扩展。它的名字寓意着拥有高超的作战策略和无穷的耐性，在红帽 RHEL5、6、7 系统中，Apache 程序一直作为默认的 Web 服务程序，并且也一直是红帽 RHCSA 和红帽 RHCE 的考试重点内容。Apache 服务程序可以运行在 Linux 系统、Unix 系统甚至是 Windows 系统中，支持基于 IP、域名及端口号的虚拟主机的功能，支持多种 HTTP 认证方式，支持集成有代理服务器的模块以及安全 Socket 层 (SSL)，能够实时监视服务状态与定制日志消息，并有着各类丰富的模块支持。因此，我们将使用 Apache 作为 Web 服务程序。Apache 安装步骤如下：

①安装 Apache 服务程序（apache 服务的软件包的名称是 httpd），命令如下：

```
yum install httpd -y
```

控制台输出“Complete”表示安装完成，如图 5-31 所示。

②将 Apache 服务添加到开机自动启动文件中，命令如下：

```
systemctl start httpd
systemctl enable httpd
```

```
Loading mirror speeds from cached hostfile
 * base: mirrors.aliyun.com
 * extras: mirrors.aliyun.com
 * updates: mirrors.huaweicloud.com
Resolving Dependencies
--> Running transaction check
---> Package httpd.x86_64 0:2.4.6-88.el7.centos will be installed
--> Finished Dependency Resolution

Dependencies Resolved

================================================================================================
 Package            Arch                 Version                          Repository       Size
================================================================================================
Installing:
 httpd              x86_64               2.4.6-88.el7.centos              base            2.7 M

Transaction Summary
================================================================================================
Install  1 Package

Total download size: 2.7 M
Installed size: 9.4 M
Downloading packages:
httpd-2.4.6-88.el7.centos.x86_64.rpm                                     | 2.7 MB  00:00:06
Running transaction check
Running transaction test
Transaction test succeeded
Running transaction
  Installing : httpd-2.4.6-88.el7.centos.x86_64                                              1/1
  Verifying  : httpd-2.4.6-88.el7.centos.x86_64                                              1/1

Installed:
  httpd.x86_64 0:2.4.6-88.el7.centos

Complete!
```

图 5-31　执行安装命令后输出信息的界面

③在浏览器中输入地址进行测试，显示 Apache 默认页面，如图 5-32 所示。

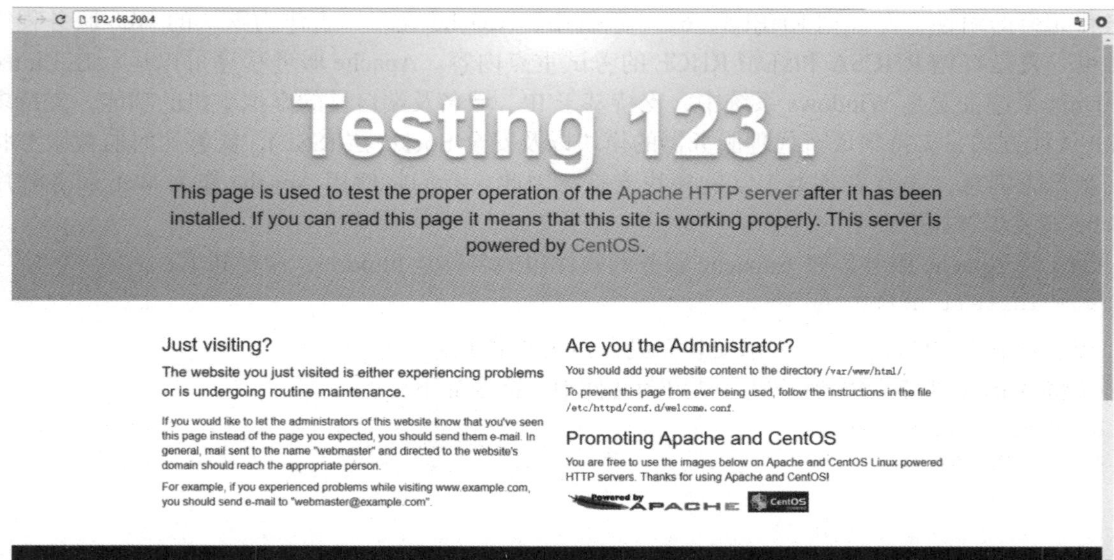


图 5-32　显示默认页面的界面

**说明**

如果出现图 5-35 的页面，证明 Apache 安装成功，并在正常运行中。

④站点发布。查看 /etc/httpd/conf/httpd.conf 配置文件，找到 DocumentRoot 参数配置的地址。查看后可发现 DocumentRoot 配置的地址为“/var/www/html”，因此在“/var/www/html”目录下创建一个“index.html”页面以供测试，命令如下：

```
echo "Apache 1" > /var/www/html/index.html
```

测试结果如图 5-33 所示。

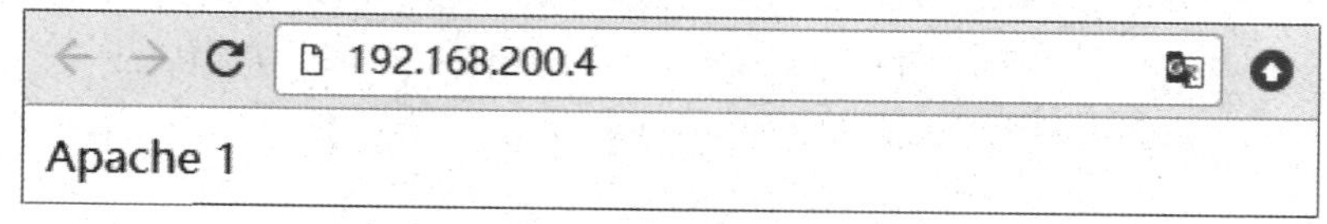


图 5-33　index.html 内容显示的界面

**说明**

在该实验中，仅仅是为了测试负载均衡搭建是否成功，因此仅仅发布一个 index.html 页面即可。按照上述的步骤将 IP 为“192.168.200.5”的机器也安装 Apache，并且发布站点，将 index.html 文件中的内容修改为“Apache 2”。

（3）Nginx 安装。在 CentOS 7.4 中使用 yum 安装 Nginx 的方法，安装步骤如下：

①添加源，默认情况 CentOS 7.4 中无 Nginx 的源，但是 Nginx 官网提供了 CentOS 的源地址，因此可以执行如下命令：

```
# rpm -Uvh http://nginx.org/packages/centos/7/noarch/RPMS/nginx-release-
centos-7-0.el7.ngx.noarch.rpm
```

执行添加源操作输出的结果如图 5-34 所示。

```
[root@master /]# rpm -Uvh http://nginx.org/packages/centos/7/noarch/RPMS/nginx-release-centos-7-0.el
7.ngx.noarch.rpm
Retrieving http://nginx.org/packages/centos/7/noarch/RPMS/nginx-release-centos-7-0.el7.ngx.noarch.rp
m
warning: /var/tmp/rpm-tmp.YknQoW: Header V4 RSA/SHA1 Signature, key ID 7bd9bf62: NOKEY
Preparing...                          ################################# [100%]
Updating / installing...
   1:nginx-release-centos-7-0.el7.ngx ################################# [100%]
```

图 5-34　执行添加源操作的输出界面

②安装 Nginx，输入以下命令：

```
# yum install -y nginx
```

查看是否已经成功添加源。如果成功，则执行下列命令安装 Nginx。安装过程信息输出内容如图 5-35 所示。

③启动 Nginx，并设置开机自动运行，命令如下：

```
# systemctl start nginx.service
# systemctl enable nginx.service
# service nginx start
```

```
[root@localhost ~]# yum install -y nginx
Loaded plugins: fastestmirror, langpacks
Loading mirror speeds from cached hostfile
 * base: mirrors.cn99.com
 * extras: mirrors.cn99.com
 * updates: mirrors.cn99.com
Resolving Dependencies
--> Running transaction check
---> Package nginx.x86_64 1:1.14.2-1.el7_4.ngx will be installed
--> Finished Dependency Resolution

Dependencies Resolved

================================================================================
 Package            Arch              Version                    Repository    Size
================================================================================
Installing:
 nginx              x86_64            1:1.14.2-1.el7_4.ngx       nginx        754 k

Transaction Summary
================================================================================
Install  1 Package

Total download size: 754 k
Installed size: 2.6 M
Downloading packages:
nginx-1.14.2-1.el7_4.ngx.x86_64.rpm 11% [==-           ] 7.1 kB/s |  86 kB  00:01:33 ETA
```

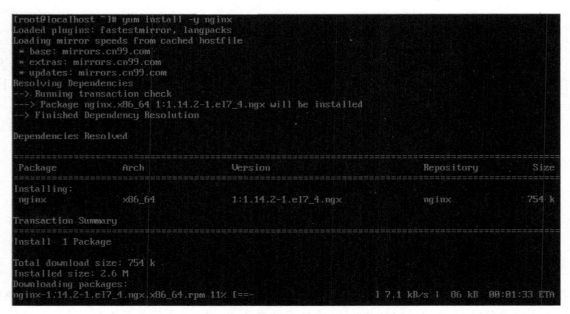

图 5-35　安装过程信息输出界面

**说明**

nginx 部分命令如下：

启动命令：service nginx start。

停止命令：service nginx stop。

重启命令：service nginx restart。

④查看浏览效果，在浏览器中输入用户的服务器地址即可，如图 5-36 所示。

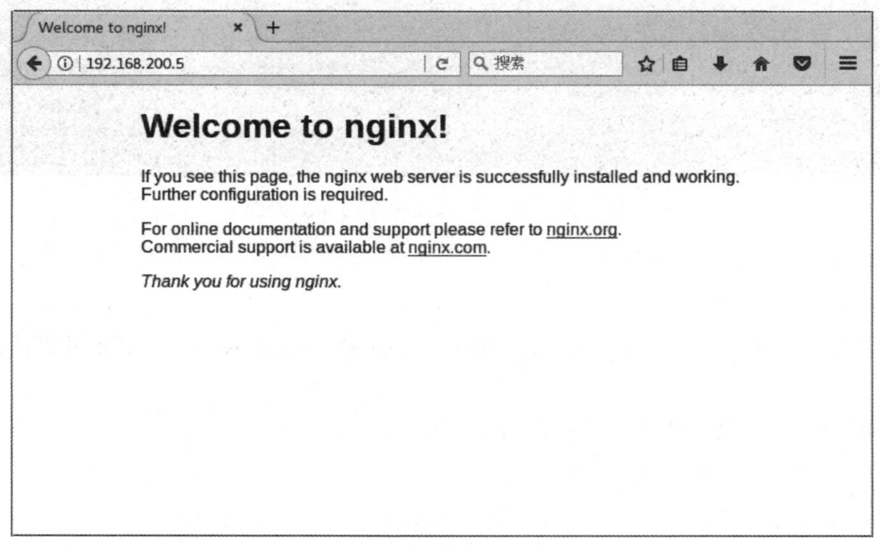


图 5-36　访问 Nginx 默认页面的界面

（4）配置与使用负载均衡。使用编辑工具打开“/etc/nginx/nginx.conf”配置文件，查看配置文件内容，其中有一项内容为“include /etc/nginx/conf.d/*.conf”，表示包含其他文件。通过“include /etc/nginx/conf.d/*.conf”找到“/etc/nginx/conf.d/default.conf”文件，并修改配置内容。配置步骤如下：

①在 server 节点的 location 节点下添加反向代理相关配置，内容为“proxy_pass http://test.com;”。

②在 server 节点的上方添加如下内容：

```
upstream test.com {
#upstream的负载均衡，weight是权重，可以根据机器配置定义权重。weigth参数表示权值，权值越高被分配到的几率越大。
server 192.168.200.4:80 weight=3;
server 192.168.200.5:80 weight=2;
}
```

配置文件的配置内容如图 5-37 所示。

```
upstream test.com {
#upstream的负载均衡，weight是权重，可以根据机器配置定义权重。
#weigth参数表示权值，权值越高被分配到的几率越大。
server 192.168.200.4:80 weight=3;
server 192.168.200.5:80 weight=2;
}
server {
    listen       80;
    server_name  localhost;
    location / {
        proxy_pass http://test.com;
        root   html;
        index  index.html index.htm;
    }
    error_page   500 502 503 504  /50x.html;
    location = /50x.html {
        root   /usr/share/nginx/html;
    }
}
```

图 5-37　配置文件中配置内容的界面

③重启 Nginx 服务，命令如下：

```
service nginx restart
```

④反向代理的测试，测试方式是在浏览器中输入 Nginx 服务器地址，显示效果如图 5-38 和图 5-39 所示。

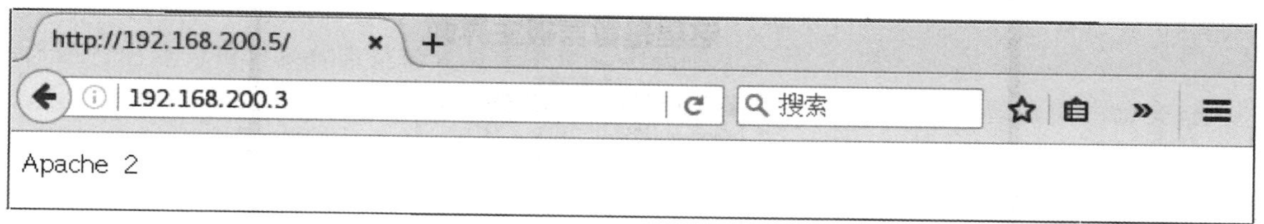


图 5-38　地址为“192.168.200.5”的 Apache 服务器返回界面

图 5-39　地址为“192.168.200.4”的 Apache 服务器返回界面

# 5.4 项目准备

## 5.4.1 需求说明

在 CentOS 7.4 中安装 MySQL 服务和 Tomcat 服务，并将网站部署到 Tomcat 服务中。登录页面效果如图 5-40 所示，留言列表页面如图 5-41 所示，留言页面如图 5-42 所示。

图 5-40　登录页面

图 5-41　留言列表页面

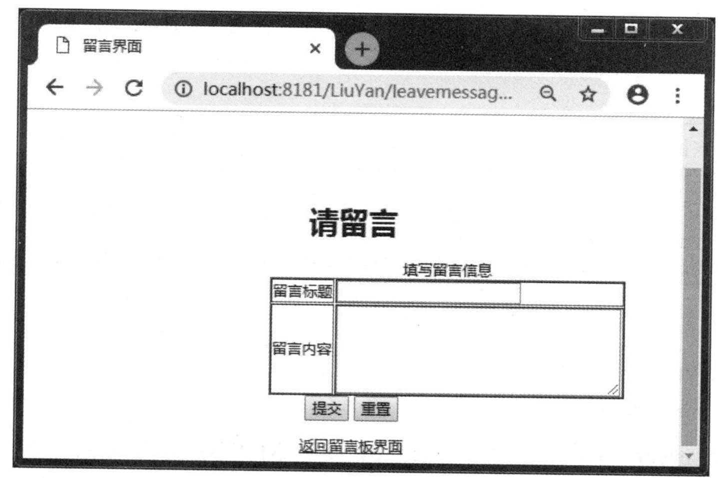


图 5-42　留言页面

### 5.4.2　实现思路

（1）安装 MySQL 服务，并设置数据库的登录账号与密码，使用给定的 SQL 脚本初始化数据库。

（2）安装 JDK，并设置环境变量。

（3）安装 Tomcat 服务，并配置 Tomcat。

（4）将项目打包成 war 包，并将 war 包发布到 Tomcat 站点目录下。

（5）在浏览器中访问网站，并登录系统，验证站点是否能够正常运行。

## 5.5　项目实施

### 5.5.1　安装 MySQL 服务

安装 MySQL 服务，并设置数据库的登录账号与密码，使用给定的 SQL 脚本初始化数据库。

（1）下载 MySQL 的 yum repo 配置文件，命令如下，下载 yum 配置文件的界面如图 5-43 所示。

```
# wget https://dev.mysql.com/get/mysql57-community-release-el7-9.noarch.rpm
```

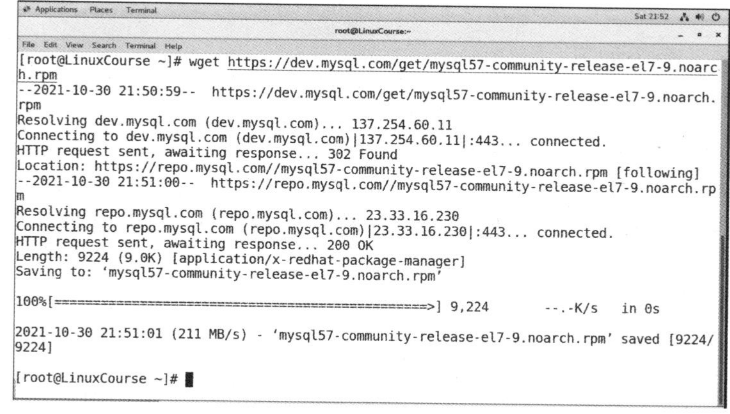


图 5-43　下载 yum 配置文件的界面

（2）解压下载完成的 yum repo 配置文件，命令如下，安装 MySQL 源的界面如图 5-44 所示。

```
# rpm -ivh mysql57-community-release-el7-9.noarch.rpm
```

```
[root@LinuxCourse ~]# rpm -ivh mysql57-community-release-el7-9.noarch.rpm
warning: mysql57-community-release-el7-9.noarch.rpm: Header V3 DSA/SHA1 Signature, key ID
5072e1f5: NOKEY
Preparing...                          ################################# [100%]
Updating / installing...
   1:mysql57-community-release-el7-9  ################################# [100%]
```

图 5-44　安装 mysql 源的界面

（3）切换到 /etc/yum.repos.d 目录下，命令如下：

```
# cd /etc/yum.repos.d
```

在线安装 mysql-server，命令如下，使用 yum 安装 MySQL 的界面如图 5-45 所示。

```
# yum install mysql-server
```

```
[root@LinuxCourse ~]# cd /etc/yum.repos.d/
[root@LinuxCourse yum.repos.d]# yum install mysql-server
Loaded plugins: fastestmirror, langpacks
mysql-connectors-community                                   | 2.6 kB  00:00:00
mysql-tools-community                                        | 2.6 kB  00:00:00
mysql57-community                                            | 2.6 kB  00:00:00
(1/3): mysql-connectors-community/x86_64/primary_db          |  87 kB  00:00:01
(2/3): mysql-tools-community/x86_64/primary_db               |  92 kB  00:00:01
(3/3): mysql57-community/x86_64/primary_db                   | 288 kB  00:00:01
Loading mirror speeds from cached hostfile
 * base: mirrors.bupt.edu.cn
 * extras: mirrors.bupt.edu.cn
 * updates: mirrors.bupt.edu.cn
Resolving Dependencies
--> Running transaction check
---> Package mysql-community-server.x86_64 0:5.7.36-1.el7 will be installed
--> Processing Dependency: mysql-community-common(x86-64) = 5.7.36-1.el7 for package: mysq
l-community-server-5.7.36-1.el7.x86_64
--> Processing Dependency: mysql-community-client(x86-64) >= 5.7.9 for package: mysql-comm
unity-server-5.7.36-1.el7.x86_64
--> Running transaction check
---> Package mysql-community-client.x86_64 0:5.7.36-1.el7 will be installed
```

图 5-45　使用 yum 安装 MySQL 的界面

（4）启动 MySQL 服务，命令如下：

```
# systemctl start mysqld
```

获取 MySQL 临时密码，命令如下：

```
# grep 'temporary password' /var/log/mysqld.log
```

使用临时密码登录 MySQL，命令如下，使用临时密码登录 MySQL 的界面如图 5-46 所示。

```
# mysql -h localhost -u root -p
```

```
[root@LinuxCourse yum.repos.d]# systemctl start mysqld
[root@LinuxCourse yum.repos.d]# grep 'temporary password' /var/log/mysqld.log
2021-10-30T14:20:02.160792Z 1 [Note] A temporary password is generated for root@localhost:
 h1HCeor)kisL
[root@LinuxCourse yum.repos.d]# mysql -h localhost -u root -p
Enter password:
Welcome to the MySQL monitor.  Commands end with ; or \g.
Your MySQL connection id is 2
Server version: 5.7.36

Copyright (c) 2000, 2021, Oracle and/or its affiliates.

Oracle is a registered trademark of Oracle Corporation and/or its
affiliates. Other names may be trademarks of their respective
owners.

Type 'help;' or '\h' for help. Type '\c' to clear the current input statement.

mysql>
```

图 5-46　使用临时密码登录 MySQL 的界面

（5）启设置密码级别为 LOW，命令如下：

```
mysql> set global validate_password_policy=LOW;
```

更改 root 用户密码，命令如下，设置密码级别及修改 root 密码的界面如图 5-47 所示。

```
mysql> ALTER USER 'root'@'localhost' IDENTIFIED BY '@abcd23456';
```

```
mysql> set global validate_password_policy=LOW;
Query OK, 0 rows affected (0.00 sec)

mysql> ALTER USER 'root'@'localhost' IDENTIFIED BY '@abcd123456';
Query OK, 0 rows affected (0.00 sec)
```

图 5-47　设置密码级别及修改 root 密码的界面

### 5.5.2　安装 JDK，并设置环境变量

（1）切换到 JDK 压缩包所在目录，使用 tar 命令安装，命令如下，安装 JDK 的界面如图 5-48 所示。

```
# tar -zxvf jdk-8u161-linux-x64.tar.gz
```

```
[root@LinuxCourse data]# tar -zxvf jdk-8u161-linux-x64.tar.gz
jdk1.8.0_161/
jdk1.8.0_161/javafx-src.zip
jdk1.8.0_161/bin/
jdk1.8.0_161/bin/jmc
jdk1.8.0_161/bin/serialver
jdk1.8.0_161/bin/jmc.ini
jdk1.8.0_161/bin/jstack
jdk1.8.0_161/bin/rmiregistry
jdk1.8.0_161/bin/unpack200
jdk1.8.0_161/bin/jar
jdk1.8.0_161/bin/jps
jdk1.8.0_161/bin/wsimport
```

图 5-48　安装 JDK 的界面

（2）先输入 “ll” 命令查看 JDK 解压目录名称为 jdk1.8.0_161，修改 JDK 目录名称的界面如图 5-49

所示，然后修改此目录，命令如下：

```
# mv jdk1.8.0_161/ jdk
# ll
```

再次输入“ll”命令查看 JDK 解压目录名称已经修改为 jdk。

```
[root@LinuxCourse data]# ll
total 185312
drwxr-xr-x. 8   10  143       255 Dec 20  2017 jdk1.8.0_161
-rw-r--r--. 1 root root 189756259 May  4  2020 jdk-8u161-linux-x64.tar.gz
[root@LinuxCourse data]# mv jdk1.8.0_161/ jdk
[root@LinuxCourse data]# ll
total 185312
drwxr-xr-x. 8   10  143       255 Dec 20  2017 jdk
-rw-r--r--. 1 root root 189756259 May  4  2020 jdk-8u161-linux-x64.tar.gz
```

图 5-49　修改 JDK 目录名称的界面

（3）进入配置文件 /etc/profile，命令如下：

```
# vim /etc/profile
```

在文末添加以下 Java 环境变量：

```
export JAVA_HOME=/DATA/jdk
export PATH=$PATH:$JAVA_HOME/bin
export CLASSPATH=.:$JAVA_HOME/lib/dt.jar:$JAVA_HOME/lib/tools.jar
```

在末行模式使用“：wq”，保存退出，配置 JDK 环境变量的界面如图 5-50 所示。

```
export JAVA_HOME=/data/jdk
export PATH=$PATH:$JAVA_HOME/bin
export CLASSPATH=.:$JAVA_HOME/lib/dt.jar:$JAVA_HOME/lib/tools.jar


:wq
```

图 5-50　配置 JDK 环境变量的界面

（4）输入如下命令，让修改后的环境变量生效，加载 JDK 配置文件的界面如图 5-51 所示。

```
# source /etc/profile
```

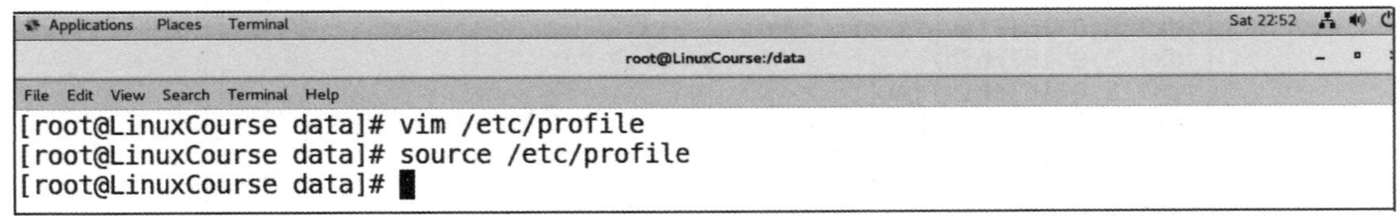


图 5-51　加载 JDK 配置文件的界面

### 5.5.3　安装并配置 Tomcat

（1）解压 Tomcat 至指定目录，命令如下，安装配置 Tomcat 服务的界面如图 5-52 所示。

```
# tar -zxvf apache-tomcat-8.5.72.tar.gz
```

```
[root@LinuxCourse data]# tar -zxvf apache-tomcat-8.5.72.tar.gz
apache-tomcat-8.5.72/conf/
apache-tomcat-8.5.72/conf/catalina.policy
apache-tomcat-8.5.72/conf/catalina.properties
apache-tomcat-8.5.72/conf/context.xml
apache-tomcat-8.5.72/conf/jaspic-providers.xml
apache-tomcat-8.5.72/conf/jaspic-providers.xsd
apache-tomcat-8.5.72/conf/logging.properties
apache-tomcat-8.5.72/conf/server.xml
apache-tomcat-8.5.72/conf/tomcat-users.xml
apache-tomcat-8.5.72/conf/tomcat-users.xsd
```

图 5-52　安装配置 Tomcat 服务的界面

（2）切换 Tomcat 安装目录下的 bin 目录，并启动服务，命令如下，启动 Tomcat 服务的界面如图 5-53 所示。

```
# cd /data/apache-tomcat-8.5.72/bin
# ./startup.sh
```

```
[root@LinuxCourse data]# cd /data/apache-tomcat-8.5.72/bin
[root@LinuxCourse bin]# ./startup.sh
Using CATALINA_BASE:   /data/apache-tomcat-8.5.72
Using CATALINA_HOME:   /data/apache-tomcat-8.5.72
Using CATALINA_TMPDIR: /data/apache-tomcat-8.5.72/temp
Using JRE_HOME:        /data/jdk
Using CLASSPATH:       /data/apache-tomcat-8.5.72/bin/bootstrap.jar:/data/apache-tomcat-8.
5.72/bin/tomcat-juli.jar
Using CATALINA_OPTS:
Tomcat started.
```

图 5-53　启动 Tomcat 服务的界面

（3）在浏览器中输入 Tomcat 默认地址，即‘本机 ip:8080’，测试服务是否正常，如图 5-54 所示，Tomcat 启动成功。

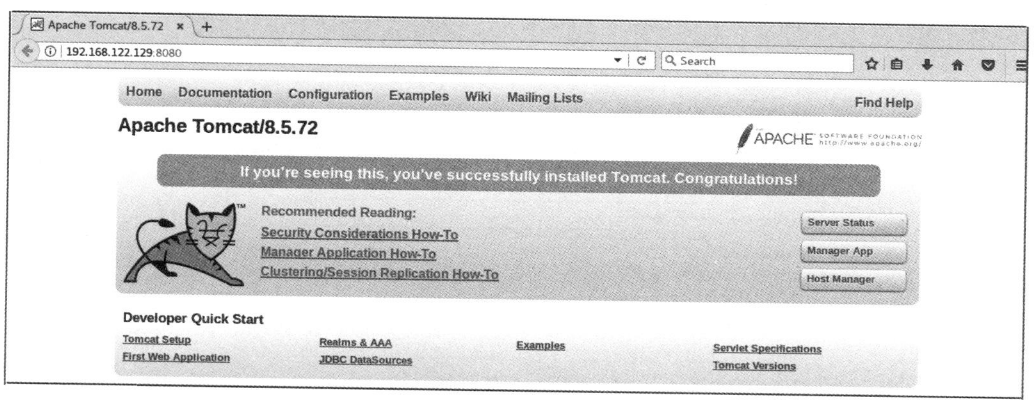


图 5-54　测试 Tomcat 服务是否启动成功的界面

### 5.5.4　部署项目

（1）在 Eclipse 将项目打包成 war 包，选中需要打包的项目并右击，在快捷菜单中选择“Export”命令，单击“WAR file”命令，如图 5-55 所示。

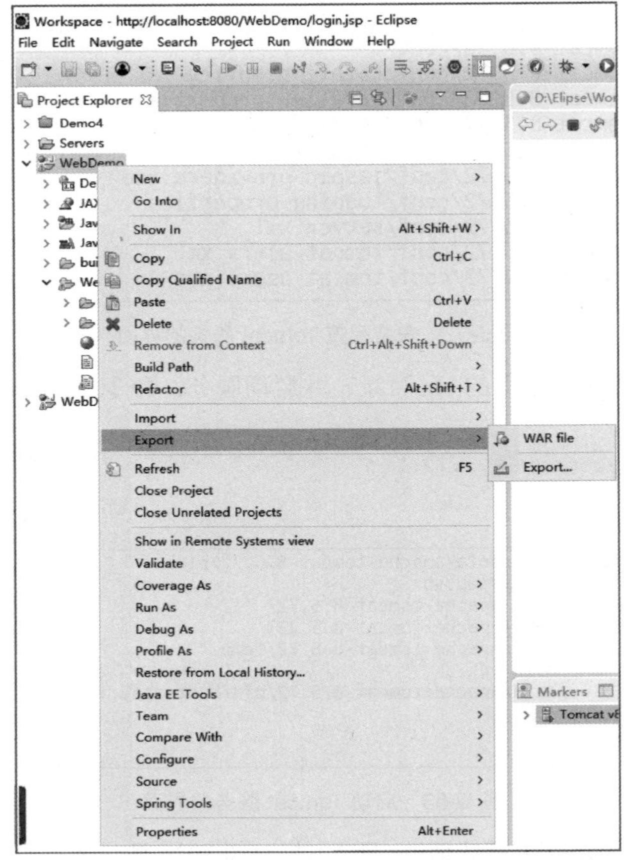

图 5-55　制作项目发布包的界面

（2）在“Export”界面中，确认项目并设置 war 包的保存路径，如图 5-56 所示。

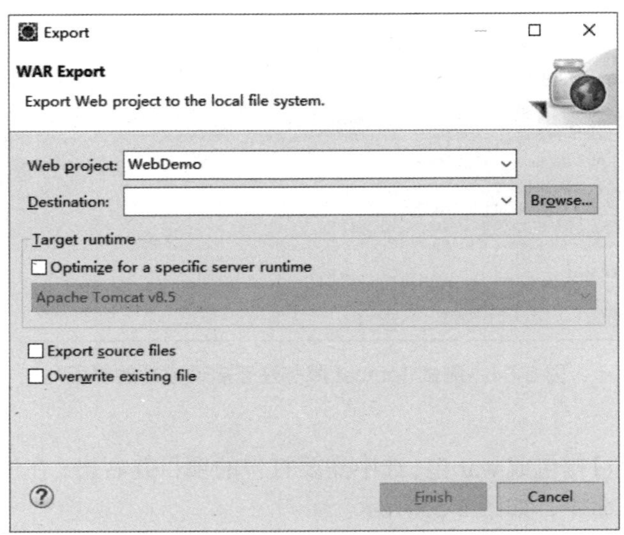

图 5-56　“Export”界面

（3）使用 SSH 远程访问工具将制作好的 war 包上传至服务器，将 war 包保存在 Tomcat 的发布目录中，目录地址为 /data/apache-tomcat-8.5.72/webapps/，如图 5-57 所示。

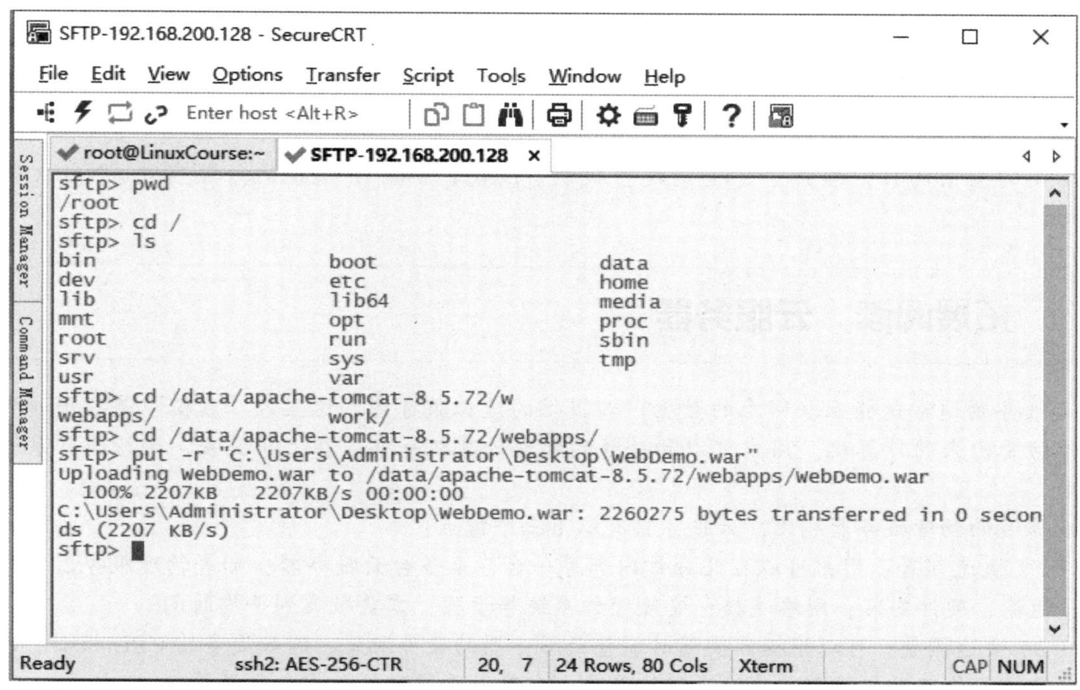


图 5-57　上传项目发布包至服务器的界面

（4）在浏览器中访问网站，然后通过登录页面登录系统，验证站点是否能够正常运行，运行效果如图 5-58 所示。

http://localhost:8080/WebDemo/login.jsp

请注册

用户注册

ID: zhangsan

登录名:

密码:

注册　重置

登录

图 5-58　浏览器中访问网站的界面

## 项目小结

通过项目 5 的学习与实践，小李学会了 MySQL 服务、Tomcat 服务、FTP 服务、DHCP 服务、Samba 服务和 Nginx 服务的安装和配置，能够熟练地将项目发布到 Web 服务器中。掌握了服务器安装和配置的命令。同时，了解 MySQL 不同版本的应用环境、FTP 传输文件的优势、Nginx 负载均衡的应用场景，理解了 FTP 的运行机制、DHCP 分配 IP 地址的分配方式、Nginx 的架构等概念。

## 拓展阅读　云服务器

云服务器通常是指互联网上的数据中心提供的虚拟服务器。这里的“虚拟”是指用一种特殊的软件仿真出来的计算机，用户可以和普通的物理计算机一样，在上面安装、运行操作系统和各种应用。

和传统的物理服务器相比，云服务器有以下三个特点：

（1）快速部署：用户可以在几分钟内部署一台甚至多台云服务器；部署物理服务器需要经历采购、运输、硬件安装、网络连接、安装操作系统等步骤，需要数天到一周时间。

（2）快速调整：可以根据需要随时调整云服务器的硬件配置，例如更多的 CPU 核心、内存、硬盘容量等；物理服务器则需要经历配件采购、安装或更换配件、重新配置等。

（3）多区域部署：云服务器可以迅速部署到多个地理区域，从而提供更低的访问延迟。

一台物理服务器可以同时运行多台云服务器，这些云服务器共享硬件、存储、网络资源，从而节约大量的硬件采购成本。

## 习　题

### 一、填空

1. MySQL 是一个________系统，由瑞典 MySQL AB 公司开发，目前属于________旗下产品。
2. 使用 rpm 命令安装 MySQL 服务的命令是________。
3. 使用 rpm 命令安装 MySQL 客户端的命令是________。
4. MySQL 中授予用户远程访问权限的命令是________。
5. Tomcat 服务器是一个免费的开放源代码的________应用服务器。
6. FTP 是________（文件传输协议）的英文简称，其中文简称为“文传协议”。
7. DHCP 是________协议。
8. Nginx 是一款轻量级的________/________及电子邮件（IMAP/POP3）代理服务器。

### 二、简答

1. 简述 MySQL 的安装步骤及安装过程中需要注意的事项。

2. Tomcat 服务器是一个免费的开放源代码的 Web 应用服务器，Web 项目部署的过程包括那些步骤？

3. FTP 是“文传协议”，其配置文件的存放目录在哪里？配置文件中的常用选项包括哪些？

4. DHCP 工作的原理是怎样的？

5. Nginx 服务有什么优点和特点？

# 项目 6

# Linux 系统中搭建 JavaWeb 开发环境

## 6.1 项目导入

公司承接一个新项目——学校学生管理系统，学校要求公司尽快完成学生管理系统并能安装部署到学校的 Linux 服务器上，先行测试、使用。经过多次的沟通和交流以及团队的协商，最终需求确认如下：

（1）学校服务器系统为 Linux，数据库为 MySQL，Web 服务器为 Tomcat。

（2）项目开发采用 Java 语言，编译器使用 Eclipse。

（3）项目开发使用数据库 MySQL。

（4）项目部署服务器为 Linux 操作系统。

（5）项目功能包括：系统登录、学生信息的录入及学生信息的查询等。

需求确认后，小李即刻召集项目组成员进行任务分解，投身于工作之中。

## 6.2 学习目标

- 了解软件开发的基本流程。
- 了解 Java 项目的编译环境。
- 掌握 Linux 平台下 JavaWeb 开发环境的配置。
- 掌握 Linux 平台下 MySQL 数据库的安装和配置。
- 掌握 Linux 平台下 Tomcat 服务的安装和配置。
- 掌握 JavaWeb 项目的发布流程。
- 正确认识团队合作的重要性，培养团队意识。

## 6.3 相关知识

### 6.3.1 JDK

Java Development Kit (JDK) 是 Sun 公司（已被 Oracle 收购）针对 Java 开发员的软件开发工具包。自从 Java 推出以来，JDK 已经成为使用最广泛的 Java SDK（Software Development Kit）。Java 可分为三个版本，分别是：SE(J2SE)，Standard Edition，标准版，这是最常用的一个版本，从 JDK 5.0 开始，改名为 J2EE；Enterprise Edition，企业版，使用这种 JDK 开发 J2EE 应用程序，从 JDK5.0 开始，改名为 J2ME，micro edition，主要用于移动设备、嵌入式设备上的 java 应用程序，从 JDK 5.0 开始，改名为 Java ME。如果没有 JDK，则无法编译 Java 程序，如果想只运行 Java 程序，要确保已安装相应的 JRE 即可。

### 6.3.2 开发工具

Eclipse 是一个开放源代码的、基于 Java 的可扩展开发平台。就其本身而言，它只是一个框架和一组服务，用于通过插件组件构建开发环境。Eclipse 附带了一个标准的插件集，包括 Java 开发工具（JDK）。

除 Eclipse 外常用的 JavaWeb 开发工具还有 IDEA，其全称 IntelliJ IDEA，是 Java 编程语言开发的集成环境。IntelliJ 在业界被公认为最好的 Java 开发工具，尤其在智能代码助手、代码自动提示、重构、JavaEE 支持、各类版本工具（git、svn 等）、JUnit、CVS 整合、代码分析、 创新的 GUI 设计等方面的功能可以说是超常的。

### 6.3.3 Web 服务器

Tomcat 是一个免费的、开放源代码的 Web 应用服务器，属于轻量级应用服务器，在中小型系统和并发访问用户不是很多的场合下被普遍使用，是开发和调试 JSP 程序的首选。

Apache 是世界使用排名第一的 Web 服务器软件。它可以运行在几乎所有广泛使用的计算机平台上，由于其跨平台和安全性被广泛使用，是最目前流行的 Web 服务器软件之一。它可以快速、可靠并且可通过简单的 API 进行扩充，将 Perl/Python 等解释器编译到服务器中，功能十分强大。

Internet Information Services（IIS，互联网信息服务），是由微软公司提供的基于运行 Windows 的互联网基本服务。IIS 是一种 Web（网页）服务组件，其中包括 Web 服务器、FTP 服务器、NNTP 服务器和 SMTP 服务器，分别用于网页浏览、文件传输、新闻服务和邮件发送等方面，它使得在网络（包括互联网和局域网）上发布信息成了一件很容易的事，其最大竞争对手就是 Apache。

### 6.3.4 数据库

MySQL 是一个关系型数据库管理系统，MySQL 是最好的关系数据库管理系统（Relational Database Management System，RDBMS）应用软件。

MSSQL 是指微软的 SQLServer 数据库服务器，它是一个数据库平台，提供数据库的从服务器到终端的完整的解决方案，其中数据库服务器部分，是一个数据库管理系统，用于建立、使用和维护数据库。SQL Server 是一个关系数据库管理系统。它最初是由 Microsoft Sybase 和 Ashton-Tate 三家公司共同开发的，SQL Server 具有使用方便可伸缩性好与相关软件集成程度高等优点，可在大型多处理器的服务器等多种平台使用。

# 6.4 项目准备

## 6.4.1 需求说明

本项目将在 CentOS 7.4 中搭建 JavaWeb 开发环境，其中包含 JDK 安装、Eclipse（开发工具）安装、Tomcat（Web 服务器）安装和 MySQL（数据库）安装。同时，在该系统中开发一个 JavaWeb 程序。用户登录窗口页面如图 6-1 所示，输入账号和其对应的密码，然后单击“登录”按钮，如果系统后台校验成功后将会直接跳转至用户列表页面如图 6-2 所示。

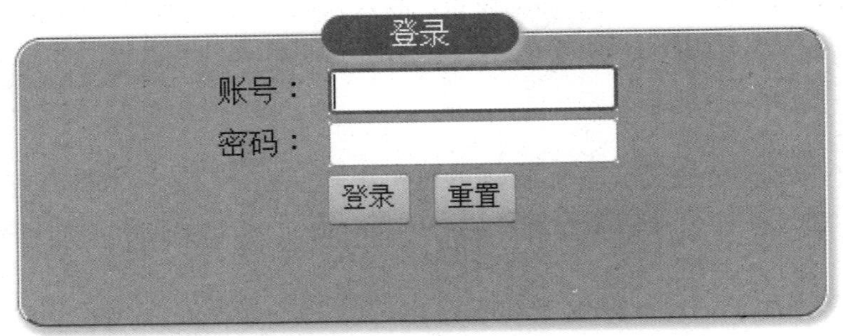


图 6-1　用户登录窗口页面

| ☐ | 姓名 | 账号 | 用户类型 | 描述 |
|---|---|---|---|---|
| 1 | Admin | admin | 管理员 | management |
| 2 | Amaury | amaury01 | 普通用户 | domestic consumer |

图 6-2　用户列表页面

## 6.4.2 实现思路

1. 项目模块分析

根据“Linux 系统中搭建 JavaWeb 开发环境”程序的执行效果可知，该项目分为五大模块，如图 6-3 所示。

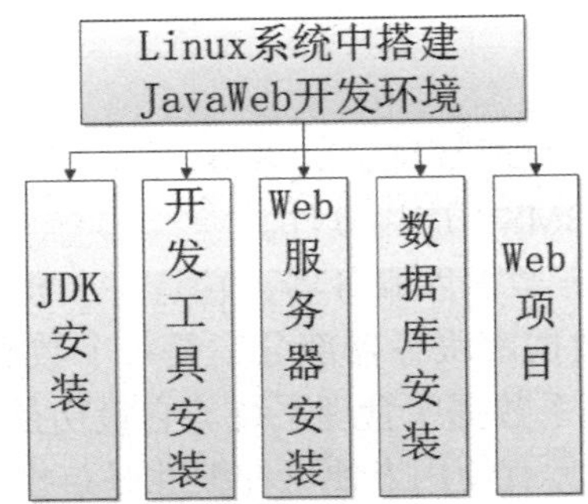


图 6-3　Linux 系统中搭建 JavaWeb 开发环境模块

2. 项目业务流程分析

对“Linux 系统中搭建 JavaWeb 开发环境”的运行效果进行分析，业务流程如下：

（1）安装 JDK，并使用命令验证 JDK 是否安装成功。

（2）安装开发工具 Eclipse，并使用 Eclipse 创建 Java 项目，检测 Eclipse 安装是否正确。

（3）安装 Web 服务器 Tomcat，并在 Eclipse 中进行设置，默认使用 Tomcat 作为 Web 服务器。

（4）安装数据库 MySQL，并对 MySQL 进行设置，使用外部工具进行连接测试。

（5）编写 Web 项目，检测当前 Web 开发环境是否能够正常使用。

3. 项目涉及技术

（1）使用 Eclipse 进行 Java 程序的开发。

（2）使用 JDBC 核心组件编写 SQL 语句，并对数据库进行操作。

（3）使用 Tomcat 发布网站。

4. 项目计划

“Linux 系统中搭建 JavaWeb 开发环境”项目总开发课时数为 20 课时，具体任务计划表见表 6-1。

表 6-1　任务计划表

| 序　号 | 任　务 | 课时数 |
|---|---|---|
| 1 | 讲解项目分析、数据模型以及程序结构设计 | 4 |
| 2 | 完成 JDK 的安装 | 2 |
| 3 | 完成开发工具安装 | 2 |
| 4 | 完成 Web 服务器的安装 | 2 |
| 5 | 完成数据库安装 | 2 |
| 6 | 开发 Web 项目 | 8 |

## 6.5 项目实施

### 6.5.1　模块化程序结构的设计和实现

对于软件及相关开发人员而言，一个项目在明确需求后，就需要对项目涉及的参与者及实体进行分析和设计，其中就包含对数据库的设计还有对类的设计和规划。

1. 数据库的设计和实现

根据分析“Linux 系统中搭建 JavaWeb 开发环境”项目运行效果图，可知本项目需要描述并存储用户信息。本项目设计使用 MySQL 数据库存放这些信息，数据库名为 Test，其中分别设计用户表（users）来存放用户信息。

在项目中主要有两种不同的用户，分别是普通用户和管理员，他们包含的字段大部分相同（如用户姓名、登录账号、登录密码和描述），所以把这两种用户放在同一表中，再通过 int 类型字段区别是否为管理员，如果是管理员，则值为 1，如果是普通用户，则值为 2。用户表的设计见表 6-2。

表 6-2 用户表的设计

| 序 号 | 字段名 | 数据类型 | 备注 |
|---|---|---|---|
| 1 | id | int | 主键，自动增长 |
| 2 | user_name | varchar（20） | 用户名 |
| 3 | user_account | varchar（20） | 登录账号 |
| 4 | user_password | varchar（50） | 登录密码 |
| 5 | user_type | int | 是否为管理员，1 是管理员，2 是普通用户 |
| 6 | description | varchar(50) | 描述 |

**注意：**

在实际工作中，密码都需要加密处理，一般使用 MD5 加密算法加密。

2. 程序结构的设计和实现

使用 JavaWeb 技术、JDBC 技术和模块化程序结构设计思路，首先将数据访问代码统一封装到 DBHelper 类，这样方便代码重用和简化代码。再分别创建多个 Web 页面来添加或显示数据。

（1）DBUtil 类的具体实现。

在开发数据库应用程序过程中，需要频繁使用 JDBC 对数据库进行操作。每一次操作都需要使用 Connection 对象连接数据库，进行不同的数据操作，其大致步骤类似。因此，可以将数据库的操作抽象为 DBUtil 类，具体代码如下：

```
public final class DBUtil {
  private static final String driver = "com.mysql.jdbc.Driver";
  private static final String url =
  "jdbc:mysql://localhost:3306/test?characterEncoding=utf-8";
  private static final String username = "root";
  private static final String password = "123456";
  static {
        try {
              Class.forName(driver);
        } catch (Exception ex) {
              ex.printStackTrace();
        }
  }
  public static Connection getConnection() throws Exception {
        return DriverManager.getConnection(url, username, password);
  }
  public static void close(ResultSet rs, Statement statement, Connection conn)
              throws Exception {
        if (rs != null) {
              rs.close();
        }
        if (statement != null) {
              statement.close();
        }
        if (conn != null) {
              conn.close();
        }
  }
```

```
    public static void main(String[] args) throws Exception {
        Connection conn =DBUtil.getConnection();
        System.out.println(conn);
    }
}
```

（2）窗体设计。

根据功能需求分析，设计的窗体如表 6-3 所示，项目的结构如图 6-4 所示，其中该项目使用的三层架构和面向接口编程。

表 6-3　设计的窗体

| 序　号 | 页 面 名 | 说　明 |
|---|---|---|
| 1 | index.jsp | 登录页面 |
| 2 | userslist.jsp | 用户列表展示和其他操作 |

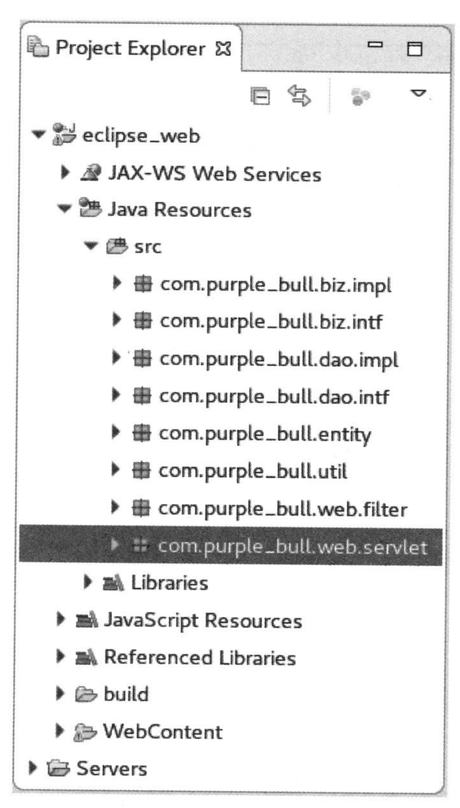


图 6-4　项目结构

### 6.5.2　JDK 的安装

1. 业务流程分析

首先在官方网站下载对应系统相应版本的 JDK，然后查看系统是否默认安装了 JDK，如果已经安装，则卸载系统默认安装的版本，使用命令的方式解压压缩包到指定的目录，并配置环境变量，最后，使用命令的方式查询 JDK 是否安装就绪。

2.JDK 具体安装步骤

让 Java 运行在 Linux 系统中，因此在运行 Java 项目之前需要对当前使用的 Linux 系统进行配置。主要包括 Java 运行环境的配置，步骤如下：

（1）下载 JDK 安装包文件。

官方下载地址：https://www.oracle.com/technetwork/java/javase/downloads/jdk8-downloads-2133151.html。

说明

本项目主要以 CentOS 7.4 为例，讲解环境搭建过程，因此所有安装程序都是基于 CentOS 7.4。

（2）卸载 CentOS 7.4 自带 JDK，步骤如下：

- 查看自带 JDK，命令如下：

```
# rpm -qa|grep jdk
```

查看自带 JDK 界面，如图 6-5 所示。

```
[root@localhost ~]# rpm -qa|grep jdk
java-1.7.0-openjdk-1.7.0.171-2.6.13.2.el7.x86_64
java-1.8.0-openjdk-1.8.0.161-2.b14.el7.x86_64
copy-jdk-configs-3.3-2.el7.noarch
java-1.7.0-openjdk-headless-1.7.0.171-2.6.13.2.el7.x86_64
java-1.8.0-openjdk-headless-1.8.0.161-2.b14.el7.x86_64
```

图 6-5　查看自带 JDK 界面

- 卸载已安装的 JDK，命令如下：

```
# yum -y remove java-1.*
```

直到提示“完毕！”，则卸载完成。卸载 JDK 过程中的输出信息如图 6-6 所示。

```
root@localhost:~
文件(F) 编辑(E) 查看(V) 搜索(S) 终端(T) 帮助(H)
  正在删除    : rhino-1.7R5-1.el7.noarch                                   4/7
  正在删除    : jline-1.0-8.el7.noarch                                     5/7
  正在删除    : 1:java-1.8.0-openjdk-1.8.0.161-2.b14.el7.x86_64            6/7
  正在删除    : 1:java-1.8.0-openjdk-headless-1.8.0.161-2.b14.el7.x86_64   7/7
  验证中      : 1:java-1.8.0-openjdk-1.8.0.161-2.b14.el7.x86_64            1/7
  验证中      : 1:java-1.8.0-openjdk-headless-1.8.0.161-2.b14.el7.x86_64   2/7
  验证中      : 1:java-1.7.0-openjdk-1.7.0.171-2.6.13.2.el7.x86_64         3/7
  验证中      : icedtea-web-1.7.1-1.el7.x86_64                             4/7
  验证中      : 1:java-1.7.0-openjdk-headless-1.7.0.171-2.6.13.2.el7.x86_  5/7
  验证中      : jline-1.0-8.el7.noarch                                     6/7
  验证中      : rhino-1.7R5-1.el7.noarch                                   7/7

删除:
  java-1.7.0-openjdk.x86_64 1:1.7.0.171-2.6.13.2.el7
  java-1.7.0-openjdk-headless.x86_64 1:1.7.0.171-2.6.13.2.el7
  java-1.8.0-openjdk.x86_64 1:1.8.0.161-2.b14.el7
  java-1.8.0-openjdk-headless.x86_64 1:1.8.0.161-2.b14.el7

作为依赖被删除:
  icedtea-web.x86_64 0:1.7.1-1.el7           jline.noarch 0:1.0-8.el7
  rhino.noarch 0:1.7R5-1.el7

完毕！
[root@localhost ~]#
```

图 6-6　卸载 JDK 过程中输出信息的界面

（3）创建目录。

将 JDK 都安装到 /opt 目录下面，其中 /opt/soft 目录存储相关安装。安装步骤如下：

- 创建 soft 目录与 data 目录，命令如下：

```
# mkdir /opt/soft
```

- 查看目录是否创建成功，命令如下：

```
# ls /opt
```

说明

创建目录并非安装 Java 运行环境必须步骤，主要目的在于方便管理软件和数据。

（4）配置 JDK。

配置 JDK 的步骤如下：

- 上传 JDK 压缩文件到 soft 目录。
- 解压 JDK 压缩文件到 opt 目录，并将 jdk1.8.0_112 目录变为 jdk，命令如下：

```
# cd /opt
# tar -zxvf soft/jdk-8u112-linux-x64.tar.gz
# mv jdk1.8.0_112/ jdk
```

- 配置环境变量，命令如下：

```
# vi  /etc/profile.d/project-eco.sh
```

- 在 project-eco.sh 中添加相关内容后，保存并退出。追加的内容如下：

```
JAVA_HOME=/opt/jdk
PATH=$JAVA_HOME/bin:$PATH
```

- 使环境变量生效，命令如下：

```
# source /etc/profile.d/project-eco.sh
```

- 查看 Java 版本信息，命令如下：

```
# java -version
```

如果出现版本信息，则安装成功，安装成功效果图如图 6-7 所示。

```
[root@localhost opt]# vi  /etc/profile.d/project-eco.sh
[root@localhost opt]# source /etc/profile.d/project-eco.sh
[root@localhost opt]# java -version
java version "1.8.0_112"
Java(TM) SE Runtime Environment (build 1.8.0_112-b15)
Java HotSpot(TM) 64-Bit Server VM (build 25.112-b15, mixed mode)
[root@localhost opt]# █
```

图 6-7　安装成功效果

### 6.5.3　开发工具的安装

1. 业务流程分析

首先在官方网站下载对应系统相应版本的 Eclipse，使用命令的方式解压压缩包到指定的目录，然后运行 Eclipse，并使用 Eclipse 创建 Java 项目。

2.Eclipse 具体安装步骤

为提高 Java 程序的开发效率，选择一个好用的开发工具是很有必要的，当前开发是在 Linux

系统中进行，因此在开发 Java 项目之前需要使用与当前系统相匹配的开发工具，该项目选择 Eclipse 进行开发，安装步骤如下：

（1）下载 Eclipse 安装包文件。

官方下载地址：https://www.eclipse.org/downloads/。

（2）安装 Eclipse。

- 上传 Eclipse 压缩文件到 soft 目录。
- 解压 Eclipse 压缩文件到 opt 目录，命令如下：

```
# cd  /opt
# tar  -zxvf  soft/eclipse-jee-2018-09-linux-gtk-x86_64.tar.gzls
```

**注意：**

此时启动 Eclipse 会出现关于 Java 运行环境方面的错误，如图 6-8 所示。

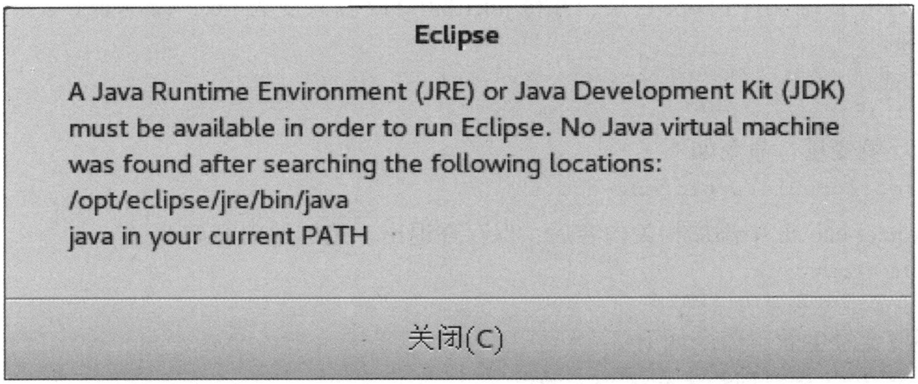

Eclipse

A Java Runtime Environment (JRE) or Java Development Kit (JDK) must be available in order to run Eclipse. No Java virtual machine was found after searching the following locations:
/opt/eclipse/jre/bin/java
java in your current PATH

关闭(C)

图 6-8　启动 Eclipse 错误信息

（3）在 Eclipse 的安装文件夹下创建 JDK 的连接文件，步骤如下：

- 在 Eclipse 安装目录下创建 jre 目录，命令如下：

```
# mkdir /opt/eclipse/jre
```

- 创建 JDK 的链接文件，命令如下：

```
# ln -s /opt/jdk/bin/ /opt/eclipse/jre/bin
```

（4）创建 Eclipse 快捷方式至桌面，命令如下：

```
# vim  /usr/share/applications/eclipse.desktop
```

添加如下内容：

```
[Desktop Entry]
Type=Application
Name=eclipse
Exec=/opt/eclipse/eclipse          #要创建快捷方式的程序文件地址
GenericName=eclipse
Comment=Java development tools
Icon=/opt/eclipse/icon.xpm         #要创建快捷方式的程序文件图标地址
Categories=Application;Development;
Terminal=false
```

配置后结果如图 6-9 所示。

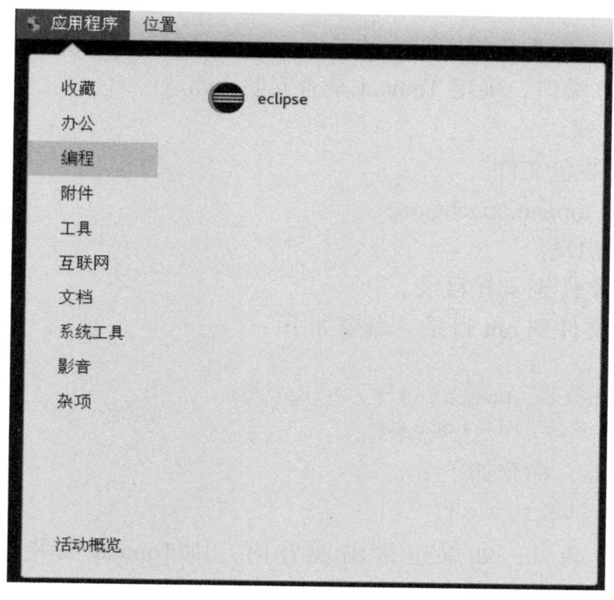


图 6-9　Eclipse 快捷方式

3. 检验开发环境

创建 Java 控制台项目，并编写程序输出“Hello World！”，如图 6-10 所示。

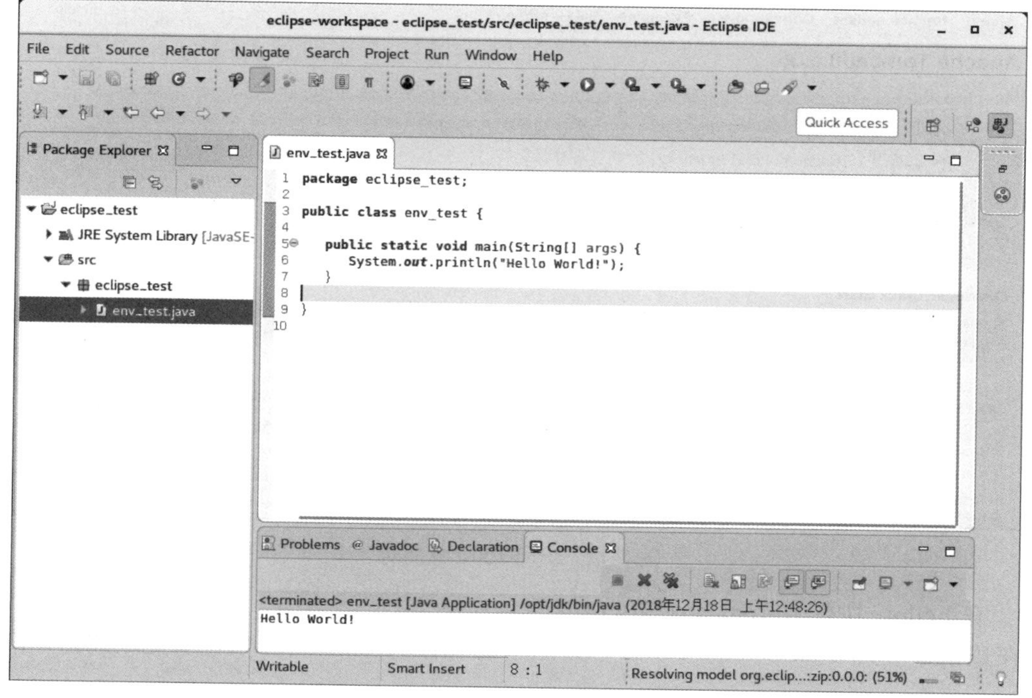


图 6-10　运行测试程序输出效果图

### 6.5.4 Web 服务器的安装

1. 业务流程分析

首先在官方网站下载对应系统相应版本的Tomcat，使用命令的方式解压压缩包到指定的目录，启动 Tomcat，并访问 8080 端口，确定 Tomcat 是否安装正常。

2.Tomcat 具体安装步骤

（1）下载 Tomcat 安装包文件。

官方下载地址：http://tomcat.apache.org/。

（2）安装 Tomcat 与启动。

- 上传 Tomcat 压缩文件到 soft 目录。
- 解压 Tomcat 压缩文件到 opt 目录，命令如下：

```
# cd /opt
# tar -zxvf soft/apache-tomcat-8.5.35.tar.gz
# mv apache-tomcat-8.5.35/ tomcat
```

- 启动 Tomcat 服务器，命令如下：

```
# /opt/tomcat/bin/startup.sh
```

- 访问机器的 8080 端口，如果正常出现界面，则 Tomcat 安装成功。在浏览器中输入“127.0.0.1:8080”，按【Enter】即可访问 Tomcat，效果图如图 6-11 所示。

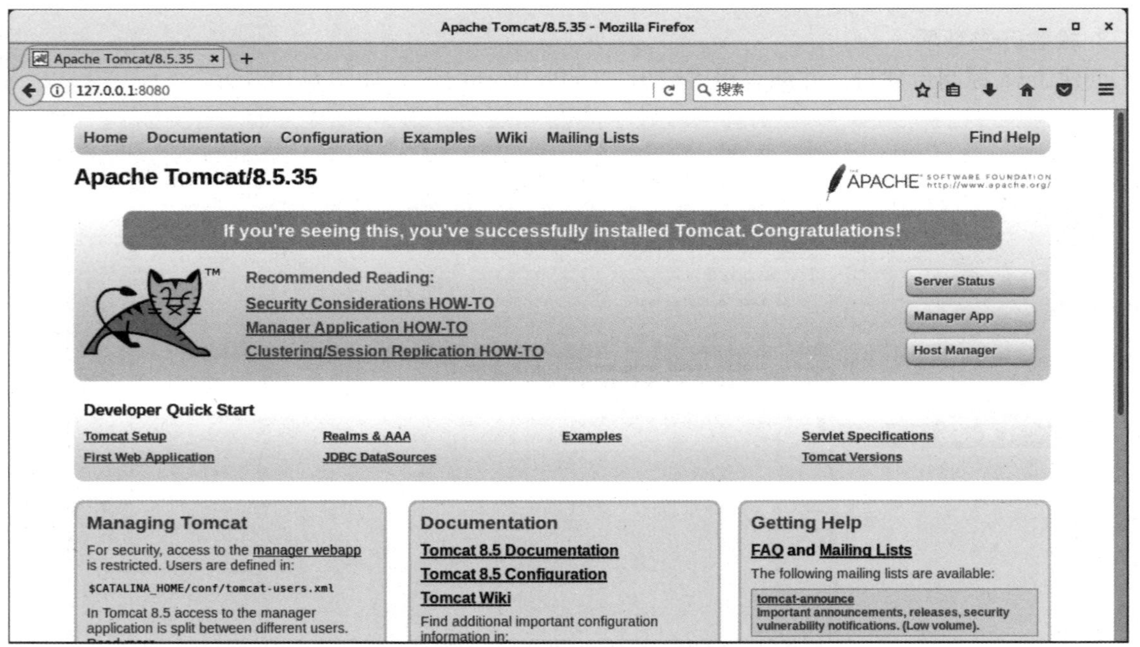


图 6-11 访问 Tomcat 服务

（3）在 Eclipse 中配置 Tomcat 服务。

- 在Eclipse配置“Run Configurations”。该案例使用的是“Tomcat v8.5”。配置完成如图6-12所示。

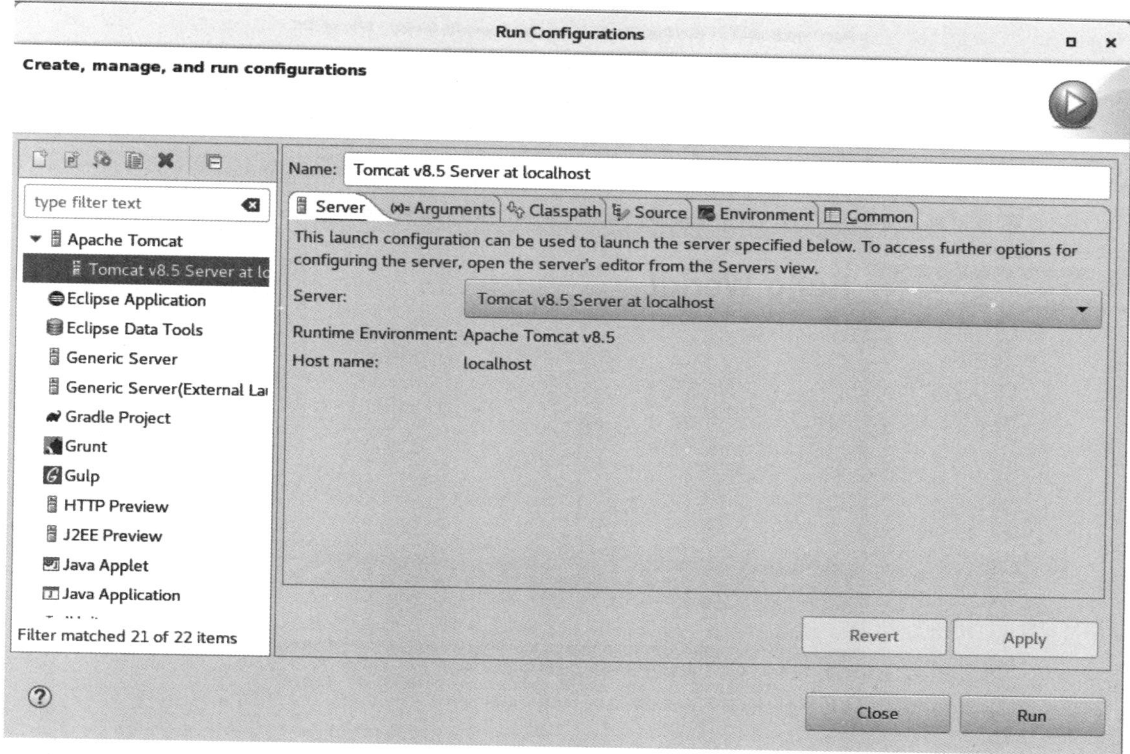


图 6-12　配置 Tomcat 服务

- 在 Eclipse 中创建 Web 项目，在项目中编写首页，并进行访问。首次运行时会出现更新，如图 6-13 所示，运行结果如图 6-14 所示。

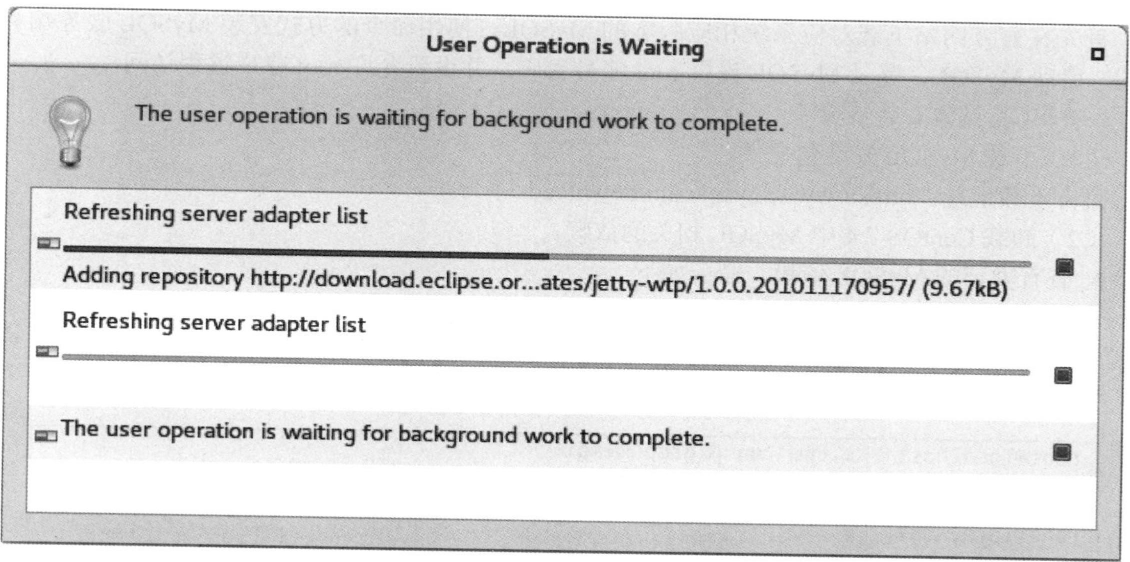


图 6-13　首次运行时更新图

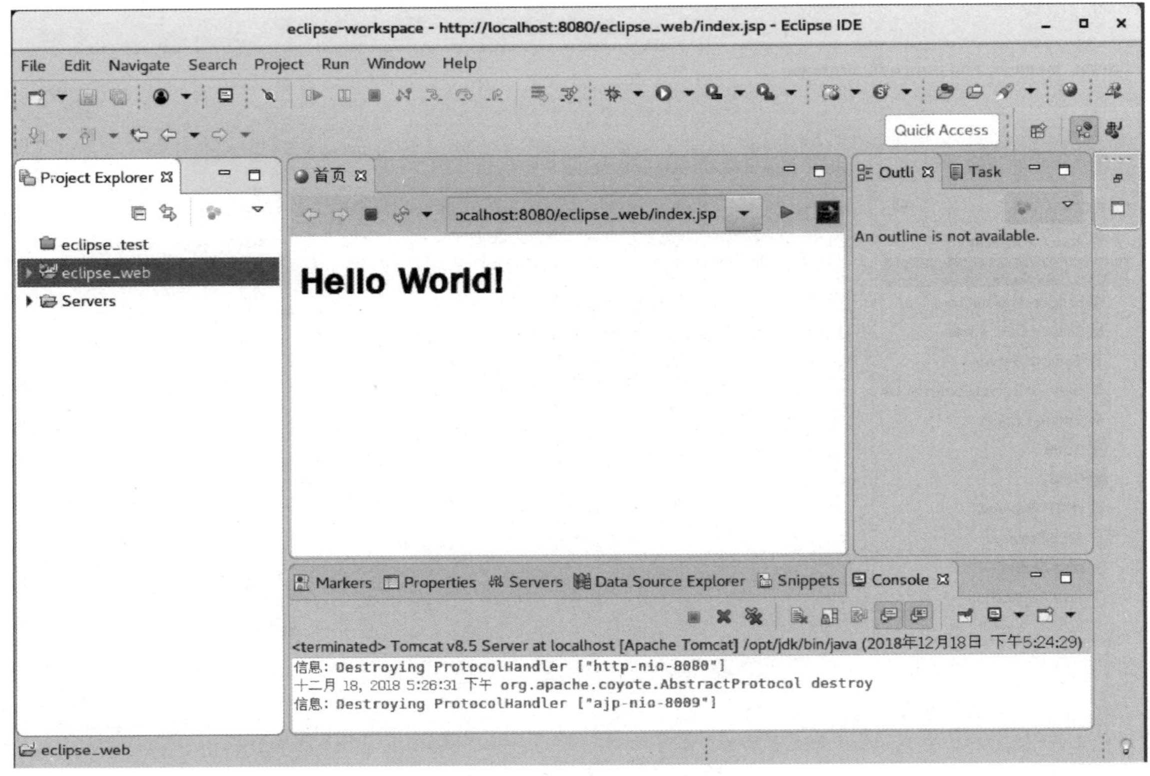


图 6-14　运行结果

### 6.5.5　数据库的安装

1. 业务流程分析

首先在官方网站下载对应系统相应版本的 MySQL，使用命令的方式安装 MySQL 服务端和客户端，启动 MySQL，登录 MySQL 设置 root 账号密码，并设置允许 root 账户远程访问。

2.MySQL 具体安装步骤

（1）下载 MySQL 安装包文件。

官方下载地址：https://www.mysql.com/downloads/。

（2）卸载 CentOS 7.4 中 MySQL 相关的依赖。

- 查看安装的 MySQL 依赖，命令如下：

```
# rpm -qa | grep mysql
# rpm -qa | grep MySQL
```

MySQL 依赖效果图如图 6-15 所示。

```
[root@localhost ~]# rpm -qa | grep mysql
mysql-community-release-el7-5.noarch
[root@localhost ~]# rpm -qa | grep MySQL
[root@localhost ~]#
```

图 6-15　MySQL 依赖的界面

- 卸载已安装的 MySQL 依赖，命令如下：

```
# rpm -e --nodeps  'rpm -qa | grep mysql'
```

（3）安装并启动 MySQL。

- 安装 MySQL 服务端和客户端，命令如下：

```
# rpm -ivh MySQL-server-5.1.73-1.glibc23.x86_64.rpm
# rpm -ivh MySQL-client-5.1.73-1.glibc23.x86_64.rpm
```

- 启动 MySQL 服务，命令如下：

```
# service mysqld start
```

- 设置开机启动项，命令如下：

```
# chkconfig mysql on
```

（4）登录 MySQL 并显示数据库。

- 登录 MySQL（初次使用时 MySQL 是没有密码的），命令如下：

```
# mysql -u root
```

- 显示数据库，如图 6-16 所示。

```
mysql>show databases;
```

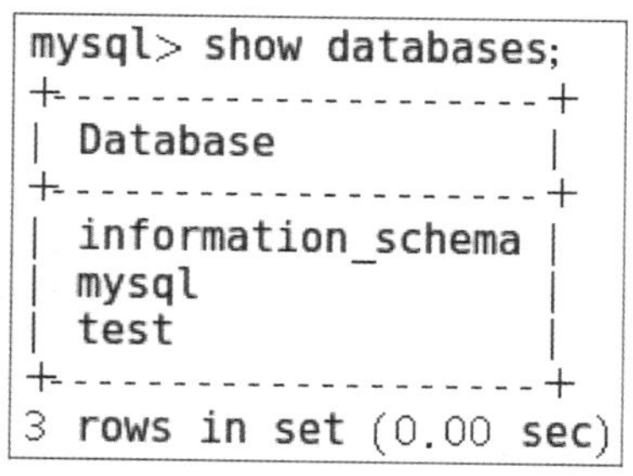

```
mysql> show databases;
+--------------------+
| Database           |
+--------------------+
| information_schema |
| mysql              |
| test               |
+--------------------+
3 rows in set (0.00 sec)
```

图 6-16　显示数据库的界面

（5）修改 root 密码并允许远程连接。

- 修改 root 账号的密码，命令如下：

```
mysql>set password for 'root'@'localhost' =password('123456');
```

- 支持 root 用户允许远程连接 MySQL 数据库，命令如下：

```
mysql>grant all privileges on *.* to 'root'@'%' identified by '123456' with
grant option;
```

（6）刷新 MySQL 的系统权限，命令如下：

```
mysql>flush privileges;
```

**说明**

打开远程连接的目的在于方便在其他机器上进行远程访问。

### 6.5.6　编写 Web 项目

1. 业务流程分析

首先使用Eclipse创建JavaWeb项目，然后编写代码，使用JDBC连接数据库，对数据库进行访问，在编写代码时，需要编写两个页面，分别是用户登录页和用户列表页。用户数据展示执行流程如下：

（1）运行项目。

（2）登录系统。

（3）显示所有的用户。

2. 项目开发步骤

在实际开发过程中，在结构上一般使用三层架构，将数据通过展现层显示数据。因此，该项目使用三层架构，项目结构如图 6-17 所示。

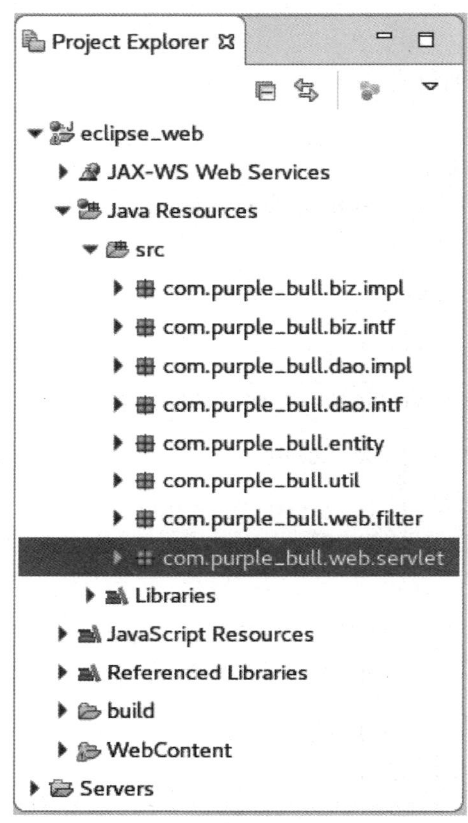


图 6-17　项目结构

项目搭建步骤如下：

（1）创建相应的包，包名如下：

“com.purple_bull.dao.intf”：数据库访问层接口。

“com.purple_bull.dao.impl”：数据库访问层实现。

“com.purple_bull.biz.intf”：逻辑层接口。

“com.purple_bull.biz.impl”：逻辑层实现。

“com.purple_bull.entity”：模型层。

“com.purple_bull.util”：常用工具包。

“com.purple_bull.web.servlet”：控制层。

“com.purple_bull.web.filter”：过滤器包。

（2）创建模型对象，代码如下：

```
public class UserEntity implements Serializable {
   private int id;
   private String user_name;
   private String user_account;
   private String user_password;
   private int user_type;
   private String description;
// 省略属性的get和set方法
}
```

（3）创建对应层接口。

- 数据库访问层，接口定义如下：

```
public interface IUserDao  {
  public List<UserEntity> findAll() throws Exception;
  public UserEntity find(String account, String logpwd) throws Exception;
}
```

- 业务逻辑层，接口定义如下：

```
public interface IUserBiz {
   public List<UserEntity> findAll() throws Exception;
   public UserEntity find(String account, String logpwd) throws Exception;
}
```

（4）实现相应的接口。

- 编写数据库访问基类，代码如下：

```
public abstract class BaseDao {
protected Connection conn;
protected ResultSet rs;
protected PreparedStatement pst;
}
```

- 数据库访问层，接口实现如下：

```
public class UserDaoImpl extends BaseDao implements IUserDao  {
   @Override
   public List<UserEntity> findAll() throws Exception {
         List<UserEntity> uel = new ArrayList<UserEntity>();
         String sql = "select * FROM users";
         try {
               conn = DBUtil.getConnection();
               pst = conn.prepareStatement(sql);
               ResultSet rs = pst.executeQuery();
               while (rs.next()) {
                     UserEntity ue = new UserEntity();
                     ue.setId(rs.getInt("id"));
                     ue.setUser_name(rs.getString("user_name"));
                     ue.setUser_account(rs.getString("user_account"));
                     ue.setUser_password(rs.getString("user_password"));
                     ue.setUser_type(rs.getInt("user_type"));
```

```
                    ue.setDescription(rs.getString("description"));
                    uel.add(ue);
                }
        } finally {
                DBUtil.close(rs, pst, conn);
        }
        return uel;
    }
    @Override
    public UserEntity find(String account, String logpwd) throws Exception {
        UserEntity ue = null;
String sql = "select * FROM users a where a.user_password =?
and a.user_account=? ";
        try {
                conn = DBUtil.getConnection();
                pst = conn.prepareStatement(sql);
                pst.setString(1,logpwd);
                pst.setString(2, account);
                ResultSet rs = pst.executeQuery();
                while (rs.next()) {
                    ue = new UserEntity();
                    ue.setId(rs.getInt("id"));
                    ue.setUser_name(rs.getString("user_name"));
                    ue.setUser_account(rs.getString("user_account"));
                    ue.setUser_password(rs.getString("user_password"));
                    ue.setUser_type(rs.getInt("user_type"));
                    ue.setDescription(rs.getString("description"));
                }
        } finally {
                DBUtil.close(rs, pst, conn);
        }
        return ue;
    }
}
```

- 业务逻辑层，接口实现如下：

```
public class UserBizImpl implements IUserBiz {
     IUserDao dao=new UserDaoImpl();
    @Override
    public List<UserEntity> findAll() throws Exception {
        return dao.findAll();
    }
    @Override
    public UserEntity find(String account, String logpwd) throws Exception {
        return dao.find(account,logpwd) ;
    }
}
```

（5）创建过滤器,代码如下:

```
public class SystemFilter implements Filter {
    @Override
```

```
    public void destroy() {
    }
    @Override
    public void doFilter(ServletRequest req, ServletResponse resp, FilterChain
chain)
            throws IOException, ServletException {
        HttpServletRequest request = (HttpServletRequest) req;
        HttpSession sessrion = request.getSession();
        if (sessrion.getAttribute("loginUser") != null) {
            chain.doFilter(req, resp);
            System.out.println("通行");
        } else {
            resp.setContentType("text/html;charset=UTF-8");
            String Path = request.getContextPath();
            ((HttpServletResponse) resp).sendRedirect(Path + "/index.jsp");
        }
    }
    @Override
    public void init(FilterConfig arg0) throws ServletException {
    }
}
```

（6）创建控制对象。

- 编写登录用的控制对象，代码如下：

```
public class LoginServlet extends HttpServlet {
    public void doGet(HttpServletRequest request, HttpServletResponse response)
            throws ServletException, IOException {
        this.doPost(request, response);
    }
    public void doPost(HttpServletRequest request, HttpServletResponse response)
            throws ServletException, IOException {
        response.setContentType("text/html");
        String account = request.getParameter("account");
        String logpwd = request.getParameter("logpwd");
        IUserBiz  userbiz=new      UserBizImpl();
      try {
            UserEntity user=userbiz.find(account,logpwd);
            if(user!=null){
                request.getSession().setAttribute("loginUser", user);
                response.sendRedirect("../admin/userList");
            }else {
                String Path = request.getContextPath();
                response.sendRedirect(Path + "/index.jsp");
            }
        } catch (Exception e) {
            e.printStackTrace();
        }
    }
}
```

- 编写展示用户用的控制对象，代码如下：

```
public class UserListServlet extends HttpServlet {
    public void doGet(HttpServletRequest request, HttpServletResponse response)
                throws ServletException, IOException {
            doPost(request, response);
    }
    public void doPost(HttpServletRequest request, HttpServletResponse response)
                throws ServletException, IOException {
            IUserBiz biz=new UserBizImpl();
            try {
                    List<UserEntity> userlist=biz.findAll();
                    request.setAttribute("datalist", userlist);
                    request.getRequestDispatcher("../users/main.jsp").
forward(request, response);
            } catch (Exception e) {
                    e.printStackTrace();
            }
    }
}
```

（7）创建 JSP 页面，分别为登录页面和显示用户页面。

- 编写登录用的 JSP 页面，代码如下：

```
<%@ page language="java" contentType="text/html; charset=UTF-8"
    pageEncoding="UTF-8"%>
<!DOCTYPE html>
<html>
<head>
<meta charset="UTF-8">
<title>首页</title>
<style type="text/css">
body{
   margin:0;
   padding:0;
   height:100vh;
}
fieldset{
   width:400px;
   height:150px;
   margin:0 auto;
   border-radius:15px;
   box-shadow:2px 2px 5px #CFC;
   background:#aaccdd;
   margin-top:25%;
   text-align:center;
}
legend{
   width:100px;
   border-radius:15px;
   box-shadow:2px 2px 5px #CFC;
   background:#FF4534;
   text-align:center;
   font-weigth:blod;
```

```
    color:white;
  }
  </style>
  </head>
  <body>
      <div>
      <fieldset>
      <legend>登录</legend>
            <form id="form1" name=form1 action="user/logindo" method=post>
            <label>账号: </label>
                  <input type="text" name="account" value="" ><br />
                  <label>密码: </label>
                  <input type="password" name="logpwd" value="">
                  <div class="button-row">
                        <input type="submit" value="登录">
                        <input type="reset"  value="重置">
                  </div>
            </form>
            </fieldset>
      </div>
  </body>
  </html>
```

- 编写显示用户用的 JSP 页面，代码如下：

```
<%@ page language="java" contentType="text/html; charset=UTF-8"
    pageEncoding="UTF-8"%>
<%@ taglib prefix="c" uri="http://java.sun.com/jsp/jstl/core" %>
<%@ taglib prefix="fmt" uri="http://java.sun.com/jsp/jstl/fmt" %>
<%@ taglib prefix="fn" uri="http://java.sun.com/jsp/jstl/functions" %>
<!DOCTYPE html>
<html>
<head>
<meta charset="UTF-8">
<title>用户列表</title>
</head>
<body>
    <table id="wzj_data_table" border="1" width="99%" cellpadding="0"
                cellspacing="0">
          <tbody>
                <tr>
                <th width="3%"><input type="checkbox" id="selectAll"/></th>
                      <th width="5%">姓名</th>
                      <th width="5%">账号</th>
                      <th width="5%">用户类型</th>
                      <th width="3%">描述</th>
                </tr>
                <c:forEach items="${datalist}" var="s" varStatus="st">
                <tr >
                      <td align="center">${s.id}</td>
                      <td align="center">${s.user_name}</td>
                      <td align="center">${s.user_account}</td>
```

```
                    <td` align="center">
                        <c:if test="${s.user_type == 1}"><span
style="color:blue">                                         管理员</span></c:if>
                        <c:if test="${s.user_type != 1}">普通用户</c:if>
                    </td>
                    <td align="center">${s.description}</td>
                </tr>
                </c:forEach>
        </tbody>
        </table>
  </body>
   </html>
```

（8）配置 web.xml 文件，配置如下：

```
  <?xml version="1.0" encoding="UTF-8"?>
  <web-app xmlns:xsi="http://www.w3.org/2001/XMLSchema-instance" xmlns="http://
java.sun.com/xml/ns/javaee" xsi:schemaLocation="http://java.sun.com/xml/ns/javaee
http://java.sun.com/xml/ns/javaee/web-app_3_0.xsd" id="WebApp_ID" version="3.0">
    <display-name>purple_bull</display-name>
    <servlet>
      <servlet-name>LoginServlet</servlet-name>
      <servlet-class>com.purple_bull.web.servlet.LoginServlet</servlet-class>
    </servlet>
    <servlet>
      <servlet-name>UserListServlet</servlet-name>
      <servlet-class>com.purple_bull.web.servlet.UserListServlet</servlet-class>
    </servlet>
    <servlet-mapping>
      <servlet-name>LoginServlet</servlet-name>
      <url-pattern>/user/logindo</url-pattern>
    </servlet-mapping>
    <servlet-mapping>
      <servlet-name>UserListServlet</servlet-name>
      <url-pattern>/admin/userList</url-pattern>
    </servlet-mapping>
    <welcome-file-list>
      <welcome-file>index.html</welcome-file>
      <welcome-file>index.htm</welcome-file>
      <welcome-file>index.jsp</welcome-file>
      <welcome-file>default.html</welcome-file>
      <welcome-file>default.htm</welcome-file>
      <welcome-file>default.jsp</welcome-file>
    </welcome-file-list>
      <filter>
          <filter-name>SystemFilter</filter-name>
          <filter-class>com.purple_bull.web.filter.SystemFilter</filter-class>
      </filter>
      <filter-mapping>
          <filter-name>SystemFilter</filter-name>
          <url-pattern>/admin/*</url-pattern>
      </filter-mapping>
```

```
</web-app>
```

登录界面和用户列表页面分别如图 6-18 和图 6-19 所示。

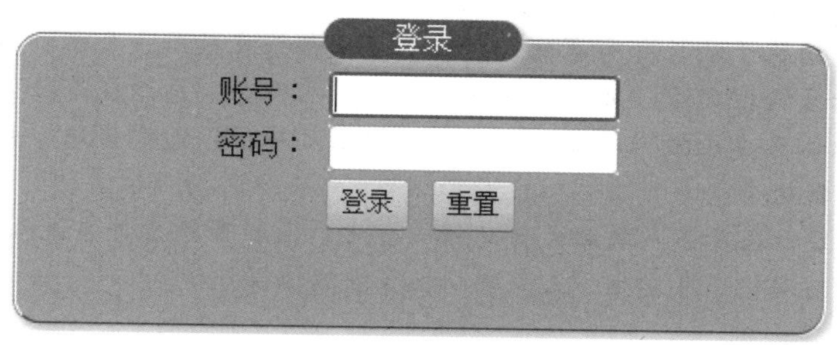


图 6-18　登录界面

| ☐ | 姓名 | 账号 | 用户类型 | 描述 |
|---|---|---|---|---|
| 1 | Admin | admin | 管理员 | management |
| 2 | Amaury | amaury01 | 普通用户 | domestic consumer |

图 6-19　用户列表显示页面

## 项目小结

通过项目 6 的学习与实践，小李了解到了一个项目从无到有的全过程，掌握了项目开发的全部流程，包括项目前期需求分析、项目设计、项目计划、项目实现及测试上线。在项目实现的过程中小李也体会到了一个人强大不是强大，只有整个团队强大才是真正的强大。在团队协作过程中需要合理分工、相互协作、分享项目中的技能要点及解决方案，只有团队协助才能保质保量地完成项目和共同进步。

## 拓展阅读　国产服务器操作系统 OpenEuler

目前，国产操作系统的受关注度越来越高，众多公司近来积极发力破局。你是否听说过欧拉操作系统？它能为国内操作系统的发展带来深远影响吗？

操作系统自主可控，掌握核心关键技术，国内软件行业承载着国家基础软件的安全基石。2021 年 9 月，华为正式发布了欧拉操作系统 OpenEuler，它是全球首个面向数字基础设施的全场景开源操作系统。该操作系统突破性地实现了在一套 OS 架构下，全部计算架构的支持。通过一套操作系统架构，实现了对服务器、云计算、边缘计算和嵌入式等场景的支持。欧拉面向系统开发者、应用开发者和原生开发者，提供极简开发、极致体验的工具和服务，支持多设备部署及全场景应用开发。

构建共同发展的生态圈，开源社区建设是非常关键的一环。2021 年 11 月 9 日上午，华为宣布捐赠欧拉系统，将全量代码等捐赠给开放原子开源基金会，之后，400 多家全球企业加入欧拉，吸引超万名开源贡献者。这标志着欧拉从创始企业主导的开源项目演进到产业共建、社区自治。目前，主流的操作系统厂商均基于欧拉发布商业发行版，规模部署在政府、金融、运营商、互联网等行业核心应用。欧拉社区治理秉承“共建、共享、共治”的理念，总结提炼社区实践，探索欧拉开源模式，为中国开源体系建设做出贡献。同时，欧拉立足中国，面向全球，致力于打造繁荣的可持续发展的基础软件新生态。

2022 年 11 月 9 日，在世界互联网大会乌镇峰会上，欧拉开源操作系统入选 2022 年世界互联网领先科技成果。当前变化正在发生，未来破局机会依然值得期待。

## 习　题

一、填空

1. 将 root 用户的登录密码修改为“654321”的命令是________。

2. 刷新 MySQL 的系统权限的命令是________。

3. 在 CentOS 7 中修改系统环境变量后，使其重新生效的命令是________。

4. Tomcat 服务器是一个免费的开放源代码的应用服务器，其默认访问端口是________。

二、简答

1. 如何开放 MySQL 的远程访问权限?

2. 简述在项目发布前如何将本地数据访问修改为远程数据访问，并实现 JavaWeb 项目的打包，具体操作过程是如何实现的?

3. 简述 JavaWeb 项目的发布流程。

4. 简述 Linux 平台下 Tomcat 服务的安装和配置流程。